高等学校计算机教育信息素养系列教材

U0733552

大学计算机基础

熊守丽 ◎ 主编

吕明辉 蒋世华 ◎ 副主编

人民邮电出版社

北 京

图书在版编目（CIP）数据

大学计算机基础 / 熊守丽主编. -- 北京 : 人民邮
电出版社, 2024. --（高等学校计算机教育信息素养系
列教材）. -- ISBN 978-7-115-64790-0

Ⅰ. TP3

中国国家版本馆 CIP 数据核字第 2024EX8378 号

内 容 提 要

　　本书根据教育部高等学校大学计算机课程教学指导委员会关于推进新时代高校计算机基础教学改革的有关精神，结合应用型本科院校计算机基础教学的实际需求编写而成，力求做到精练实用、条理清晰、逻辑性强。本书共 7 章，主要包括计算机基础知识、Windows 11 操作系统、WPS 文字办公软件、WPS 表格办公软件、WPS 演示办公软件、计算机网络与 Internet 基础、计算机的新技术和新发展等内容。本书采用"基础讲解+案例操作+德育融入"的方式锻炼学生的计算机操作能力，使学生在学习和掌握专业知识的同时，树立弘扬正气、团队协作、爱国敬业的思想理念。

　　本书可作为高校"大学计算机基础"课程的教材，也可供广大计算机爱好者和初学者学习使用。

◆ 主　　编　熊守丽

　　副 主 编　吕明辉　蒋世华

　　责任编辑　王　宣

　　责任印制　陈　犇

◆ 人民邮电出版社出版发行　　北京市丰台区成寿寺路 11 号

　　邮编　100164　电子邮件　315@ptpress.com.cn

　　网址　https://www.ptpress.com.cn

　　固安县铭成印刷有限公司印刷

◆ 开本：787×1092　1/16

　　印张：15.5　　　　　　　　　　　2024 年 8 月第 1 版

　　字数：407 千字　　　　　　　　　2025 年 8 月河北第 3 次印刷

定价：59.80 元

读者服务热线：(010)81055256　印装质量热线：(010)81055316
反盗版热线：(010)81055315

前言

随着科学技术的飞速发展，当今社会对大众的信息化水平提出了更高的要求，计算机基础应用是每名大学生必须掌握的技能之一。教育部高等学校大学计算机课程教学指导委员会针对"大学计算机基础"课程教学改革召开了一系列的会议，这些会议强调要提高学生的计算思维能力，全面提高学生的信息素养。

为此，编者根据教育部高等学校大学计算机课程教学指导委员会关于推进新时代高校计算机基础教学改革的有关精神，结合应用型本科院校计算机基础教学的实际需求编成本书。本书内容介绍如下。

本书内容

本书共包含 7 章内容。

❑ 第 1 章 计算机基础知识：主要讲解计算机技术、计算思维、计算机系统的组成与工作原理、计算机硬件系统、计算机软件系统、计算机中的信息表示等知识。

❑ 第 2 章 Windows 11 操作系统：主要讲解操作系统概述、Windows 11 的基本操作、Windows 11 的文件管理、Windows 11 的系统设置与管理、Windows 11 的工具等知识。

❑ 第 3 章 WPS 文字办公软件：主要讲解文档的基本操作、文档编辑、文档排版、长文档排版、制作表格、图文混排、邮件合并、文档预览与打印等知识。

❑ 第 4 章 WPS 表格办公软件：主要讲解 WPS 表格使用基础、美化工作表、公式与函数、数据管理与分析、图表制作、查看和打印工作表等知识。

❑ 第 5 章 WPS 演示办公软件：主要讲解演示文稿概述、演示文稿的基本操作、演示文稿的外观设计、设置幻灯片的动画效果、演示文稿的放映和输出等知识。

❑ 第 6 章 计算机网络与 Internet 基础：主要讲解计算机网络概述、互联网的发展、计算机网络体系结构、计算机网络的硬件设备与网络地址、计算机网络的性能指标、计算机网络的功能和应用、无线网络与移动通信、网络安全等知识。

❑ 第 7 章 计算机的新技术和新发展：主要讲解移动互联网、大数据、云计算、物联网、人工智能等知识。

本书特色

本书以本科教育全过程对信息素养教育的需求为切入点，深入挖掘大学生在基础学习、专业学习、操作实践等不同阶段的信息需求并给予恰当指导，从而形成系统化、递进式、可渗透的信息素养教育框架和教学内容。编者希望本书对培养大学生的自主学习和终身学习能力，以及在创新创业活动中的主动性和围绕信息技术的操作实践能力产生积极影响。此外，本书的写作还具有以下特点。

❑ 采用"基础讲解+案例操作+德育融入"的方式锻炼学生的计算机操作能力，使学生在学习和掌握专业知识的同时，树立弘扬正气、团队协作、爱国敬业的思想理念。

❑ 本书具有"实用性强、内容丰富、操作性强、与时俱进"的特点，符合普通高等学校应用型人才的培养要求。

❑ 本书介绍了近年来的一些前沿信息技术，让大学生可以了解和掌握新的信息技术知识。

❑ 本书有配套的实验指导教程，以期帮助大学生通过自主学习提升使用计算机的能力。

❑ 本书提供 PPT、教学大纲、教案、素材文件和效果文件等教学资源，院校教师可以通过人邮教育社区（www.ryjiaoyu.com）下载使用。

编者团队

本书由熊守丽任主编，吕明辉、蒋世华任副主编，其他参编人员还有郑静和胡文涛。本书第 1 章和第 7 章由吕明辉编写，第 2 章由郑静编写，第 3 章和第 4 章由熊守丽编写，第 5 章由蒋世华编写，第 6 章由胡文涛编写。全书由熊守丽统稿。

由于编者水平有限，书中难免存在疏漏和不足之处，敬请读者朋友批评指正。

编　者
2024 年 6 月

目录

第1章
计算机基础知识

电子计算机（俗称电脑）是 20 世纪最伟大的发明之一。计算机科学经历了半个多世纪的发展，在社会、经济、文化、军事等多个领域得到了广泛的应用，极大地推动了世界经济的发展和人类的进步。计算机已成为人们不可或缺的现代化工具。计算机的普及，促进了人们对计算思维（Computational Thinking）的研究，推动了整个信息化社会的发展。本章主要对计算机技术、计算思维、计算机系统的组成及信息表示方法做简要介绍。

1.1　计算机技术

▶▶▶ 1.1.1　计算机的发展历程

在漫长的人类进化和社会发展过程中，人的大脑逐渐具有了一种"把直观变成抽象、形象变成数字的抽象思维活动"的特殊本领。正是由于能够在"形象"与"数字"之间进行互相转换，人类才真正具有了认识世界的能力。同时，在此基础上，数的计算也就随着数的概念的产生而出现。数的计算往往需要借助一定的工具来完成，因而计算工具也就随着人类社会活动范围的日益扩大及计算的复杂程度的提升而不断更新发展。

人类不断发明和改进各种计算工具，从远古时期的贝壳、石子记数到古代使用算筹、算盘进行计算，再到近代的计算尺、计算器、机械式计算机的出现，无不集聚着人类智慧的结晶。1946 年，第一台通用电子计算机 ENIAC（Electronic Numerical Integrator and Computer）诞生于美国宾夕法尼亚大学。它是一个庞然大物，共使用了 18 000 多个电子管、1 500 多个继电器、10 000 多个电容和 7 000 多个电阻，占地约 170m²，重达 30t，如图 1-1 所示。ENIAC 的最大特点就是采用电子器件代替机械齿轮或电动机械来完成算术运算、逻辑运算和存储信息，因此，同以往的计算机相比，ENIAC 最突出的优点就是计算速度快。ENIAC 每秒能完成 5 000 次加法、300 多次乘法，比当时最快的计算工具快 1 000 多倍。

图 1-1　ENIAC

自 ENIAC 诞生以来，计算机已走过 70 多年的发展历程，其体积不断变小、成本不断下降，集成度、性能、计算速度不断提高。计算机硬件的发展受到电子元器件的约束，经历了电子管、晶体管、中小集成规模电路、大规模和超大规模电路 4 个发展阶段，因此按照计算机采用的电子元器件来划分，计算机的发展可分为 4 代。表 1-1 是第一代至第四代计算机的发展史。

表 1-1　计算机的发展史

分类	时间	主要元器件	速度	特点及应用领域
第一代	1946—1958年	电子管	每秒 5 千至 1 万次	计算机发展的初级阶段，这时的计算机体积巨大，运算速度慢，耗电量大，主要用于科学计算
第二代	1959—1964年	晶体管	每秒几万至几十万次	这时的计算机体积减小，耗电较少，运行速度较高，价格下降，不仅仅用于科学计算，还用于数据处理和事务管理，并逐渐应用于工业
第三代	1965—1970年	中小集成规模电路	每秒几十万次至几百万次	这时的计算机体积和功耗进一步减少、提高了可靠性及速度，应用领域扩展到文字处理、企业管理、自动控制、城市交通等方面
第四代	1971 年至今	大规模和超大规模电路	每秒几亿次至亿亿次	这时的计算机性能大幅度提高、价格大幅度下降，广泛应用于社会的各个领域

目前计算机采用的电子元器件仍然处于第四代水平。虽然计算机正朝着微型化、巨型化、网络化、智能化、绿色化等方向发展，但在体系结构方面仍采用冯·诺依曼思想。冯·诺依曼提出计算机应具有 5 个基本组成部分，即运算器（Arithmetic Unit）、控制器（Control Unit）、存储器（Memory）、输入设备（Input Equipment）和输出设备（Output Equipment），描述了这五大部分的功能和相互关系，并提出"二进制"和"存储程序"这两个重要的基本思想。

人类对科技的探索是永无止境的，未来计算机的发展方向是智能计算机和生物计算机。智能计算机也称作第五代计算机，它具有推理、联想、判断、决策、学习等功能，包括超导计算机、纳米计算机、光计算机和量子计算机等。生物计算机又称为第六代计算机，主要借助生物工程技术生产的蛋白质分子作为生物集成电路，能与生物活体共存，并具有自我修复的功能。

▶▶▶ 1.1.2　计算机的特点

现在大众所说的计算机，其全称是通用电子数字计算机。"通用"是指计算机可服务于多个领域，"电子"是指计算机为一种电子设备，"数字"是指在计算机内部一切信息均用"0"和"1"的编码来表示。计算机是一种用于高速计算的电子计算机器，既可以进行数值计算，又可以进行逻辑计算，还具有存储功能。它是能够按照程序功能运行，自动、高速处理海量数据的现代化智能电子设备。

使用计算机进行信息处理主要具有以下特点。

1. 运算速度快

计算机是由电子元器件构成的。随着芯片集成度的提高，其运算速度也越来越快。目前计算机的运算速度为每秒亿亿次以上，这种高速度的特点使得计算机在军事、气象、金融、交通、通信等领域都可以实现实时、快捷的服务。

2. 运算精度高

计算机可以保证计算结果的精度可达到几十位，甚至几百位有效数字，比以往任何计算工具都要高得多。许多科学领域对精度的要求很高，如光学计算、天文数据计算等，只有计算机才能达到这样的运算精度。

3. 存储能力强

计算机具有超强的记忆存储能力，可以存储大量的数据并对它们进行处理。计算机能把原始数据、加工指令、中间结果及最终结果都存储起来，这类似于人脑的记忆能力。计算机中的内存储器用来存储正在执行的程序及数据，还可使用大容量的外存储器（如硬盘、U盘、光盘等），用来长期保存和备份数据。

4. 具有逻辑判断能力

计算机不仅可以进行算术运算，也可以进行逻辑运算，还可以进行比较判断、推理和证明，如比较数据大小、判断流程是否终止等，并可以根据判断自动决定下一步执行什么操作，从而解决各式各样的问题。

5. 自动处理

由于计算机具有存储能力和逻辑判断能力，因此人们可以将预先编制好的程序输入到计算机中。在程序控制下，计算机可以连续、自动地工作，不需要人的干预。这也是计算机区别于其他计算工具的本质特征。

6. 通用性强

计算机的通用性表现在计算机的可编程性，不仅可以处理数值型数据，也可以处理非数值数据（如语音、文本、图形图像、视频等）。计算机具有极强的通用性，能够在各行各业得到广泛的应用。

▶▶▶ 1.1.3 计算机的应用领域

计算机的应用领域已渗透到社会的各行各业，正在改变着传统的工作、学习和生活方式，推动着社会的发展。计算机的主要应用领域如下。

1. 科学计算

科学计算也称为数值计算，这是计算机最早期的应用，如第一台通用电子计算机 ENIAC 最初是用来计算弹道轨迹的。现在计算机还经常用来完成科学研究和工程技术中涉及的数学问题的计算，如天气预报、地震预测等都涉及大量的数学问题。在现代科学技术工作中，科学计算问题是大量的和复杂的。利用计算机的高速计算、大存储容量和连续运算的能力，可以解决人工无法解决的各种科学计算问题。

2. 数据处理

数据处理是指对各种数据进行收集、存储、整理、分类、统计、加工、利用、传播等一系列活动的总和。据统计，80%以上的计算机主要用于数据处理，这类工作量大、涉及面广的工作，是计算机应用的主要方向。数据处理从简单到复杂经历了以下3个发展阶段。

（1）电子数据处理（Electronic Data Processing）：它是以文件系统为基础，实现一个部门内的单项管理。

（2）管理信息系统（Management Information System）：它是以数据库技术为工具，实现一个部门的全面管理，以提高工作效率。

（3）决策支持系统（Decision Support System，DSS）：它是以数据库、模型库和方法库为基础，帮助决策者提高决策水平，提升运营策略的正确性与有效性。

目前，数据处理已广泛地应用于办公自动化、企事业计算机辅助管理与决策、情报检索、图书管理、电影/电视动画设计、会计电算化等各行各业。信息产业正在形成独立的产业，多媒体技术使信息展现在人们面前的不仅有数字和文字，还有声音、图像和视频等信息。

3. 计算机辅助系统

计算机辅助系统是利用计算机辅助完成各项任务的系统的总称。例如，利用计算机辅助进行工业设计的系统称为计算机辅助设计（Computer Aided Design，CAD），利用计算机辅助在机械等行业自动完成产品的各项加工流程的系统称为计算机辅助制造（Computer Aided Manufacturing，CAM），以及利用计算机辅助进行教学活动的系统称为计算机辅助教学（Computer Aided Instruction，CAI）等。

（1）计算机辅助设计

计算机辅助设计是利用计算机系统辅助设计人员进行工程或产品设计，以实现最佳设计效果的一种技术。它已广泛地应用于飞机、汽车、机械、电子、建筑等领域。例如，在电子计算机的设计过程中，利用 CAD 技术进行体系结构模拟、逻辑模拟、插件划分、自动布线等，从而大大提高了设计工作的自动化程度。又如，在建筑设计过程中，可以利用 CAD 技术进行力学计算、结构计算、绘制建筑图纸等，这样不但提高了设计速度，而且大大提高了设计质量。

（2）计算机辅助制造

计算机辅助制造是利用计算机系统进行生产设备的管理、控制和操作的过程。例如，在产品的制造过程中，用计算机控制机器的运行、处理生产过程中所需的数据、控制和处理材料的流动、对产品进行检测等。使用 CAM 技术可以提高产品质量，降低成本，缩短生产周期，提高生产率和改善劳动条件。

将 CAD 和 CAM 技术集成，可实现设计生产自动化，这种技术被称为计算机集成制造系统（Computer Integrated Manufacturing System，CIMS），将真正做到无人化工厂。

（3）计算机辅助教学

计算机辅助教学是利用多媒体、超文本、人工智能（Artificial Intelligence）、网络通信和知识库等计算机技术来进行教学。它为学生提供一个良好的个人化学习环境，通过引导学生循序渐进地学习，学生能够轻松自如地从课程资源中学到所需要的知识。CAI 的主要特色是交互教育、个别指导和因人施教。

4. 过程控制

过程控制是指利用计算机及时采集检测数据，按最优值迅速地对控制对象进行自动调节或自动控制。采用计算机进行过程控制，不仅可以大大提高控制的自动化水平，而且可以提高控制的及时性和准确性，从而改善劳动条件、提高产品质量。因此，计算机过程控制已在机械、冶金、石油、化工、纺织、水电、航天等行业得到广泛的应用。例如，在汽车工业方面，利用计算机控制机床可以实现精度要求高、形状复杂的零件加工自动化，利用计算机控制整个装配流水线可以使整个车间或工厂实现自动化。

5. 人工智能

人工智能是指利用计算机模拟人类的智能活动，诸如感知、判断、理解、学习、问题求解和图像识别等。人类自然语言的理解、自动翻译、文字与图像的识别、疾病诊断、数学定理的机器证明，以及计算机下棋等都属于人工智能的研究范围，并取得不少成果，有些已开始走向实用阶段。例如，模拟高水平医学专家进行疾病诊疗的专家系统、具有较强思维能力的智能机器人等。

6. 网络应用

计算机技术与通信技术的结合产成了计算机网络。计算机网络的建立，不仅解决了不同地域计算机与计算机之间的通信，各种软、硬件资源的共享，也大大促进了国际间的文字、图像、视频和声音等各类数据的传输与处理。

7. 物联网

物联网（Internet of things），即"万物相连的互联网"，它是在互联网基础上的延伸和扩展的网络。作为将各种信息传感设备与网络结合起来而形成的一个巨大网络，物联网可以实现任何时间、任何地点，人、机、物的互连互通。物联网的关键技术和应用领域如图 1-2 所示。物联网的应用领域涉及工业、农业、物流、交通、安防、医疗等领域，这样的布局有效地推动了这些领域的智能化发展，并使得有限的资源更加合理地被使用、分配，从而提高了行业效率和效益。

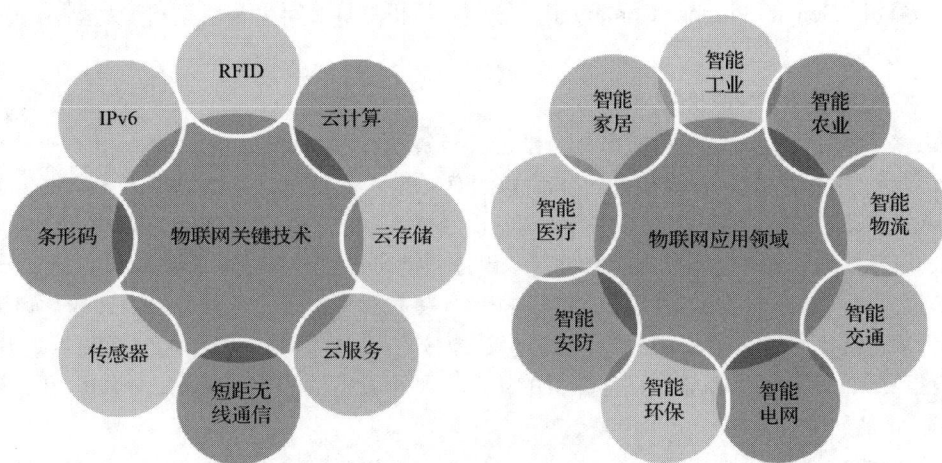

图 1-2　物联网的关键技术和应用领域

8. 云计算

云计算（Cloud Computing）是分布式计算的一种。它是指通过网络"云"将巨大的数据计算处理程序分解成很多小程序，然后通过多台服务器组成的系统进行处理和分析，并将得到的结果返回给用户。随着研究的深入，它已经不单单是一种分布式计算，而是分布式计算、效用计算、负载均衡、并行计算、网络存储、热备份冗杂和虚拟化等计算机技术混合演进跃升的结果。

从狭义上讲，云计算提供的是网络资源服务，使用者可以随时获取"云"上的资源，按需求量使用。从广义上说，云计算是与信息技术、软件、互联网相关的一种服务，其把许多计算资源集合起来，通过软件实现自动化管理。总之，云计算不是一种全新的网络技术，而是一种全新的网络应用概念，其核心就是以互联网为中心，在网站上提供快速且安全的云计算服务与数据存储，让每一个使用互联网的人都可以使用网络上的庞大计算资源与数据中心。

9. 大数据

"大数据"是一个体量特别大、数据类型特别多的数据集，其目标是从海量数据中快速获得有价值的信息。它具有"5V"特点：首先是数据体量（Volume）大，在实际应用中很多企业用户把多个数据集放在一起，已经形成了 PB 级的数据量；其次是指数据类型（Variety）多，已突破了以前所限定的结构化数据范畴，而是包括半结构化数据和非结构化数据；接着是数据处理速度（Velocity）快，在数据量非常庞大的情况下也能够做到数据的实时处理；然后是价值密度（Value）低，以视频为例，在连续不间断监控过程中可能有用的数据仅仅有一两秒；最后是指数据真实性（Veracity）高，随着应用数据的多样化，打破了传统的数据局限，如何确保信息的真实性和安全性也越来越重要。

10. 区块链

区块链是一个个区块组成的链条，每一个区块中保存了一定的信息，它们按照各自产生的时间顺序连接成链条。这些链条被保存在所有的服务器中，只要系统中有一台服务器可以工作，整个区块链就是安全的。区块链具有两大核心特点：一是数据难以篡改，二是去中心化。基于这两个特点，区块链所记录的信息更加真实、可靠，从而可以解决网络中人们互不信任的问题。

▶▶▶ 1.1.4　计算机的分类

计算机种类很多，按照计算机处理的信号类型可分为数字计算机（Digital Computer）和模拟计算机（Analog Computer）；按照计算机的用途可分为专用计算机（Special Purpose Computer）和通用计算机（General Purpose Computer）；按照计算机的规模可分为巨型机、大型机、小型机、工作站、微型机。

1. 按处理信号类型划分

下面来了解按照处理的信号类型划分的数字计算机和模拟计算机。

- 数字计算机：数字计算机通过电信号的有无来表示数据，可以进行算术运算、逻辑运算和其他运算。它具有运算速度快、精度高、灵活性大、便于存储等优点，因此适合应用于科学计算、信息处理、实时控制和人工智能等。用户通常所用的计算机一般都是指的数字计算机。
- 模拟计算机：模拟计算机通过电压的大小来表示数据，即通过电的物理变化过程来进行数值计算。其优点是速度快，适合于解高阶的微分方程。在模拟计算和控制系统中应用较多，但通用性不强，信息不易存储，且计算机的精度受到了设备的限制。因此，不如数字计算机的应用普遍。

2. 按用途划分

下面来了解按照计算机的用途划分的专用计算机和通用计算机。

- 专用计算机：具有单纯、使用面窄，甚至专机专用的特点，它是为了解决一些专门的问题而设计、制造的。因此，它可以增强某些特定的功能，而忽略一些次要功能，使得专用计算机能够高速度、高效率地解决某些特定的问题。一般地，模拟计算机通常都是专用计算机。在军事控制系统中，广泛地使用了专用计算机。
- 通用计算机：具有功能多、配置全、用途广、通用性强等特点，用户通常所说的计算机的就是指通用计算机。

3. 按规模划分

人们又按照计算机的运算速度、字长、存储容量、软件配置等多方面的综合性能指标将计算机分为巨型机、大型机、小型机、工作站、微型机等几类。分类的标准较为粗略，只能就某一时期而言，下面仅列举几个例子。

（1）巨型机

研制巨型机是现代科学技术，尤其是国防尖端技术发展的需要。核武器、反导弹武器、空间技术、大范围天气预报、石油勘探等都要求计算机有很高的速度和很大的容量，一般大型通用机远远不能满足要求。很多国家竞相投入巨资开发速度更快、性能更强的超级计算机。巨型机的研制水平、生产能力及其应用程度已成为衡量一个国家经济实力和科技水平的重要标志。

目前，巨型机的运算速度可达每秒几百亿次。这种巨型机一秒内所做的计算量相当于一个人用袖珍计算器以每秒做一次运算的速度连续不停地工作 31 709 年。这种计算机使研究人员可以研究以前无法研究的问题，例如研究更先进的国防尖端技术、估算 100 年以后的天气、更详尽地分析地震数据以及帮助科学家计算毒素对人体的作用等。

巨型机从技术上来说朝两个方向发展：一方面是开发高性能器件，缩短时钟周期，提高单机性能，巨型机的时钟周期在 2ns～7ns；另一方面是采用多处理器结构，提高整机性能，如 CRAY-4 就采用了 64 个处理器。

在实践中，有些科学技术题目需要并行计算。20 世纪 80 年代中期以来，超并行计算机的发展十分迅速，这种超并行计算机通常是指由 100 台以上的处理器所组成的计算机网络系统，它是用成百上千，甚至上万台处理器同时解算一个题，以达到高速运算的目的。这类大规模并行处理的计算机将是巨型计算机的重要发展方向。

目前我国的"神威·太湖之光"是由国家并行计算机工程技术研究中心研制的超级计算机系统，以峰值计算速度每秒 12.5 亿亿次、持续计算速度每秒 9.3 亿亿次，曾连续多次在全球超级计算机 500 强榜单中蝉联第一。

（2）大型机

大型机是对一类计算机的习惯称呼，本身并无十分准确的技术定义。其特点表现在通用性强、具有很强的综合处理能力、性能覆盖面广等，主要应用在公司、银行、政府部门、社会管理机构和制造厂商等单位，通常人们称大型机为企业级计算机。

在信息化社会里，随着信息资源的剧增，带来了信息通信、控制和管理等一系列问题，而这正是大型机擅长的领域。未来将赋予大型机更多的使命，它将覆盖企业所有的应用领域，如大型事务处理、企业内部的信息管理与安全保护、大型科学与工程计算等。

大型机研制周期长，设计技术与制造技术非常复杂，耗资巨大，需要相当数量的设计师协同工作。大型机在体系结构、软件、外设等方面又有极强的继承性，因此，只有少数公司能够从事大型机的研制、生产和销售工作。美国的 IBM、DEC 公司，日本的富士通、日立公司等都是大型机领域的主要厂商。

（3）小型机

小型机器规模小、结构简单、设计制造周期短，便于及时采用先进工艺。这类机器由于可靠性高，对运行环境要求低，易于操作且便于维护，用户使用机器不必经过长期的专门训练，因此小型机对广大用户具有吸引力，加速了计算机的推广普及。

小型机应用范围广泛，可用在工业自动控制、大型分析仪器、测量仪器、医疗设备中的数据采集、分析计算等领域，也用作大型、巨型机的辅助机，并广泛应用于企业管理及大学和研究所的科学计算等。

DEC 公司的 PDP-11 系列是 16 位小型机的早期代表。近年来，随着基础技术的进步，小型机的发展引人注目，特别是在体系结构上采用 RISC 技术，即计算机硬件只实现最常用的指令集，复杂指令用软件实现，从而使其具有更高的性能价格比。在系统结构上，小型机也经常像大型计算机一样采用多处理机系统。目前一些具有高速硬盘接口的高档微机也在扮演着小型机的角色。

小型机可担任众多角色，可作为集中式的部门级管理计算机，在大型应用中作为前端处理机，在客户/服务器结构中作为服务器（如文件服务器、WWW 服务器及应用服务器等）。

（4）工作站

工作站是一种高档的微机系统。它具有较高的运算速度，既具有大、中、小型机的多任务、多用户的特点，又兼具微型机的操作便利和良好的人机界面。它可连接多种 I/O（Input/Output，输入/输出）设备，其最突出的特点是图形性能优越，具有很强的图形交互处理能力，因此在工程领域，特别是在计算机辅助设计领域得到了广泛运用。人们通常认为工作站是专为工程师设计的机型。工作站出现得较晚，一般都带有网络接口，采用开放式系统结构，即将机器的软、硬件接口公开，并尽量遵守国际工业界流行标准，以鼓励其他厂商和用户围绕工作站开发软、硬件产品。目前，多媒体等各种新技术已普遍集成到工作站中，使其更具特色。它的应用领域也已从最初的计算机辅助设计扩展到商业、金融、办公领域，并频频充当网络服务器的角色。

（5）微型机（个人计算机）

1971 年，美国的 Intel 公司成功地在一个芯片上实现了中央处理器（Central Processing Unit，CPU）的功能，制成了世界上第一片 4 位微处理器（Micro Processing Unit，MPU），也称 Intel 4004，并由它组成了第一台微型计算机 MCS-4，由此揭开了微型计算机大普及的序幕。随后，许多公司，如 Motorola、Zilog 等也争相研制微处理器，相继推出了 8 位、16 位、32 位微处理器。芯片内的主频和集成度也在不断提高，芯片的集成度几乎每 18 个月就提高一倍，而由其构成的微型机在功能上也不断完善。如今的微型计算机在某些方面可以与以往的大型机相媲美。

美国 IBM 公司采用 Intel 微处理器芯片，自 1981 年推出 IBM PC（Personal Computer，个人计算机）后，又推出 IBM PC XT、IBM PC、286、386 等一系列微型计算机。由于其功能齐全、软件丰富、价格便宜，因此很快便占据了微型计算机市场的主导地位。在个人计算机领域，已经涌现了许多国内外厂商，同时随着工艺和新技术的不断出现，出现了各种智能设备，如智能手机、平板电脑，而且绝大多数人可能已经更青睐那种触动手指即可完成的办公娱乐方式。最近无论是在国内还是在国外，都有不少专家认为在不久的将来个人计算机会被更为便携的手机或者其他智能设备所取代。

随着技术的不断发展，64 位计算机体系结构已经完全取代了 32 位计算机体系结构。随着社会信息化进程的加快，强大的计算能力对于每一个生活在现代化环境中的人来说都是必不可少的，移动办公将成为一种重要的办公方式。因此，一种比台式微机更小、更轻且可随身携带的"便携机"应运而生，笔记本电脑、平板电脑就是典型产品。它们都具有适于移动和外出使用的优点，因此深受用户欢迎。

微型机从出现到现在已经半个世纪，因其小、巧、轻、使用方便、价格便宜，其应用范围急剧扩展，从太空中的航天器到家庭生活，从工厂的自动控制到办公自动化以及商业、服务业、农业等，遍及社会各个领域。PC 的出现使得计算机真正面向个人，真正成为大众化的信息处理工具。而 PC 联网之后，用户又可以通过 PC 使用网络上的各种软、硬件资源。

当前，个人计算机和智能手机已渗透到各行各业和千家万户。它既可以用于日常信息处理，又可以用于科学研究，并协助人脑思考问题。人们通过网络可以随时随地实现信息交流与通信，原来保存在桌面和书柜里的部分信息系统将存入随身携带的机器中。人走到哪里，以智能手机为核心的移动通信系统就跟到哪里，人类向着信息化的自由王国又迈进了一大步。

▶▶▶ 1.1.5　计算机的发展趋势

在短短的 70 多年里，计算机从像 ENIAC 这样笨重、昂贵、容易出错、仅用于科学计算的机器，发展到今天可信赖的、通用的、遍布现代社会每一个角落的计算机网络，发明第一台计算机的人并没有预测到计算机技术会发展得如此快速。然而，计算机技术在过去的 70 多年里的发展与未来近 70 年的变化相比将会相形见绌，未来用户会觉得今天最好的计算机很原始，就像用户今天看 70 多年前的 ENIAC 一样。计算机的产生是人类追求智慧的心血和结晶，计算机的发展也必将随着人类对智慧的不懈追求而不断发展。

计算机的发展趋势可归结在如下几个方面。

（1）超级计算机。发展高速度、大容量、功能强大的超级计算机，用于处理庞大而复杂的问题，例如航天工程、石油勘探、人类遗传基因等。现代科学技术和国防尖端技术都需要具有高速度和大容量的超级计算机。研制超级计算机的技术水平体现了一个国家的综合国力，因此，超级计算机的研制是各国在高技术领域竞争的热点。

（2）微型计算机。微型化是大规模集成电路出现后发展最迅速的技术之一，计算机的微型化能更好地促进计算机的广泛应用，因此，发展体积小、功能强、价格低、可靠性高、适用范围广的微型计算机是计算机发展的一个重要方向。

（3）智能计算机。到目前为止，计算机在处理过程化的计算工作方面已达到相当高的水平，是人力所不能及的，但在智能性工作方面，还无法进行复杂的创造性思维和情感体验。如何让计算机具有人脑的智能，模拟人的推理、联想、思维等功能，甚至研制出具有某些情感和智力的计算机，是计算机技术的一个重要的发展方向。

（4）普适计算机。20世纪70年代末，人类开始进入"个人计算机时代"。许多研究人员认为，当下已经进入了"后个人计算机时代"，计算机技术将融入各种工具中并完成其功能。当计算机在人类的日常生活中无处不在时，用户就进入了"普适计算机时代"，普适计算机将提供前所未有的便利和效率。

（5）网络计算机。由于互联网和万维网在世界各国已经不同程度地普及和接近成熟，因此人们更关心互联网和万维网之后的阶段是什么？答案是网格。有关专家做了初步论证：网格将实现互联网上所有资源（包括计算资源、软件资源、信息资源、知识资源等）的连通。施乐PARC未来研究机构的负责人保罗·萨福预测了下一代网络：今天的网络是工程师做的，2050年的网络是生长出来的。

（6）新型计算机。CPU和大规模集成电路的发展正在接近理论极限，人们正在努力研究超越物理极限的新方法，新型计算机可能会打破计算机现有的体系结构。目前正在研制的新型计算机有：生物计算机——运用生物工程技术，用蛋白分子作为芯片；光计算机——用光作为信息载体，通过对光的处理来完成对信息的处理；量子计算机——将计算机科学和物理科学联系到一起，采用量子特性使用一个两能级的量子体系来表示一位等。

一个新的计算机时代的开始并不意味着旧的计算机时代的终结。现在，用户生活在一个个人计算机普及的时代，并即将进入一个计算机无处不在的信息时代。

1.2 计算思维

当前信息技术日新月异，人工智能、物联网、云计算、大数据等新技术在社会经济、人文科学、自然科学等领域引发了一系列革命性的突破。计算无所不在，随之也改变着人的思维方式，且伴随着计算能力的日益强大及人、机、物的深度融合，计算思维将成为人们认识问题、解决问题的基本能力之一。

▶▶▶ 1.2.1 计算思维的定义

思维是一种精神活动，是人类获取知识、认识世界的根本。具体来说，思维是人脑对客观事物间接概括的反映，是人类认识活动的最高形式。

科学思维是形成并运用于科学认识活动、对感性认识材料进行加工处理的理论体系；科学思维是真理在认识的统一过程中，对各种科学的思维方法的有机整合，也是人类实践活动的产物。

从人类认识世界、改造世界的思维方式出发，科学思维可以分为3类：理论思维、实验思维和计算思维。理论思维又称为推理思维，以推理和演绎为特征，以数学学科为代表；实验思维又称为实证思维，以观察和总结自然规律为特征，以物理学科为代表；计算思维又称为构造思维，以设计和构造为特征，以计算机学科为代表。计算思维的研究目的是提供适当的方法，使人们借助计算机，逐步实现人工智能的目标。例如，模式识别、决策、优化和自控等算法都属于计算思维的范畴。随着计算机技术的出现及广泛应用，更进一步强化了计算思维的意义和作用。

计算思维是运用计算机科学的基础概念进行问题求解、系统设计及人类行为理解等涵盖计算机科学广度的一系列思维活动，由美国卡内基·梅隆大学周以真教授于2006年首次提出。2010年，周以真教授又指出计算思维是与形式化问题及其解决方案相关的思维过程，其解决问题的表示形式应该能有效地被信息处理代理执行。

计算思维的目的是解决问题，设计系统和理解人类行为，而使用的方法是计算机科学的方法。其实计算思维并不是凭空冒出来的，它自古有之，且无处不在。从古代先贤的数学思想到近代数学理论，计算思维的内容不断丰富。在计算机发明之前的很长时间里，计算思维发展缓慢，是因为缺乏计算机这样的高速运算工具。

正如数学家在证明数学定理时有独特的数学思维、工程师在设计与制造产品时有独特的工程思维、艺术家在创作诗歌/音乐/绘画时有独特的艺术思维一样，计算机科学家在用计算机解决问题时也有自己独特的思维方式和解决方法，将其称为计算思维。从问题的计算机表示、算法设计，直到编程实现，计算思维贯穿于解决问题的全过程。学习计算思维，就是学会像计算机科学家一样思考和解决问题。

当然，计算思维建立在计算过程的能力和限制之上，这是计算思维区别于其他思维方式的一个重要特征。用计算机解决问题时必须遵循的基本原则是，既要充分考虑计算机的运算和处理能力，又不能超过计算机的能力范围。

下面通过一个简单例子来认识计算思维。

【例 1-1】求 1 000! 末尾有多少个连续的 0？

解： 用计算机求 $n!$ 有两种方法：迭代方法和递归方法。本题无论是采用哪一种方法都会出现数据溢出的情况，因此需要换一个思路。结果末尾产生 0 是因为 $10 = 2 \times 5$；在 1 到 1 000 的乘积中 2 是足够多的，因此就将该问题转换为 1 到 1000 中包含多少个因子 5，能被 5 除尽的数有 200 个；而有些数包含两个因子 5，如 25、50 等，还有些数包含 3 个因子 5，如 125、250 等，更有特殊的包含 4 个因子 5，如 625 等，因此本题的结果为[1 000/5]+[1 000/25]+[1 000/125]+[1 000/625]=249 个（[ ]表示下取整）。

▶▶▶ 1.2.2　计算思维的特征

1．概念化，不是程序化

计算机科学不是计算机编程。计算思维不仅仅是计算机编程，还体现在抽象的多个层次上，就像通信科学不只关注手机，音乐产业不只关注麦克风一样。

2．根本的，不是刻板的技能

根本技能是每一个人为了在现代社会中发挥职能所必须掌握的。刻板技能意味着机械的重复。具有讽刺意味的是，当计算机像人类一样思考之后，思维可能真的变成机械的了。

3．是人的，不是计算机的思维方式

计算思维是人类求解问题的一条途径，但决非要使人类像计算机那样思考。计算机枯燥且沉闷，人类聪颖且富有想象力。人类赋予计算机激情，并配置了相应设备，就能用自己的智慧去解决那些在计算机时代之前没有解决的问题，实现"只有想不到，没有做不到"的境界。

4．数学和工程思维的互补与融合

计算机科学在本质上源自数学思维，因为像所有的科学一样，其形式化基础是构建于数学之上。计算机科学又从本质上源自工程思维。因为人类建造的是能够与实际世界互动的系统，基本计算设备的限制迫使计算机学家必须计算性地思考，而不能只是数学性地思考。构建虚拟世界的自由使人类能够设计超越物理世界的各种系统。数学和工程思维的互补与融合很好地体现在抽象、理论和设计这三个学科形态上。

5．是思想，不是人造物

计算思维不是软件和硬件等形式的人造物，而是软硬件设计、创造过程中的思想和思维方

式，人们用它去求解问题、管理日常生活、与他人交流和互动。

6. 面向所有的人、所有领域

计算思维无处不在，当计算思维真正融入人类活动的整体，成为一个解决问题的有效工具时，人人都应掌握，因此计算思维将是每个人都应掌握的基本技巧。

▶▶▶ 1.2.3 计算思维的本质

计算思维的本质是抽象（Abstract）和自动化（Automation）。它反映了计算的根本问题，即什么能被有效地自动进行。计算是抽象的自动执行，自动化需要某种计算机去解释抽象。从操作层面上讲，计算就是如何寻找一台计算机去求解问题；隐含地说，就是要确定合适的抽象，选择合适的计算机去解释、执行该抽象，后者就是自动化。

18 世纪有一个著名的古典数学问题——哥尼斯堡七桥问题。哥尼斯堡城地处东普鲁士，位于普雷格尔河的两岸及河中心的两个岛上，城市各部分由 7 座桥与两岸连接起来。多年来，当地的居民总有一个愿望：从家里出去散步，能否通过每座桥恰好一次，再返回家中？但是任何人也没有找到这样一条理想的路径。

1736 年，瑞士数学家欧拉（Euler）解决该问题的方法是把陆地抽象为一个点，用连接两个点的线段表示桥梁，将该问题抽象成点与线的连接图的数学问题，如图 1-3 所示。把一个实际问题抽象成合适的 "数学模型"，这就是计算思维中的抽象。

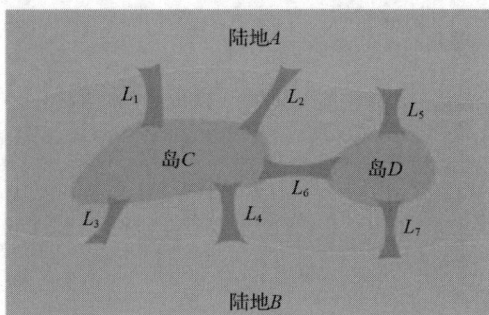

（a）哥尼斯堡七桥问题示意图　　（b）哥尼斯堡七桥问题的数学模型

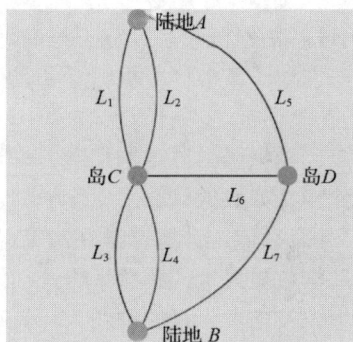

图 1-3　哥尼斯堡七桥问题

▶▶▶ 1.2.4 计算思维的流程与要素

计算思维是一种思维过程，可以脱离计算机、互联网、人工智能等技术而独立存在。这种思维是人的思维而不是计算机的思维，是指人用计算思维来控制计算机，从而更高效、快速地完成单纯依靠人力无法完成的任务，解决之前无法解决的问题。这种思维是对未来世界认知、思考的常态思维方式，它教会人们理解并驾驭未来世界。

计算思维经过多年的研究、扩展、归并，其基本思维的流程与要素能够被大致明确为分解、抽象、算法、泛化、迭代、调试等，如图 1-4 所示。

图 1-4　计算思维的流程与要素

▶▶▶ 1.2.5 计算思维与计算机的关系

计算机的出现，给计算思维的研究和发展带来了根本性的变化。由于计算机对信息和符号具有快速的处理能力，许多原本只是理论上可以实现的过程变成了实际可实现的过程。例如，复杂系统的模拟、大数据处理和大型工程的组织，都可以借助计算机实现过程的自动化、精确化和可控化，这样便增强了人类认识世界和解决实际问题的能力。

严格来说，计算思维只是算法，与计算机硬件本身无关。用户可以针对此算法开发可运行于任何硬件和操作系统平台的程序。

▶▶▶ 1.2.6 计算思维的应用

计算思维的应用非常广泛，它不仅仅局限于计算机科学领域，还渗透到各个学科和日常生活中。以下是计算思维的一些主要应用目的或应用领域。

* 解决问题。计算思维的核心是将大问题分解为小问题，通过解决小问题来解决整个大问题。这种思维方式可以帮助人们更好地理解和解决各种复杂的问题，如科学研究、工程设计、商业决策等。
* 提高效率。计算思维使人们能够更好地利用计算机工具来解决问题，例如编写程序、使用数据分析工具等，从而提高工作效率。它在各个行业都有广泛的应用，如金融、医疗、教育等。
* 理解抽象概念。计算思维有助于人们更好地理解和应用抽象概念，如算法、数据结构等。这一点对于掌握计算机科学和其他学科的基础知识非常重要。
* 科学研究。在计算生物学中，计算思维的应用包括降低人类基因组测序的成本、提高测序速度、模拟蛋白质结构和动力学等。此外，在化学、物理、数学等领域，计算思维也发挥着重要作用，如数值计算、化学模拟、几何问题研究等。
* 教育领域。计算思维在教育领域的应用也日益广泛。通过将计算思维引入课堂，教师可以帮助学生更好地理解数学概念、培养逻辑思维和创新能力。这一点对于提高学生的数学兴趣和成绩以及培养未来的创新人才具有重要意义。
* 日常生活。计算思维不仅仅局限于专业领域，它在我们的日常生活中也无处不在。例如，制订计划、安排时间、管理预算等都需要运用计算思维。

总之，计算思维已经成为一种重要的思维方式，在各个领域都有广泛的应用，对推动科学进步和社会发展具有重要意义。

1.3 计算机系统的组成与工作原理

▶▶▶ 1.3.1 计算机系统的组成

一个完整的计算机系统包括"硬件系统"和"软件系统"，两种系统相互支持，缺一不可。

硬件是指计算机装置，即物理设备。硬件系统是构成计算机系统各个功能部件的设备实体，如 CPU、硬盘、显示器等。

软件是指实现算法的程序及其文档。软件系统是为运行、管理和维护计算机而编制的各种程序、数据和文档的总称。计算机系统的组成如图 1-5 所示。

▶▶▶ 1.3.2 计算机系统的工作原理

1. 冯·诺依曼计算机体系结构

20 世纪 40 年代，在研究计算机的过程中，数学家冯·诺依曼提出了一个全新概念的通用电子计算机设计方案。该方案的主要设计思想如下所述。

（1）计算机采用二进制表示指令和数据。

（2）计算机采取"程序存储"和"程序控制"的方式运行。

（3）计算机由运算器、存储器、控制器、输入设备和输出设备五大部件组成。

这些设计思想也是冯·诺依曼计算机体系结构的构成部分。

图 1-5　计算机系统的组成

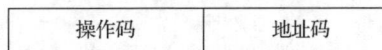

2. 用二进制形式表示指令和数据

计算机的工作就是顺序执行存放在内存储器中的一系列指令。

（1）指令

指令是指计算机完成某一种操作的命令，这类命令是一组二进制编码。通常一条指令包括两个方面的内容：一是指机器执行什么操作，即给出操作要求；二是指出操作数在存储器或通用寄存器组中的地址，即给出操作数的地址。

在计算机中，操作要求和操作数地址都由二进制数码表示，分别称作操作码和地址码，如图 1-6 所示。整条指令以二进制编码的形式存放在存储器中。

操作码	地址码

图 1-6　指令

（2）指令系统

指令系统是计算机硬件的语言系统，也叫机器语言（Machine Language）。从系统结构的角度来看，它是系统程序员看到的计算机的主要属性。因此，指令系统表征了计算机的基本功能决定了机器所要求的能力，也决定了指令的格式和机器的结构。对于不同的计算机来说，在设计指令系统时，应对指令格式、类型及操作功能给予足够的重视。

3. 计算机指令顺序执行的过程

计算机指令可以理解为指挥机器工作的指示和命令；程序是一系列按一定顺序排列的指令集合。执行程序的过程就是计算机的工作过程。

指令的顺序执行将完成程序的执行，因而有必要了解指令的执行过程。

首先是取指令和分析指令。按照程序编写的顺序，从内存储器取出当前执行的指令，并送到控制器的指令寄存器中，对所取的指令进行分析，即根据指令中的操作码确定计算机应进行什么操作。

其次是执行指令。根据指令分析结果，由控制器发出完成操作所需的一系列控制电位，以便指挥计算机的有关部件完成这一操作，同时，还为取下一条指令做好准备，其过程如图 1-7 所示。

图 1-7　执行指令的过程

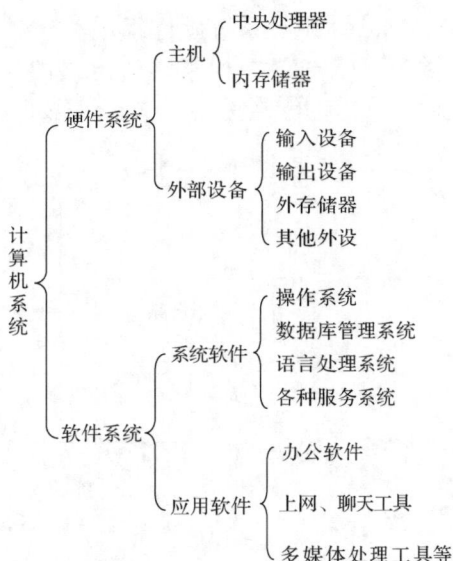

4. 计算机系统硬件组成

冯·诺依曼提出的计算机系统由运算器、控制器、存储器、输入设备和输出设备五大部分组成。计算机硬件系统工作示意图如图 1-8 所示。

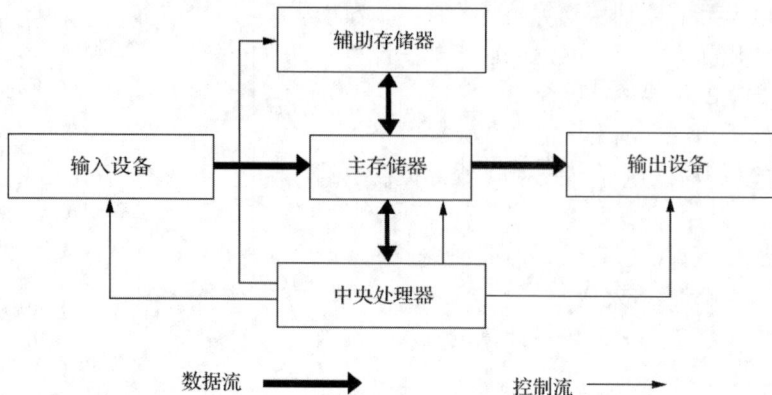

图 1-8 计算机硬件系统工作示意图

（1）运算器

运算器是计算机系统中执行各种算术和逻辑运算操作的部件。运算器的基本操作包括加、减、乘、除四则运算，与、或、非、异或等逻辑运算，以及移位、比较和传送等其他运算，因此运算器也被称为算术逻辑部件。计算机运行时，运算器的操作和操作种类由控制器决定。运算器处理的数据来自存储器；处理后的结果数据通常送回存储器或暂时寄存在运算器中。

（2）控制器

控制器是计算机系统的神经中枢和指挥中心，用于控制、指挥计算机系统的各个部分协调工作。其基本功能是从内存储器中取出指令，对指令进行分析，然后根据该指令的功能向有关部件发出控制命令，来完成指令所规定的任务。

控制器主要由程序计数器、指令寄存器、指令译码器、操作控制电路和时序控制电路等组成。

（3）存储器

存储器的主要功能是存储程序和各种数据，并能在计算机运行过程中高速、自动地完成程序或数据的存取。存储器是具有"记忆"功能的设备，它采用具有两种稳定状态的物理器件来存储信息。这些器件也称为记忆元件。由于计算机中采用只有两个数码"0"和"1"的二进制数来表示数据，因此记忆元件的两种稳定状态分别表示为"0"和"1"，日常使用的十进制数也必须转换成等值的二进制数才能存入存储器中。此外，计算机中处理的各种字符，例如英文字母、运算符号等，也要转换成二进制编码才能被存储和操作。

（4）输入设备

输入设备是人或外部与计算机进行交互的一种装置，用于把原始数据和处理这些数据的程序输入到计算机中。计算机能够接收各种各样的数据，既可以是数值型的数据，也可以是非数值型的数据，如图形、图像、音频等都可以通过不同类型的输入设备输入到计算机中，以便进行存储、处理和输出。

（5）输出设备

输出设备用于把各种计算结果数据或信息以数字、字符、图像、音频等形式表示出来。常见的输出设备有显示器、打印机、绘图仪、影像输出系统、语音输出系统、磁记录设备等。利用各种输出设备可将计算机的输出信息转换成印在纸上的数字、文字、符号、图形和图像等，或记录在磁盘、磁带、纸带和卡片上，或转换成模拟信号直接送给有关控制设备；有的输出设备还能将计算机的输出转换成语音。

1.4 计算机硬件系统

硬件是组成计算机的物理实体，它提供了计算机工作的物质基础。人们通过硬件向计算机系统发布命令、输入数据，并得到计算机的响应，计算机内部也必须通过硬件来完成数据存储、计算及传输等各项任务。

硬件系统主要由中央处理器、存储器、输入输出控制系统和各种外部设备组成。中央处理器是对信息进行高速运算处理的主要部件，其处理速度可达每秒几亿次操作。存储器用于存储程序、数据和文件，常由快速的主存储器和慢速海量的辅助存储器组成。各种外部设备是人与计算机之间的信息转换器，由输入输出控制系统管理外部设备与中央处理器之间的信息交换。完整的计算机硬件系统如图 1-9 所示。

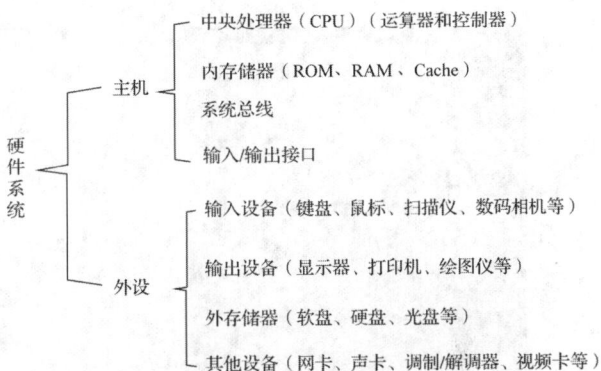

硬件系统
主机
　中央处理器（CPU）（运算器和控制器）
　内存储器（ROM、RAM、Cache）
　系统总线
　输入/输出接口
外设
　输入设备（键盘、鼠标、扫描仪、数码相机等）
　输出设备（显示器、打印机、绘图仪等）
　外存储器（软盘、硬盘、光盘等）
　其他设备（网卡、声卡、调制/解调器、视频卡等）

图 1-9　完整的计算机硬件系统

▶▶▶ 1.4.1　主机

主机是指计算机硬件系统中用于放置主板及其他主要部件的"容器"。它通常包括 CPU、内存储器、硬盘、光驱、电源及其他输入输出控制器和接口，如 USB 控制器、显卡、网卡、声卡等。位于主机箱内的设备通常称为内设，而位于主机箱之外的设备通常称为外设（如显示器、键盘、鼠标、外接硬盘、外接光驱等）。普通台式计算机的主机及其内部结构如图 1-10 所示。通常，主机自身（装上软件后）已经是一台能够独立运行的计算机系统，服务器等有专门用途的计算机通常只有主机，没有其他外设。

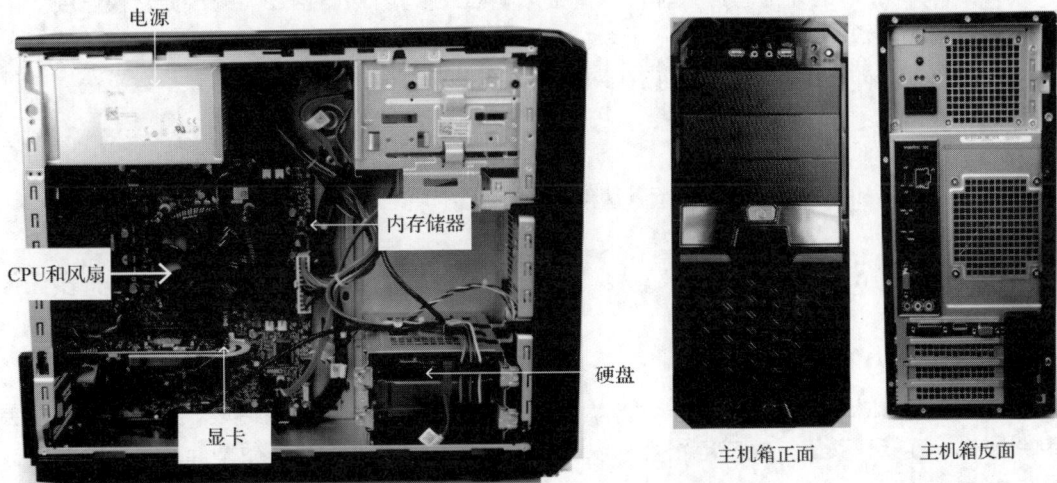

电源　内存储器　CPU和风扇　硬盘　显卡　主机箱正面　主机箱反面

图 1-10　台式计算机的主机及其内部结构

1. 中央处理器

中央处理器（CPU）主要由运算器和控制器组成，它是任何微型计算机中必备的核心部件。它的功能主要是解释计算机指令以及处理计算机软件中的数据。

CPU 主要包括运算器、高速缓冲存储器及实现它们之间联系的数据总线、地址总线和控制总线。它与内部存储器和 I/O 设备合称为电子计算机三大核心部件。在 CPU 技术方面和市场上，Intel 公司一直是技术领头羊，其他的 CPU 设计和生产厂商主要有 AMD 公司、IBM 公司、ARM 公司等。图 1-11（a）为 Intel 公司的 CORE 系列 i9-14900KS 处理器，图 1-11（b）为 AMD 公司的 7970X 处理器。

（a）Intel 公司的 CORE 系列 i9-14900KS 处理器　　　　（b）AMD 公司的 7970X 处理器

图 1-11　CPU

CPU 主要性能指标包括以下几个。

（1）字长

字长越长，CPU 可同时处理的数据的二进制位数就越多，运算能力就越强，计算精度就越高。

（2）主频

主频，即 CPU 能够适应的时钟频率，它是 CPU 的内核工作频率。主频越高，CPU 的运算速度也就越快。

（3）外频

外频，即 CPU 的外部时钟频率，它直接影响 CPU 与内存储器之间的数据交换速度。

（4）倍频系数

倍频系数，即主频与外频之间的相对比例关系。在相同的外频下，倍频系数越高，主频也就越高。

（5）缓存

缓存的结构和大小对 CPU 的运算速度影响很大。

（6）内核

CPU 内核是 CPU 中间的核心芯片。多核心 CPU 技术的出现大大提高了 CPU 的多任务处理能力。

2. 主板

所谓主板（Main Board），就是计算机中最主要的、最大的一块电路板。主板一般由多层印制线路板、连接在其上的集成电路芯片以及各种晶体管元器件组成，微型计算机系统的主板如图 1-12 所示。

PCI 扩展槽

PCI-E 插槽

CMOS 电池

南桥芯片组

BIOS 芯片

北桥芯片组

CPU 插槽

CPU 接口

内存插槽

图 1-12 微型计算机系统的主板

计算机通过主板将 CPU 等各种器件和外部设备有机地结合起来，形成一套完整的系统。计算机在正常运行时对系统内存、存储设备和其他 I/O 设备的操控都必须通过主板来完成。

目前大部分主板都集成了显卡、声卡、网卡、调制解调器等接口。下面对主板的各个功能接口进行说明。

（1）CPU 插槽及接口

CPU 插槽是用来放置 CPU 的。由于世界两大 CPU 厂商 Intel 和 AMD 在个人计算机中使用的 CPU 采用不同的封装方式，因此生产出来的 CPU 接口也是不一样的。市面上主流的封装方式有以下两种。

● LGA 封装：此封装方式的接口为"触点式"，如图 1-13（a）所示，接口类型有 LGA1150、LGA1156、LGA1155、LGA 775 等，Intel 公司的处理器主要采用这种封装方式。

● PGA 封装：此封装方式的接口为"针脚式"，如图 1-13（b）所示，接口类型有 AM3、AM3+等，AMD 公司的处理器主要采用这种封装方式。

（a）触点式

（b）针脚式

图 1-13 CPU 采用的不同封装方式对应的接口

（2）芯片组

芯片组是一组共同工作的集成电路芯片，在计算机领域发展的初期，它通常指两个主要的主板芯片组，即南桥芯片组（South Bridge Chipset）和北桥芯片组（North Bridge Chipset）。

① 北桥芯片组

北桥芯片组是用来处理高速信号的，如处理 CPU 和随机存取存储器（Random Access Memory，RAM）、PCI-E 端口的通信。考虑到北桥芯片组与处理器之间的通信最密切，为了提高通信性能而缩短传输距离，北桥芯片组一般放在主板上离 CPU 最近的位置。北桥芯片组在计算机里起到的作用非常明显，由于它在计算机中起着主导的作用，因此人们又将其称为主桥（Host Bridge）。

② 南桥芯片组

南桥芯片组是主板芯片组的重要组成部分，主要用于处理低速信号，例如 USB、网卡、音频卡等。考虑到它所连接的 I/O 总线较多，所以南桥芯片一般位于主板上离 CPU 插槽较远的下方、PCI 插槽的附近，同时离处理器远也有利于电路板布线。相对于北桥芯片组来说，其数据处理量并不算大，所以有些主板的南桥芯片组都没有覆盖散热片。南桥芯片组不与处理器直接相连，而是通过一定的方式与北桥芯片组相连。

（3）内存插槽

内存插槽是指主板上用来插内存条的插槽，如图 1-14 所示。主板所支持的内存种类和容量都由内存插槽来决定。内存插槽通常最少有两个，最多的为 4 个、6 个或 8 个。由于内存所采用的针脚数不同，因此内存插槽类型也各不相同。目前台式计算机系统有 SIMM（已淘汰）、DIMM 和 RIMM 这 3 种类型的内存插槽，而笔记本电脑内存插槽则是在 SIMM 和 DIMM 插槽基础上发展而来的，基本原理并没有变化，只是在针脚数上略有改变。

图 1-14　内存插槽

（4）扩展槽

扩展槽是主板与外界扩展卡联系的"桥梁"。任何外界的扩展卡（如显示卡、声卡、网卡等）都要安装在扩展槽上才能正常工作，以扩展微型计算机的各种功能。任何扩展卡插入扩展槽后，都可以通过系统总线与 CPU 连接，在操作系统的支持下实现即插即用。

目前主板上常见的扩展槽有两种：PCI 扩展槽和 PCI-E（PCI-Express）插槽。

（5）BIOS 芯片

BIOS 是一个固化在只读存储器（Read-only Memory，ROM）芯片中的程序，也称为 ROM-BIOS。BIOS 芯片中存储着微机的基本输入输出程序、系统设置信息、开机自检程序和系统启动自举程序。主板上的 BIOS 芯片一般是一块 32 针的双排直插式芯片，采用 EEPROM，其外形如图 1-15 所示。

图 1-15　BIOS 芯片

（6）CMOS 芯片

CMOS 是主板上的一块可读写的 ROM 芯片，用来保存当前系统的硬件配置和一些用户设定的参数。用户可以利用 CMOS 对微机的系统参数进行设置。CMOS 开机时由系统电源供电，关机时靠主板上的电池供电。

（7）各种接口

外设是通过主板上的一个个接口与主板相连的。

硬盘接口：硬盘接口可分为 IDE（Integrated Drive Electronics，集成设备电子部件）接口和 SATA（Serial ATA，串行 ATA）接口，如图 1-16 所示。使用 SATA 接口的硬盘又叫串口硬盘，是未来 PC 硬盘的趋势。

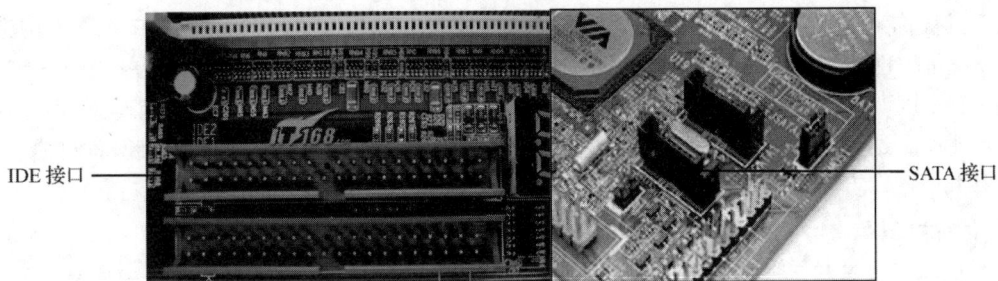

图 1-16　IDE 接口和 SATA 接口

串行接口（COM 接口）：串行接口用来连接具有串行接口的外设，如 Modem（调制解调器）、鼠标、串行打印机等。目前只有部分商用品牌机的主板还保留该接口。

并行接口（LPT 接口）：并行接口一般用来连接打印机等设备。在主板上一般为 26 针的双排插座。

USB（通用串行总线）接口：USB 接口是伴随着多媒体技术的发展而诞生的一种外设接口，最大特点是即插即用和热插拔。目前很多外设如打印机、扫描仪、鼠标、键盘等都使用 USB 接口。

3. 系统总线

系统总线（System Bus）是连接微型计算机中各个部件的一组物理信号线，用于各部件之间的信息传输。一次传输信息的位数称为总线宽度。通常将 CPU 芯片内部的总线称为内部总线，而连接系统各部件间的总线称为外部总线，也称为系统总线。按照总线上传送信息类型的不同，总线可分为数据总线、地址总线和控制总线，其结构如图 1-17 所示。这些总线分别用来传输数据、地址和控制信号。

- 数据总线（Data Bus，DB）：是 CPU 同各部件交换信息的通路。数据总线都是双向的。
- 地址总线（Address Bus，AB）：通常地址总线是单向的。地址总线的宽度即位数决定了 CPU 可直接寻址的内存空间大小。若地址总线为 n 根，则可寻址的内存空间大小为 2^n 字节。
- 控制总线（Control Bus，CB）：控制总线用来传送控制信号。

常用的总线标准有：ISA 总线、EISA 总线、VESA 总线、PCI 总线、AGP 总线。目前微型计算机上采用的大多是 PCI 总线。

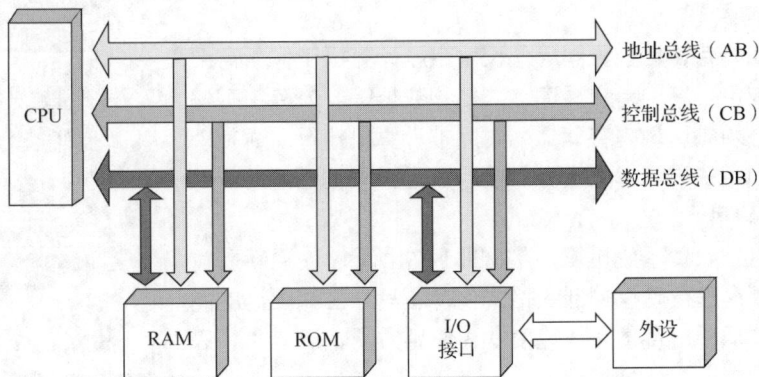

图 1-17　总线结构

4. I/O 接口与存储器接口

I/O 接口是 CPU 与 I/O 设备之间交换信息的介质和 "桥梁"。CPU 与外部设备、存储器的连接和数据交换都需要通过接口设备来实现，与外部设备连接的接口被称为 I/O 接口，与存储器连接的接口则被称为存储器接口。存储器通常在 CPU 的同步控制下工作，其相应的接口电路比较简单；而 I/O 设备品种繁多，其相应的接口电路也各不相同，因此，习惯上说到接口只是指 I/O 接口。接口电路是 CPU 与外部设备之间的连接缓冲。CPU 与外部设备之间的工作方式、工作速度、信号类型都不相同，通过接口电路的变换作用，把二者匹配起来。微型计算机的 I/O 接口有两种：串行接口和并行接口。串行接口可以连接游戏手柄、绘图仪等；并行接口常用于连接打印机。

5. 存储器

存储器是计算机系统中的记忆设备，用来存放程序和数据。计算机中的全部信息，包括输入的原始数据、计算机程序、中间运行结果和最终运行结果都保存在存储器中。它根据控制器指定的位置存入和取出信息。

构成存储器的存储介质主要为半导体器件和磁性材料。存储器中最小的存储单位就是一个双稳态半导体电路或一个 CMOS 晶体管/磁性材料的存储元。多个存储元组成一个存储单元，再由多个存储单元组成一个存储器。计算机系统中存储系统的层次结构如图 1-18 所示。下面分别对这些存储器作介绍。

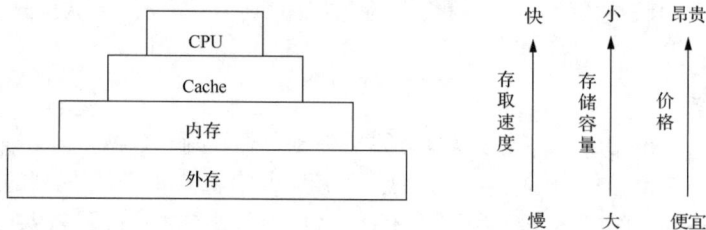

图 1-18　存储系统的层次结构

（1）内存储器

内存储器按其工作方式的不同，可以分为随机存取存储器（RAM）、只读存储器（ROM）和高速缓冲存储器（Cache）。

RAM 是指在 CPU 运行期间既可读出信息也可写入信息的存储器，但断电后，写入的信息会丢失。ROM 是指只能读出信息而不能由用户写入信息的存储器，断电后，其中的信息也不会丢失。为了解决主存 RAM 与 CPU 之间工作速度不匹配的问题，在 CPU 和主存之间设置了一级高速度、小容量的存储器，称为高速缓冲存储器。

（2）外存储器

外存储器即外存，其主要作用是长期存放计算机工作所需要的系统文件、应用程序、用户程序、文档和数据等。外存中存储的程序和数据必须先送入内存储器，才能被计算机执行。通常外存储设备分为固定式硬盘、光盘存储器、U 盘、移动硬盘等。

① 固定式硬盘

固定式硬盘一般置于主机箱内，如图 1-19 所示。使用新硬盘之前，必须对硬盘进行硬盘的低级格式化、硬盘分区和硬盘的高级格式化。它体积小、容量大、速度快、使用方便，已成为个人计算机的标准配置。

② 光盘存储器

图 1-19　硬盘

光盘存储器是利用光学原理进行信息读写的存储器。光盘存储器主要由光盘、光盘驱动器和光盘控制器组成。光盘驱动器是读取光盘的设备，通常固定在主机箱内。常用的光盘驱动器有 DVD-ROM 和 CD-ROM 等，如图 1-20 所示。

(a) DVD-ROM　　　　　(b) CD-ROM

图 1-20　光盘驱动器

③ U 盘

USB 盘，简称 U 盘，另称作优盘（U 盘的谐音）。U 盘（见图 1-21）属于移动存储设备，用于备份数据，方便携带。U 盘是闪存的一种，因此也叫闪盘。U 盘（见图 1-21）的特点是小巧、便于携带、存储容量大、价格便宜。一般的 U 盘容量为 32GB、128GB、256GB、512GB、1TB 等。

图 1-21　U 盘

④ 移动硬盘

移动硬盘是以硬盘为存储介质，在计算机之间交换大容量数据，强调便携性的存储产品。移动硬盘（见图 1-22）多采用 USB、IEEE 1394 等传输速率较快的接口，可以较高的速度与系统进行数据传输。

移动硬盘可以提供相当大的存储容量，是一种性价比很高的移动存储产品。在大容量 U 盘价格还无法被用户所接受的

图 1-22　移动硬盘

情况下，移动硬盘能在用户可接受的价格范围内，提供给用户较大的存储容量和不错的便捷性。

▶▶▶ 1.4.2　外部设备

1. 输入设备

输入设备是向计算机输入数据和信息的设备。例如，键盘、鼠标、扫描仪、手写板、条形码扫描器等都属于输入设备，如图 1-23 所示。

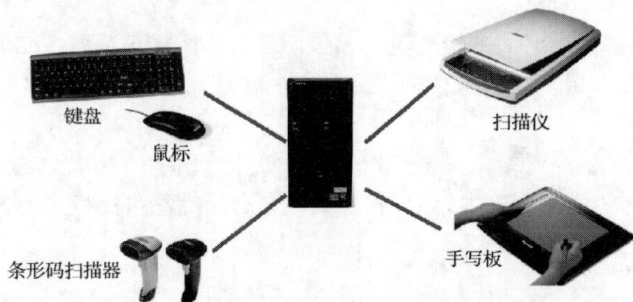

键盘　　鼠标　　　扫描仪　　条形码扫描器　　手写板

图 1-23　常见的输入设备

（1）键盘

键盘是最常用、也是最主要的输入设备。通过键盘，可以将英文字母、数字、标点符号等输入计算机中，从而向计算机发出命令、输入数据等。

（2）鼠标

鼠标是一种很常用的计算机输入设备，它可以对当前屏幕上的游标进行定位，并通过按键和滚轮装置对游标所经过位置的屏幕元素进行操作。鼠标的"鼻祖"于 1968 年出现，当时美国科学家道格拉斯·恩格尔巴特（Douglas Engelbart）在美国加利福尼亚州制作了第一只鼠标。

（3）扫描仪

扫描仪是利用光电技术和数字处理技术，以扫描的方式将图形或图像信息转换为数字信号的装置。扫描仪通常被用于计算机外部仪器设备，通过捕获图像并将之转换成计算机可显示、编辑、存储和输出的数字化输入设备。扫描仪可分为滚筒式扫描仪和平面扫描仪，近几年还出现了笔式扫描仪、便携式扫描仪、馈纸式扫描仪、胶片扫描仪、底片扫描仪和名片扫描仪等。

（4）手写板

手写板是一种常见输入设备，其作用与键盘的作用类似。在日常使用中，手写板除用于文字、符号、图形等输入外，还可提供光标定位功能。手写板可以同时替代键盘与鼠标，成为一种独立的输入工具。市场上常见的手写板通常使用 USB 接口。

（5）条形码扫描器

条形码扫描器，又称为条形码阅读器或条形码扫描枪，它是用于读取条形码所包含信息的阅读设备。其利用光学原理，把条形码的内容解码后通过数据线传输到计算机或者其他设备。条形码扫描器广泛应用于超市、快递、图书馆等扫描商品或单据条形码的场合。

2. 输出设备

输出设备是人与计算机交互的一种部件，用于数据的输出。常见的输出设备包括显示器、打印机、绘图仪等，如图 1-24 所示。

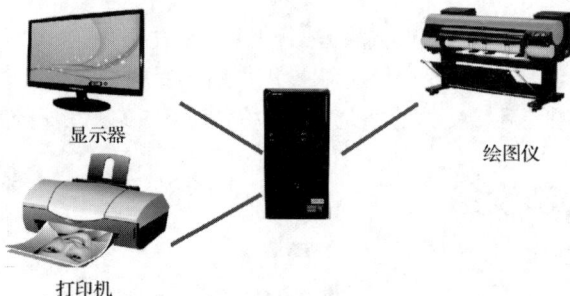

图 1-24　常见的输出设备

（1）显示器

显示器是微型计算机所必需的输出设备。显示器分为阴极射线管（CRT）显示器和液晶显示器（LCD 屏、LED 屏），目前 CRT 显示器已经被淘汰了。

（2）打印机

打印机是计算机的另一种输出设备，用于将计算机输出的信息（文字、图形等）打印在相关载体（如纸张）上。根据采用的技术，打印机主要分为喷墨打印机、激光打印机、针式打印机等。

（3）绘图仪

绘图仪也是一种输出设备，主要用于绘制各种管理图表和统计图、大地测量图、建筑设计图、电路布线图、机械图、计算机辅助设计图等。

1.5 计算机软件系统

仅有硬件的计算机是不完整的。计算机硬件系统只有与软件系统密切配合，才能正常地工作。计算机软件是整个计算机系统中的重要组成部分，通常软件分为系统软件和应用软件（Application Software）两大类，如图 1-25 所示。

▶▶▶ 1.5.1 系统软件

系统软件是指控制和协调计算机及外部设备，支持应用软件开发和运行的系统。它是无需用户干预的各种程序的集合，主要功能是调度、监控和维护计算机系统，以及负责管理计算机系统中各种独立的硬件，使得它们可以协调工作。系统软件由计算机软件生产厂商提供，主要包括操作系统、各种语言处理系统、数据库管理系统（Data base Management System，DBMS）、系统辅助处理程序等。

系统软件的主要特征有：与硬件有很强的交互性；能对共享的资源进行调度管理；能发现并解决操作处理中存在的协调问题；其中的数据结构复杂，外部接口多样化，便于用户反复使用。

1. 操作系统

在计算机软件中最重要且最基本的就是操作系统。操作系统是底层的软件，它控制所有计算机运行的程序并管理整个计算机的资源，是计算机裸机与应用程序及用户之间的"桥梁"。没有它，用户也就无法使用某种软件或程序。

操作系统是计算机系统的控制和管理中心。对于功能完善的操作系统来说，其通常包括处理器管理、作业管理、存储器管理、设备管理、文件管理 5 项管理功能。

- 根据操作系统的使用环境和对作业的处理方式来分类，操作系统可分为批处理系统、分时系统、实时系统。
- 根据所支持的用户数目，操作系统可分为单用户操作系统、多用户操作系统。
- 根据硬件结构，操作系统可分为网络操作系统、分布式系统、多媒体系统等。

常见的操作系统有 DOS、Windows、OS/2、macOS 等。

2. 各种语言处理程序

计算机只能直接识别和执行机器语言，因此要计算机按照人（用户）的要求执行工作，就必须配备程序语言翻译程序。语言处理程序（通常称为程序设计语言）就是人与计算机交流的语言工具。程序设计语言通常分为三大类：机器语言、汇编语言（Assemble Language）和高级语言。

（1）机器语言

机器语言是最低层次的计算机语言，是直接使用二进制编码表示的指令语言。与其他语言相比较，机器语言的优点是执行速度最快、效率最高，缺点是程序可读性差、非常难被理解和记忆。

机器语言的二进制指令代码随着 CPU 型号的不同而不同，因此机器语言程序在不同的计算机系统之间不能通用，可移植性差。

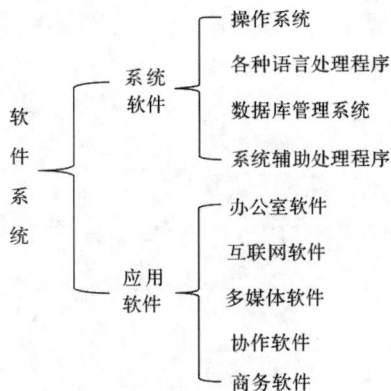

图 1-25   软件系统

软件系统 — 系统软件 — 操作系统
各种语言处理程序
数据库管理系统
系统辅助处理程序

应用软件 — 办公室软件
互联网软件
多媒体软件
协作软件
商务软件

（2）汇编语言

为了克服机器语言编程的缺点，后来发明了汇编语言。汇编语言是采用人们容易识别和记忆的缩写字母和符号（称为助记符）来表示机器语言中的指令和数据，例如 MOV 表示传送指令，ADD 表示加法指令等。因为汇编语言的语句和机器指令有对应的关系，所以汇编语言继承了机器语言执行速度快的优点，现在对于实时控制或者对响应速度有极高要求的场合仍然在大量使用汇编语言。但是汇编语言对于同一问题编写的汇编语言程序在不同类型的机器上仍然不能通用，可移植性较差。

用汇编语言编写的程序（源程序）不能被计算机直接识别，需要用汇编程序将其翻译成机器指令才能执行。汇编程序是一种语言处理程序，其翻译的过程称为汇编过程。汇编语言程序的执行过程如图 1-26 所示。

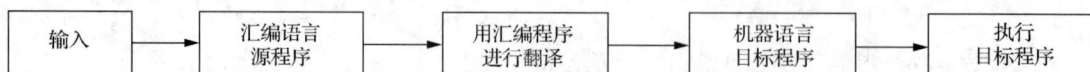

图 1-26　汇编语言程序的执行过程

（3）高级语言

为解决机器语言和汇编语言编程技术复杂、编程效率低的问题，20 世纪 50 年代后期人们研发出了高级语言。这样的语言与自然语言和数学公式相当接近，而且不依赖于计算机的类型。高级语言拥有的易用性、易读性、通用性强等特点，使得程序员大大提高了编写程序的效率。

常用的高级语言有 BASIC、C/C++、Java、Python 等。

用高级语言编写的程序（源程序）同样不能被计算机直接识别，需要用翻译程序将其翻译成机器指令才能执行。根据翻译方式的不同，翻译程序一般分为"编译程序"和"解释程序"。

编译程序把高级语言编写的程序作为一个整体进行处理，编译后与子程序连接，形成一个完整的可执行程序。大部分的高级语言都是采用编译的方式，如 C/C++、Pascal、Java 等。编译程序的执行过程如图 1-27 所示。

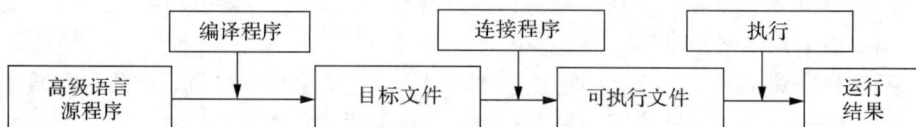

图 1-27　编译程序的执行过程

解释程序是将源程序逐句进行翻译，翻译一句执行一句，不产生目标程序，利用这种方式的语言有 BASIC、FoxBase。解释程序的执行过程如图 1-28 所示。

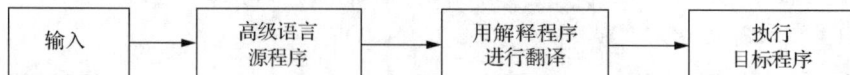

图 1-28　解释程序的执行过程

3. 数据库管理系统

数据库管理系统是一种操纵和管理数据库的大型软件，用于建立、使用、维护和管理数据库等，是数据库系统的核心软件，如 MySQL、Access、SQL Server、DB2、Oracle 等。

按功能划分，数据库管理系统大致可分为以下 6 个部分。

（1）模式翻译：提供数据定义语言（Data Definition Language，DDL），用它书写的数据库模式被翻译为内部表示方式。数据库的逻辑结构、完整性约束和物理存储结构保存在内部的数据字典中。数据库的各种数据操作（如查找、修改、插入和删除等）和数据库的维护管理都是以数据库模式为依据的。

（2）应用程序的编译：把包含访问数据库语句的应用程序编译成在 DBMS 支持下可运行的目标程序。

（3）交互式查询：支持易使用的交互式查询语言，如 SQL。DBMS 负责执行查询命令，并将查询结果显示在屏幕上。

（4）数据的组织与存取：提供数据在外部存储设备上的物理组织与存取方法。

（5）事务运行管理：提供事务运行管理及运行日志、事务运行的安全性监控和数据完整性检查、事务的并发控制及系统恢复等功能。

（6）数据库的维护：为数据库管理员提供软件支持，包括数据安全控制、完整性保障、数据库备份、数据库重组及性能监控等维护工具。

4．系统辅助处理程序

系统辅助处理程序也称为软件研制开发工具、支持软件、软件工具，主要包括编辑程序、调试程序、装备和连接程序等。

▶▶▶ 1.5.2　应用软件

应用软件是在系统软件支持下，专门针对某种应用目的而设计、编制而成的程序及相关文档。它是为满足不同领域、不同问题的应用需求而提供的软件。例如，财务软件（用友、金蝶）、办公自动化软件（Microsoft Office、WPS）、图像处理软件（Photoshop）、计算机辅助设计软件（AutoCAD）等。

应用软件可以拓宽计算机系统的应用领域，放大硬件的功能。应用软件具有很强的实用性、专业性，正是应用软件的这些特点，才使得计算机的应用推广到了各个领域。

1.6　计算机中的信息表示

计算机的主要功能是处理信息，如文字、图像、音频等。而这些信息在计算机中都是以二进制的编码表示的，各种数据都必须经过二进制的数字化编码后才能使用，所以必须理解和掌握计算机中的二进制。

▶▶▶ 1.6.1　信息与信息技术概述

信息是客观世界中物质及其运动的属性和特征的反映，它可分为自然信息和社会信息。人们每时每刻都在自觉或不自觉地接收和传播信息。

信息技术是在信息的获取、整理、加工、传递、存储、利用过程中采取的技术和方法，也可被看作是代替、延伸、扩展人的感官及大脑信息功能的一种技术。

各项信息技术概述如下。

（1）信息获取技术：利用各种传感器和仪器直接或间接地获取信息。

（2）信息传输技术：以光缆通信、微波通信、卫星通信、无线移动通信、数字通信等高新技术作为通信技术的基础。

（3）信息处理技术：信息处理技术是通过计算机实现的，其核心是计算机技术和计算机网络技术。

（4）信息控制技术：利用信息传递和信息反馈来实现对目标系统控制的技术。

（5）信息存储技术：主要可分为直接存储、移动存储、网络附加存储（NAS）和存储区域网络（SAN）。

信息技术在全球的广泛使用，不仅深刻地影响着经济结构与经济效率，而且作为先进生产力的代表，对社会文化和精神文明产生着深刻的影响。

▶▶▶ 1.6.2　数制及其转换

1．数制的概念

数制是用一组固定的数字和一套统一的规则来表示数的方法。生活中人们一般采用十进制，但是计算机内部一律采用二进制，并以八进制和十六进制作为补充。这些按照进位方式记数的数制称为进位记数制。

2．基数

基数是指该进制中允许选用的基本数码的个数。每一种进制都有固定数目的记数符号。

3．计算机中的数制

（1）十进制

十进制：具有 10 个不同的数，基数为 10，10 个记数符号为 0、1、2……9。十进制的进位规则是"逢十进一"。例如，十进制数$(1234.56)_{10}$可表示为

$$(1234.56)_{10} = 1 \times 10^3 + 2 \times 10^2 + 3 \times 10^1 + 4 \times 10^0 + 5 \times 10^{-1} + 6 \times 10^{-2}$$

（2）二进制

二进制：具有两个不同的数，基数为 2，两个记数符号为 0 和 1。二进制的进位规则是"逢二进一"。例如，二进制数$(1011.11)_2$可表示为

$$(1011.11)_2 = 1 \times 2^3 + 0 \times 2^2 + 1 \times 2^1 + 1 \times 2^0 + 1 \times 2^{-1} + 1 \times 2^{-2}$$

（3）八进制

八进制：具有 8 个不同的数，基数为 8，8 个记数符号为 0、1、2……7。八进制的进位规则是"逢八进一"。例如，八进制$(1234.56)_8$可表示为

$$(1234.56)_8 = 1 \times 8^3 + 2 \times 8^2 + 3 \times 8^1 + 4 \times 8^0 + 5 \times 8^{-1} + 6 \times 8^{-2}$$

（4）十六进制

十六进制：具有 16 个不同的数，基数为 16，16 个记数符号为 0～9，A、B、C、D、E、F。其中 A～F 对应十进制的 10～15。十六进制的进位规则是"逢十六进一"。例如，十六进制$(8D.B7)_{16}$可表示为

$$(8D.B7)_{16} = 8 \times 16^1 + 13 \times 16^0 + 11 \times 16^{-1} + 7 \times 16^{-2}$$

一个数码处在不同位置上所代表的值不同，如数字 8 在十位上表示 80，在百位上表示 800，而在小数点后 1 位上则表示 0.8，可见，每个数码所表示的数值等于该数码乘以一个与数码所在位置相关的常数，这个常数称为位权。位权的大小是以基数为底、数码所在位置的值为指数的整数次幂。

4．常用数制的表示方法

（1）在数字后加上进制位的字母符号，B（二进制）、D（十进制）、O（八进制）、H（十六进制），如 1101001B、123O、1A2H。

（2）把数字用括号括起来，下标为数制的基数，如$(1101001)_2$、$(123)_8$、$(1A2)_{16}$。

5．不同数制间的转换

（1）十进制数转换为二进制、八进制、十六进制数

十进制数转换为其他进制数时，需要将整数部分和小数部分分开转换。

十进制整数转换为二进制整数时，需要将十进制整数部分除以 2，第一次得到的余数为最低位，然后将得到的商反复除以 2，直到商数为 0，得到的余数位数依次升高。

【例 1-2】将十进制整数(39)$_{10}$转换为二进制整数。

解：根据转换规则计算可得(39)$_{10}$=(100111)$_2$。

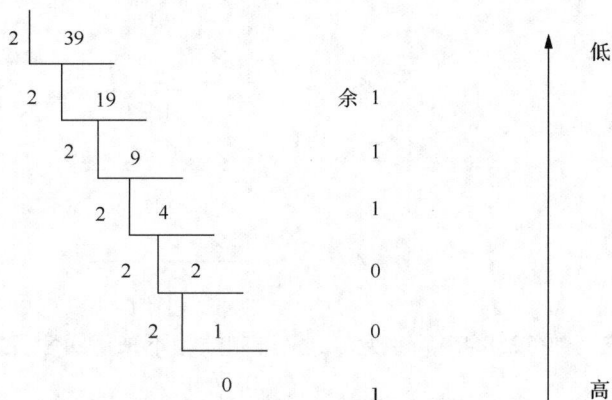

十进制小数转换为二进制小数时，需要将十进制小数部分乘以 2，第一次得到的乘积的整数部分为最高位，然后将得到的积反复乘以 2，直到小数部分为 0 或者满足基本精度要求为止，最后一次得到的乘积的整数部分为最低位。

【例 1-3】将一个十进制小数(0.925)$_{10}$转换为二进制小数（不采用四舍五入，精确到小数点后 4 位）。

解：根据转换规则计算可得(0.925)$_{10}$=(0.1110)$_2$。

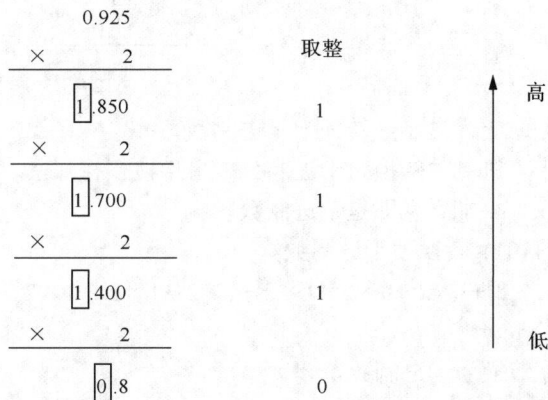

> **注意**
>
> 一个十进制小数不一定能准确地转换为二进制小数。如果要求采用四舍五入的方法取舍且精度为小数点后 3 位，则需连续乘以 2 取 3 次整数，并对第 4 位采用四舍五入的方法取舍。如果不需要四舍五入，则对最后一位采用只舍不入的方法。

十进制整数转换为八进制整数时，需要将十进制整数部分除以 8，第一次得到的余数为最低位，然后将得到的商反复除以 8，直到商数为 0，得到的余数位数依次升高。十进制小数转换为八进制小数采用"乘 8 取整"的方法，其原理与二进制相同。

十进制整数转换为十六进制整数时，其需要将十进制整数部分除以 16，第一次得到的余数为最低位，然后将得到的商反复除以 16，直到商数为 0，得到的余数位数依次升高。十进制小数转换为十六进制小数采用"乘 16 取整"的方法，其原理与二进制相同。

【例 1-4】 将十进制数$(134.32)_{10}$转换为八进制数（不采用四舍五入，精度为小数点后 3 位）。

解： 根据转换规则计算可得$(134.32)_{10}=(206.243)_8$。

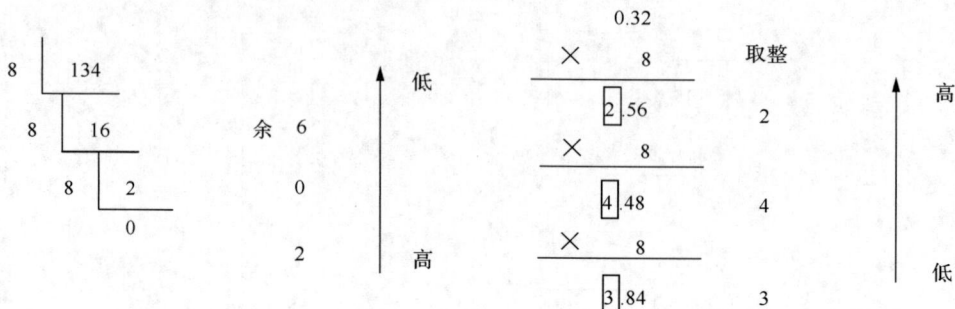

【例 1-5】 将十进制数$(3258.45)_{10}$转换为十六进制数（不采用四舍五入，精确到小数点后 3 位）。

解： 根据转换规则计算可得$(3258.45)_{10}=(CBA.733)_{16}$。

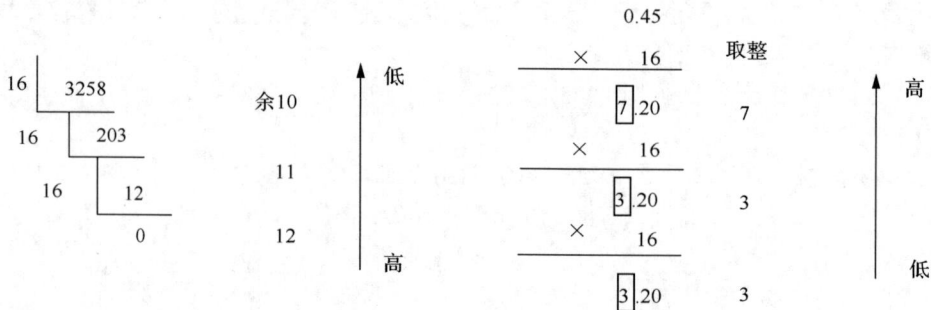

（2）二进制、八进制、十六进制数转换为十进制数

二进制、八进制、十六进制数转换为十进制数，采用按权相加法。以二进制数为例，将二进制数每位上的数乘以权，相加之和即是十进制数。

【例 1-6】 将$(11011.1101)_2$转换为十进制数。

解： $(11011.1101)_2=1\times2^4+1\times2^3+0\times2^2+1\times2^1+1\times2^0+1\times2^{-1}+1\times2^{-2}+0\times2^{-3}+1\times2^{-4}$

$$=(27.875)_{10}$$

【例 1-7】 将$(4B.8)_{16}$转换为十进制数。

解： $(4B.8)_{16}=4\times16^1+11\times16^0+8\times16^{-1}$

$$=(75.5)_{10}$$

【例 1-8】 将$(51.6)_8$转换为十进制数。

解： $(51.6)_{16}=5\times8^1+1\times8^0+6\times8^{-1}$

$$=(41.75)_{10}$$

（3）二进制数与八进制数相互转换

由于$2^3=8$，$8^1=8$，因此一位八进制数对应二进制数的 3 位。那么对于二进制数转换为八进制数，则以小数为界限，分别向左和向右按每 3 位为一组划分，不足 3 位的整数部分前面加 0，小数部分后面加 0。

【例 1-9】 将$(10110101.11011)_2$转换为八进制数。

解： 根据转换规则计算可得$(10110101.11011)_2=(265.66)_8$。

010	110	101	.	110	110
↓	↓	↓	↓	↓	↓
2	6	5	.	6	6

八进制数转换为二进制数则正好相反，需要将八进制数的每一个数拆分为一个 3 位的二进制数。

【例 1-10】将$(345.66)_8$转换为二进制数。

解： 根据转换规则计算可得$(345.66)_8=(11100101.11011)_2$。

3	4	5	.	6	6
↓	↓	↓	↓	↓	↓
011	100	101	.	110	110

（4）二进制数与和十六进制数相互转换

由于 $2^4=16$，$16^1=16$，因此一位十六进制数对应二进制数的 4 位。那么对于二进制数转换为十六进制数，则以小数为界限，分别向左和向右按每 4 位为一组划分，不足 4 位的整数部分前面加 0，小数部分后面加 0。

【例 1-11】将$(10110101.11011)_2$转换为十六进制数。

解： 根据转换规则计算可得$(10110101.11011)_2=(B5.D8)_{16}$。

1011	0101	.	1101	1000
↓	↓	↓	↓	↓
B	5	.	D	8

十六进制数转换为二进制数则正好相反，需要将十六进制数的每一个数拆分为一个 4 位的二进制数。

【例 1-12】将$(5CA.11)_{16}$转换为二进制、八进制数。

解： 根据转换规则计算可得$(5CA.11)_{16}=(10111001010.00010001)_2=(2712.042)_8$。

5	C	A	.	1	1
↓	↓	↓	↓	↓	↓
0101	1100	1010	.	0001	0001

▶▶▶ 1.6.3 计算机中的存储单位

1. 位

位（bit）音译为"比特"。一位可以表示两种状态，如电路中的高、低电平。位是计算机中最小的数据单位。

2. 字节

字节（Byte）是用于表示存储器或者其他存储设备容量的基本单位，字节用大写字母 B 表示。通常一个 8 位的二进制数表示一字节。一个英文字母（不区分大小写）占一字节的空间，一个中文汉字占两字节的空间。常用的其他单位还有 KB、MB、GB、TB 等，它们之间的换算关系如下。

1Byte= 8 bit。

1KB（KiloByte，千字节）=1 024B，其中 1 024=2^{10}。

1MB（MebiByte，兆字节，百万字节，简称"兆"）=1 024KB= 2^{20}B。

1GB（GigaByte，吉字节，十亿字节，又称"千兆"）=1 024MB= 2^{30}B。

1TB（TeraByte，太字节，万亿字节）=1 024GB=2^{40}B。

1PB（PetaByte，拍字节，千万亿字节）=1 024TB=2^{50}B。

3. 字长

字长是指 CPU 在单位时间内一次可处理的二进制数的数目。它的长度直接影响计算机的计算精度、运算速度。字长常用来衡量 CPU 的性能。一般情况下，字长越长，计算机精度越高，处理能力越强大。

注意字与字长的区别，字是单位，而字长是指标，指标需要用单位去衡量。正如生活中重量与 kg 的关系，kg 是单位，重量是指标，重量需要用 kg 去衡量。

4. 内存地址

内存地址指的是存储器中用于区分、识别各个存储单元的标识符。内存地址通常使用无符号的二进制整数来标识。

▶▶▶ 1.6.4　信息编码

任何形式的信息（数字、字符、汉字、图像、音频、视频）进入计算机都必须转换为由 0 和 1 组成的二进制数，即进行二进制数形式的信息编码。数据编码形式主要有 BCD 码和 ASCII。

1. BCD 码

BCD（Binary Coded Decimal）码是用若干个二进制数码来表示十进制数的编码，也称为"二–十进制编码"。BCD 码选用 0000～1001 来表示 0～9 这 10 个数字。这种编码比较直观、简单，对于多位数，只需要将它的每一位数字按表 1-2 中所列的对应关系用 BCD 码直接列出即可。

表 1-2　BCD 码的编码表

十进制	BCD 码	十进制	BCD 码
0	0000	5	0101
1	0001	6	0110
2	0010	7	0111
3	0011	8	1000
4	0100	9	1001

BCD 码的编码方法很多，最常用的是 8421 码。例如，$(00010001.00100101)_{8421}$ = $(11.25)_{10}$ = $(1011.01)_2$。

> ✎ 注意
>
> 　　BCD 码与二进制数之间的转换不是直接进行的，要先把 BCD 码表示的数转换成十进制数，再把十进制数转换成二进制数。

2. ASCII

字符编码就是规定用怎样的二进制数码来表示字符信息，以便计算机能够识别、存储、加工和处理。目前，最广泛使用的美国信息交换标准码（American Standard Code for Information Interchange，ASCII），它已被国际标准化组织（ISO）认定为国际标准。ASCII 有 7 位版本和 8 位版本两种。国际通用的 7 位 ASCII 称为标准 ASCII，8 位 ASCII 称为扩充 ASCII。

标准 ASCII 用一字节表示。它由 7 位二进制编码组成，最高位为 0。标准 ASCII 可以表示 0～127 共 128 个编码，其中包括控制字符、数字、英文字母、标点符号和专用字符。也就是说，它是用不同的编码值代表键盘上的一个字符或一种操作功能，常用 ASCII 对照表详见附录 A。

例如，键盘上"0"的编码为 48，0～9 的编码为 48～57；"A"的编码为 65，A～Z 的编码是 65～90；"a"的编码为 97，a～z 的编码为 97～122；空格的编码为 32，编码 13 的功能为回车等。

3. 汉字编码

汉字编码主要是解决在汉字处理过程中各个环节汉字的编码问题。汉字编码常指汉字的国家标准信息码、汉字机内码、输入编码和字型编码。

（1）汉字交换码

概念：汉字交换码是计算机与其他系统或设备间交换汉字信息的标准编码。

1981 年 5 月，相关单位发布了《信息交换用汉字编码字符集 基本集》（代号 GB 2312—80）。该字符集共收录了 6 763 个汉字和 682 个图形符号。6 763 个汉字按其使用频率和用途，又可分为一级常用汉字 3 755 个，二级次常用汉字 3 008 个。其中一级常用汉字按拼音字母顺序排列，二级常用汉字按偏旁部首顺序排列。采用两字节对每个汉字进行编码，每字节各取 7 位，这样可对 128×128 = 16 384 个字符进行编码。

将汉字排列在一个 94 行×94 行的方阵（二维表）中，在此正方形矩阵中每一行称为"区"，每一列称为"位"，这样组成了一个共有 94 区，每个区有 94 位的字符集。由这个字符集矩阵表引出了表示汉字的两种编码，一种被称为区位码，另一种被称为国标码。这两种编码都是由两字节组成的，高字节表示"区"的代码，低字节表示"位"的代码。

- 区位码：区位码是用十进制数表示一个汉字或图形符号在字符集中的位置。二维表中，每一行称为一个区，用汉字编码的第一个字节表示，称为区码。每个汉字在一行中的位置用第二个字节表示，称为位码。

例如，"国"字位于 25 区，90 位，则其区位码 2590。

- 国标码：国标码则通常用两位十六进制数码表示机内码的第一个字节和第二个字节。

（2）汉字输入码

概念：汉字输入码也称外码，是为了将汉字输入计算机而编制的代码；它是代表某一汉字的一级键盘符号。

汉字输入码的编码方法分为以下 4 种。

- 数码：根据汉字的排列顺序形成汉字编码，如区位码、国标码、电报码等。
- 音码：根据汉字的"音"形成汉字编码，如全拼码、双拼码、简拼码等。
- 形码：根据汉字的"形"形成汉字编码，如王码五笔、郑码、大众码等。
- 音形码：根据汉字的"音"和"形"形成汉字编码，如表形码、钱码、智能 ABC 等。

不论是哪一种汉字输入方法，利用输入码将汉字输入计算机后，必须将其转换为汉字机内码才能进行相应的存储和处理。

（3）汉字机内码

概念：汉字机内码（内码）是计算机系统中用来存储和处理中、外文信息的编码。外文内码采用单字节的 ASCII，汉字机内码则是将区位码两字节的最高位分别置为"1"，从而形成用两字节表示的汉字机内码。

汉字机内码=汉字国标码+8080H=区位码+A0A0H

汉字国标码=区位码+2020H

为了最终显示和打印汉字，还要由汉字机内码来换取汉字的字形码。实际上，每一个汉字机内码也就是指向该汉字字形码的地址。

（4）汉字输出码

概念：汉字输出码又称汉字字形码或汉字字模，它是将汉字字形经过点阵数字化后形成的一串二进制数，用于汉字的显示和打印。

点阵字形码是一种最常见的字形码。它用一位二进制数码对应屏幕上的一个像素点，字形笔画所经过处的亮点用 1 表示，没有笔画的暗点用 0 表示。

例如，一个 16×16 的汉字点阵如图 1-29 所示。

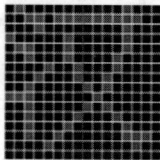

4. 汉字字库

在计算机中输出汉字时必须要得到相应汉字的字形码，通常用点阵信息表示汉字的字形。所有汉字字形点阵信息的集合就称为汉字字库。

图 1-29　汉字点阵

显示字库一般为 16×16 的点阵字库，每个汉字的字形码占用 32 字节的存储空间；打印字库一般为 24×24 的点阵字库，每个汉字的字形码占用 72 字节的存储空间。

常见的字库：由于输出的需要，人们设计了不同字体的字形，相应也有不同的字库，如宋体字库、楷体字库、隶书字库等。

5. 汉字的输入

（1）汉字输入方法的概述

目前常用的汉字输入方法有键盘输入方法、语音输入方法、手写输入方法及扫描识别方法等。

- 语音输入方法：是指人们对着话筒讲话，计算机自动在屏幕上显示出对应的语句。
- 手写输入方法：是指借助于计算机连续的笔触感应板和智能应用软件，将手写的汉字输入计算机。
- 扫描识别方法：是指通过扫描设备将书面资料输入计算机。它是将图文资料成批、快速地输入计算机的最佳方法。

（2）汉字输入的基本操作

Windows 操作系统为用户提供了多种键盘输入方法，它们分别是微软拼音输入法、智能 ABC 输入法、全拼输入法、五笔输入法和区位输入法等。输入过程中常用的切换按键如下。

- 汉字输入法之间的切换：按 Ctrl + Shift 组合键。
- 中英文输入法之间的切换：按 Ctrl + Space 组合键。
- 全角与半角输入状态的切换：按 Shift + Space 组合键。

半角字符是指在存储和输出时占用一个标准字符位（即一字节）的字符，如 ASCII 表中的英文字母及符号都是半角字符。全角字符在存储和输出时要占用两个标准字符位，所有汉字和汉字国标码表中的符号都是全角字符。

汉字处理系统的工作流程如图 1-30 所示。

汉字信息 --输入--> 输入码 --交换码--> 机内码 --汉字库--> 字形码 --输出--> 汉字信息

图 1-30　汉字处理系统的工作流程

本章小结

本章介绍了计算机的技术、计算思维基础、计算机系统组成、计算机的记数制及各种进制的相互转换、信息在计算机中的表示方法等内容，要求了解计算机的发展史和计算机系统组成，掌握数制间的相互转换及信息在计算机中的表示方法。

习题

一、选择题

1. 关于计算思维，下列正确的说法是（   ）。
   A. 计算机的发展导致了计算思维的诞生　　B. 计算思维是计算机的思维方式
   C. 计算思维的本质是计算　　D. 计算思维是问题求解的一种途径
2. 下列不属于人类三大科学思维的是（   ）。
   A. 理论思维　　　　B. 逻辑思维　　　　C. 实验思维　　　　D. 计算思维
3. 计算机系统是由（   ）组成的。
   A. 主机及外部设备　　　　　　　　B. 主机、键盘、显示器和打印机
   C. 系统软件和应用软件　　　　　　D. 硬件系统和软件系统
4. 电子计算机的工作原理可概括为（   ）。
   A. 程序设计　　　　　　　　　　　B. 运算和控制
   C. 执行指令　　　　　　　　　　　D. 存储程序和程序控制
5. 按照冯·诺依曼思想，计算机的硬件系统是由（   ）构成的。
   A. 运算器、输入设备、输出设备和存储器
   B. 控制器、运算器、输入设备、输出设备和存储器
   C. 控制器、处理器、运算器和总线
   D. 输入设备、处理器和输出设备
6. 计算机具有强大的功能，但它不可能（   ）。
   A. 高速、准确地进行大量数值运算　　B. 高速、准确地进行大量逻辑运算
   C. 对事件做出决策分析　　　　　　　D. 取代人类的智力活动
7. 在软件方面，第一代计算机主要使用（   ）。
   A. 机器语言　　　　　　　　　　　B. 高级程序设计语言
   C. 数据库管理系统　　　　　　　　D. BASIC 和 FORTRAN
8. 计算机的发展阶段通常是按计算机所采用的（   ）来划分的。
   A. 内存容量　　　　B. 逻辑元件　　　　C. 程序设计语言　　　　D. 操作系统
9. 按使用器件划分计算机的发展史，当前使用的主要元器件是（   ）。
   A. 电子管　　　　　　　　　　　　B. 晶体管
   C. 集成电路　　　　　　　　　　　D. 超大规模集成电路
10. 关于硬件系统和软件系统的概念，下列叙述不正确的是（   ）。
    A. 计算机硬件系统的基本功能是接收计算机程序，并在程序控制下完成数据输入和数据输出任务
    B. 软件系统建立在硬件系统的基础上，它使硬件功能得以充分发挥，并为用户提供一个操作方便，工作轻松的环境

C．没有装配软件系统的计算机不能做任何工作，没有实际的使用价值

D．一台计算机只要装入系统软件后，即可进行文字处理或数据处理工作

11．CPU 的中文含义是（　　　）。

　　A．中央处理器　　　　B．外存储器　　　　C．微机系统　　　　D．微处理器

12．通常将运算器和（　　　）合称为中央处理器，即 CPU。

　　A．控制器　　　　　　B．存储器　　　　　C．输出设备　　　　D．输入设备

13．下列关于 CPU 的说法中，错误的是（　　　）。

　　A．CPU 是中央处理器的简称

　　B．CPU 能直接为用户解决各种实际问题

　　C．CPU 的档次可粗略地表示微机的规格

　　D．CPU 能高速、准确地执行人预先安排的指令

14．计算机中，RAM 因断电而丢失的信息待再通电后（　　　）恢复。

　　A．能全部　　　　　　B．不能全部　　　　C．能部分　　　　　D．不能

15．ROM 是指（　　　）。

　　A．存储器规范　　　B．随机存储器　　　C．只读存储器　　　　D．存储器内存

16．下列关于指令、指令系统和程序的叙述中，错误的是（　　　）。

　　A．指令是可被 CPU 直接执行的操作命令

　　B．指令系统是 CPU 能直接执行的所有指令的集合

　　C．可执行程序是为解决某个问题而编制的一个指令序列

　　D．可执行程序与指令系统没有关系

17．一般来说，机器指令由（　　　）组成。

　　A．国标码和机内码　　　　　　　　　B．操作码和机内码

　　C．操作码和操作数地址　　　　　　　D．ASCII 和 BDC 码

18．外存储器中的信息，必须首先调入（　　　），然后才能供 CPU 使用。

　　A．RAM　　　　　　B．运算器　　　　　C．控制器　　　　　D．ROM

19．微型计算机的运算器、控制器及内存储器统称为（　　　）。

　　A．CPU　　　　　　B．ALU　　　　　　C．主机　　　　　　D．GPU

20．下列关于内存储器的叙述中，正确的是（　　　）。

　　A．内存储器和外存储器是统一编址的，字是存储器的基本编址单位

　　B．内存储器与外存储器相比，存取速度慢、价格便宜

　　C．内存储器与外存储器相比，存取速度快、价格贵

　　D．RAM 和 ROM 在断电后信息将全部丢失

21．不是计算机的输出设备的是（　　　）。

　　A．显示器　　　　　　B．绘图仪　　　　　C．打印机　　　　　D．扫描仪

22．微型计算机系统中，CPU、内存储器和外部设备之间传送信息的公用通道称为（　　　）。

　　A．网络通道　　　　　B．程控线　　　　　C．总线　　　　　　D．中继线

23．计算机中既可作为输入设备又可作为输出设备的是（　　　）。

　　A．打印机　　　　　　B．显示器　　　　　C．鼠标　　　　　　D．磁盘

24．下列不属于微机总线的是（　　　）。

　　A．地址总线　　　　　B．通信总线　　　　C．控制总线　　　　D．数据总线

25．计算机性能主要取决于（　　　）。

　　A．磁盘容量、显示器、打印机的分辨率

　　B．配置的语言、操作系统、外部设备

C．操作系统、机器的价格、机器的型号

D．字长、运算速度．存储容量

26．采用 PCI 的奔腾微机，其中的 PCI 是（   ）。

    A．产品型号   B．总线标准   C．微机系统名称   D．中央处理器型号

27．下列说法中正确的是（   ）。

    A．CD-ROM 是一种只读存储器

    B．CD-ROM 驱动器是计算机的基本部分

    C．只有存放在 CD-ROM 盘上的数据才称为多媒体信息

    D．CD-ROM 盘上最多能够存储大约 350MB 的信息

28．CD-ROM 是指（   ）。

    A．只读型光盘   B．可擦写光盘

    C．一次性可写入光盘   D．具有磁盘性质的可擦写光盘

29．微机中用来存放 BIOS 程序的存储器是（   ）。

    A．硬盘   B．软盘   C．ROM   D．RAM

30．输入设备是（   ）。

    A．从磁盘上读取信息的电子线路   B．磁盘文件等

    C．键盘、鼠标和打印机等   D．从计算机外部获取信息的设备

31．计算机的软件系统分为（   ）。

    A．程序和数据   B．工具软件和测试软件

    C．系统软件和应用软件   D．系统软件和测试软件

32．下列软件中一定为系统软件的是（   ）。

    A．求解一个一元二次方程的 C 语言程序

    B．Windows 操作系统

    C．办公软件

    D．管理信息系统

33．存储容量是以（   ）为基本单位的。

    A．位   B．字节   C．字符   D．数

34．使用最多、最普通的字符编码是（   ），即美国信息交换标准码。

    A．BCD 码   B．输入码   C．校验码   D．ASCII

35．下列汉字输入码中，属于数码编码的是（   ）。

    A．自然码   B．区位码   C．五笔字型   D．微软拼音

36．计算机中数据的表示形式是（   ）。

    A．八进制   B．十进制   C．十六进制   D．二进制

37．用一字节最多能编出（   ）个不同的码。

    A．8   B．16   C．128   D．256

38．在微型机汉字系统中，一个汉字的机内码占用的字节数为（   ）。

    A．1   B．2   C．4   D．8

39．下列关于"1KB"的含义，描述准确的是（   ）。

    A．1 000 个二进制位   B．1 000 字节

    C．1 024 个二进制位   D．1 024 字节

40．二进制数 10101 转换成十进制数为（   ）。

    A．10   B．15   C．11   D．21

41．二进制数 100110.101 转换成十进制数为（　　）。

    A．38.625   B．46.5   C．92.375   D．216.125

42．下列 4 个数中最大的数是（　　）。

    A．260D   B．406O   C．102H   D．100000011B

二、填空题

1．为解决某一特定问题而设计的指令序列称为＿＿＿＿＿＿＿＿。

2．微型计算机硬件系统中最核心的部件是＿＿＿＿＿＿＿＿＿。

3．微型计算机的主机由控制器、运算器和＿＿＿＿＿＿＿＿构成。

4．计算机软件分为系统软件和＿＿＿＿＿＿＿，其中＿＿＿＿＿＿＿＿是最重要的系统软件。

5．在微型计算机中，英文字符通常采用＿＿＿＿＿＿＿＿＿编码存储。

6．计算机的指令由＿＿＿＿＿＿＿＿和操作数（或地址码）组成。

7．十六进制数 3D8 用十进制数表示为＿＿＿＿＿＿＿＿。

8．二进制数 110110.1 转换成十进制数为＿＿＿＿＿＿＿＿。

9．各种输入法之间切换的组合键为＿＿＿＿＿＿，中英文切换的组合键为＿＿＿＿＿＿。

10．存储 1 000 个 16×16 点阵的汉字需要＿＿＿＿＿＿＿＿KB。

三、简答题

1．简述计算机的发展经历了几代？各代的特点是什么？

2．简述冯·诺依曼体系结构计算机的设计思想。

3．简述计算思维的概念、计算思维的本质，请举例说明。

4．简述计算机的工作过程。

5．衡量一个计算机的性能主要考虑哪些指标？请在你所在的城市做一个计算机市场调查，并给出一台学习型计算机的配置方案。

第2章
Windows 11 操作系统

Windows 11 是 Microsoft 公司于 2021 年推出的操作系统，也是目前流行的操作系统。Windows 11 提供了许多创新功能，增加了新版"开始"菜单和输入逻辑等，支持与时代需求相符的混合式工作环境，侧重在灵活多变的体验中提升用户的工作效率。

本章的主要内容包括操作系统的基本概念和基础知识，以及 Windows 11 操作系统的基本操作、文件管理、系统设置和系统工具等内容。

2.1 操作系统概述

▶▶▶ 2.1.1 操作系统的概念

操作系统（Operating System，OS）是一种系统软件，是一组控制和管理计算机软、硬件资源，以为用户提供便捷使用计算机体验的程序集合。操作系统在计算机系统中起到特别重要的作用。操作系统是整个计算机系统中最基础的、必不可少的系统软件，是用户与计算机硬件系统交互的人机接口，也是计算机的硬件设备与其他软件之间交换的接口。操作系统为用户和应用程序提供了使用硬件的界面。

从用户的角度看，操作系统加上计算机硬件系统构成了一台虚拟机，并且它为用户构建了一个方便、有效、友好的使用环境。计算机系统中计算机硬件、操作系统、其他系统软件、应用软件与用户之间的层次结构图，如图 2-1 所示。

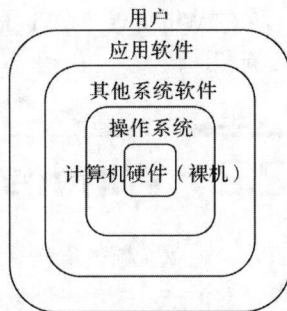

图 2-1 计算机系统的层次结构图

▶▶▶ 2.1.2 操作系统的功能

操作系统的主要任务是管理计算机系统的各种资源，为程序的运行提供良好的环境，以保证程序能有条不紊、高效地运行，并能最大限度地提高系统中各种资源的利用率，方便用户的使用。因此，我们可将操作系统视为服务者，也可将操作系统视为计算机系统资源的管理者。操作系统承担着进程与处理机管理、存储管理、设备管理、文件管理、网络管理和提供良好的用户接口六大管理任务。

进程与处理机管理。操作系统通过处理机管理模块来确定对处理机的分配策略，实施对进程或线程的调度和管理。进程与处理机管理包括进程调度、进程控制、进程同步和进程通信等内容。

存储管理。存储管理的实质是对存储空间的管理，即对内存的管理。操作系统的存储管理包括将内存单元分配给需要内存的进程以便支持它执行，执行结束后再将程序占用的内存单元收回。此外，存储管理还要保证各用户进程之间互不影响，保证用户进程不破坏系统进程，并提供内存保护。

设备管理。设备管理是指对硬件设备的管理，包括对各种 I/O 设备的分配、启动、完成和回收。

文件管理。文件管理又称为信息管理，它是指利用操作系统的文件管理系统为用户提供方便、快捷、共享和安全的文件使用环境，为用户提供一个简单、统一的访问文件的方法。文件管理功能包括文件存储空间管理、文件操作、目录管理、读写管理和存取控制等。

网络管理。网络管理是对硬件和软件的使用、综合与协调，从而方便监视、测试、配置、分析、评价和控制网络资源，及时发现网络故障、处理问题，保证网络系统的高效运行。

提供良好的用户接口。作为计算机与用户之间交互的"桥梁"，为了方便用户的操作，操作系统必须为多种用户提供良好的用户接口。该接口通常以命令、系统调用或图形化界面的形式呈现在用户面前。命令形式提供给用户在键盘终端上使用；系统调用提供给用户在编程时使用；图形化界面则提供给普通用户使用。

▶▶▶ 2.1.3 常用的操作系统

个人计算机上常用的操作系统主要有微软公司的 Windows 操作系统、开源的 Linux 操作系统、UNIX 操作系统以及苹果公司的 macOS。而微软公司的 Windows 操作系统是个人计算机中使用最为广泛的操作系统。

微软公司自 1985 年推出 Windows 操作系统以来，其操作系统版本从最初的 Windows 3.0 到后来的 Windows 7、Windows 8 和 Windows 10，直至目前的 Windows 11，已经历了多个阶段的更新和迭代。

2.2 Windows 11 的基本操作

作为一款全新的操作系统，Windows 11 与之前的 Windows 10 相比，基本元素仍由桌面、窗口、对话框、菜单等部分组成。但其对基本元素的组合做了精细化与人性化的调整，整个界面发生了较大变化，用户操作起来更加方便和快捷。

▶▶▶ 2.2.1 桌面与桌面图标

成功启动并登录进入 Windows 11 操作系统后，呈现在用户面前的屏幕区域称为桌面。桌面主要由桌面图标、桌面背景、"开始"按钮和任务栏 4 个部分组成。

在屏幕最下方的矩形区域称为任务栏，任务栏的图标中最左端的一个是"开始"按钮（见图 2-5）。所有的桌面组件、打开的应用程序窗口以及对话框都在桌面上显示。根据系统设置的不同，用户看到的桌面可能会有差异，如图 2-2 所示。

图 2-2　桌面及桌面元素

桌面图标 ─── 桌面背景

"开始"按钮 ───

任务栏 ───

1. 桌面图标及使用

每个桌面图标由图片和文字组成。图片是代表文件、文件夹、程序或其他项目的软件标志，图标中的文字则用于描述图片所代表的对象，如图 2-3 所示。

图 2-3　桌面图标

桌面图标可以帮助用户快速执行命令或打开程序、文件、文件夹。双击桌面图标，可以启动对应的应用程序或打开一个文档、文件夹；用鼠标右键单击桌面图标，可以打开该对象的快捷菜单。快捷菜单中包含该对象的常用操作命令，利用快捷菜单可以大大缩短选择命令的时间。

2. 管理桌面图标

（1）添加/删除桌面图标

桌面上的图标主要包括系统的几个特定图标、用户创建的快捷方式图标及放置在桌面上的文件图标。其中系统的特定图标包括"此电脑""回收站""控制面板""网络"等。默认情况下，桌面上至少会显示"此电脑"和"回收站"两个图标。

如果要添加或删除这些特定的图标，则可以用鼠标右键单击桌面空白处，在弹出的快捷菜单中选择"个性化"命令，在打开的窗口中单击"主题"菜单，在其中选择"桌面图标设置"命令，弹出"桌面图标设置"对话框，如图 2-4 所示。在该对话框中可以勾选需要显示在桌面上的图标，或者去掉对不需要显示在桌面上的图标的勾选。如果选中某个图标并单击"更改图标"按钮，则还可以更改当前项目对应图标中所使用的图片。

图 2-4　"桌面图标设置"对话框

（2）向桌面添加快捷方式

我们可以为某个文件、文件夹或程序创建快捷方式，快捷方式可以放置在任意需要的路径下。如果要将该快捷方式放置于桌面，则称为"桌面快捷方式"。

找到要为其创建快捷方式的项目，用鼠标右键单击该项目，在弹出的快捷菜单中选择"显示更多选项"命令，在其中选择"发送到"打开级联菜单，在级联菜单中选择"桌面快捷方式"命令，在桌面上便添加了该项目的快捷方式。

（3）删除桌面图标

用鼠标右键单击要删除的图标，在弹出的快捷菜单中选择"删除"命令，可以删除桌面图标。此外，也可以通过选中要删除的图标并按 Delete 键来删除图标。如果要删除的图标代表一个文件或文件夹，则会将该文件或文件夹删除并放入回收站；如果要删除的图标代表快捷方式，则只会删除该快捷方式，该快捷方式指向的原始项目并不会被删除。

（4）显示/隐藏桌面图标

如果要临时隐藏所有的桌面图标，而并不删除这些图标，则可以用鼠标右键单击桌面空白处，在快捷菜单中选择"查看"菜单下的"显示桌面图标"命令，此时桌面上原先的全部图标都不再显示。如果要重新显示原先的全部桌面图标，则需要再次选择"显示桌面图标"命令。

（5）调整桌面图标的大小

我们可以用鼠标右键单击桌面空白处，在快捷菜单中选择"查看"菜单下的"大图标""中等图标"或"小图标"命令调整桌面图标的大小。此外，也可以在按住 Ctrl 键的同时滚动鼠标的滚动轮，来更加灵活地调整桌面图标的大小。

▶▶▶ 2.2.2 任务栏及其基本操作

任务栏是位于屏幕底部的水平矩形区域。与桌面不同的是，桌面会被打开的窗口覆盖，而任务栏一般会始终可见。任务栏提供了查看、切换、调整所有窗口的方式，每个打开的窗口都可以在任务栏上找到相应的图标。

1. 任务栏的组成

任务栏由"开始"按钮、快速启动区、活动任务区、语言栏、系统通知区和"显示桌面"按钮等部分组成，如图 2-5 所示。

图 2-5　任务栏

（1）"开始"按钮

"开始"按钮一般位于任务栏所有按钮的最左端。单击该按钮可以打开"开始"菜单，用户可以从"开始"菜单中启动应用程序或选择所需要的菜单命令。

（2）快速启动区

用户可以将自己经常需要访问的快捷方式从桌面或程序列表拖到快速启动区，使用时直接单击即可启动对应的程序。用户如果想要删除快速启动区中的某个快捷方式，可用鼠标右键单击对应的图标，在弹出的快捷菜单中选择"从任务栏取消固定"命令。

（3）活动任务区

活动任务区显示了当前所有运行中的应用程序和所有打开的文件、文件夹窗口所对应的图标。需要注意的是，如果一个图标在"快速启动区"中出现，则其不会在"活动任务区"中重复出现。此外，为了使任务栏能够节省更多的空间，相同应用程序打开的所有文件可以合并后显示为一个图标。

为了方便用户快速地定位已经打开的目标文件或文件夹，我们可以进行实时预览。移动鼠标指针以指向活动任务区中所对应的图标，可以预览到每个窗口的界面。单击预览的窗口界面，即可完成多任务间的切换。

（4）语言栏

语言栏主要用于输入法的切换和设置。在 Windows 11 中，语言栏既可以脱离任务栏，也可以隐藏后融入任务栏。

（5）系统通知区

系统通知区用于网络连接、显示音量、日期与时间、系统通知以及显示一些特定程序和计算机设置状态的图标。其中 Windows 11 的日期与时间提供了折叠功能，可以为通知区域预留更多空间；系统通知（中心）采用分离式界面设计，不再与操作中心绑在一起。除了外观上的变化外，还为部分面板添加了可操作按钮，以方便用户进行快速设置。

（6）"显示桌面"按钮

"显示桌面"按钮位于任务栏的末端，单击该按钮可以实现当前活动窗口与桌面之间的切换。单击该按钮时会将桌面上显示的全部窗口最小化，再次单击则将这些被最小化的窗口还原到之前的位置和大小。关于该按钮是否可见，我们可以通过对任务栏的相关设置选项进行修改来实现。

2. 任务栏的设置

对任务栏的设置主要包括合并任务栏活动任务按钮、自动隐藏任务栏、调整任务栏对齐方式等。

（1）合并任务栏活动任务按钮

当打开很多不同类型的程序时，任务栏的活动任务区将显得特别拥挤，此时可以通过调整任务栏的大小来解决该问题。其具体操作步骤如下。

① 用鼠标右键单击任务栏的任意空白区域，在弹出的快捷菜单中选择"任务栏设置"命令，打开"设置>个性化>任务栏"窗口。

② 在打开的"设置>个性化>任务栏"窗口中，单击"任务栏行为"，如图 2-6 所示。

图 2-6 "任务栏行为"窗口

③ 在该窗口中的"合并任务栏按钮并隐藏标签"项中选择"始终"，则平时默认将活动任务区内同一个程序的多个窗口任务按钮合并为一个，并隐藏该窗口的标题文字。

（2）自动隐藏任务栏

在"任务栏行为"该窗口中，勾选"自动隐藏任务栏"复选框，即可自动隐藏任务栏。隐藏后，任务栏一般是不可见的；只有在鼠标指针移动至任务栏区域时，任务栏才会出现。

（3）调整任务栏对齐方式

任务栏对齐方式只有"居中"和"靠左"两种。如果选"靠左"对齐方式，则"开始"按钮、快速启动区和活动任务区从任务栏最左侧开始排列，语言栏、系统通知区等仍然在任务栏的右侧。

▶▶▶ 2.2.3 Windows 11 的窗口

1. 窗口的组成

每当运行一个程序、打开一个文件或文件夹时，系统都会在屏幕上显示一个带有边框的窗口。在 Windows 操作系统中窗口随处可见。虽然每个窗口的内容、大小、布局各不相同，但所有窗口都有一些共同点。

大多数窗口都由相同的基本元素，如标题栏、窗口控制按钮、菜单栏、工作区、滚动条和状态栏等构成。图 2-7 所示为 Windows 11 操作系统中打开的一个"记事本"软件窗口。

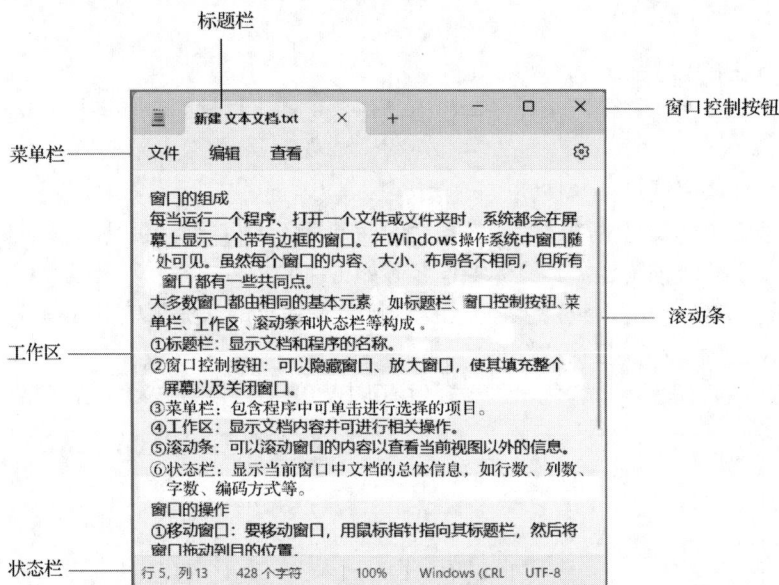

图 2-7 "记事本"软件窗口

- 标题栏：显示文档和程序的名称。
- 窗口控制按钮：窗口控制按钮包括"最小化""最大化"（或还原）"关闭"按钮。"最小化"按钮可以隐藏窗口；"最大化"（或还原）按钮，当窗口为还原状态时可以放大窗口使其填充整个屏幕，当窗口为最大化状态时可以还原窗口使其回到之前的大小；"关闭"按钮可以关闭当前窗口。
- 菜单栏：菜单栏中的这些菜单命令能够帮助用户完成对文档的新建、编辑、保存和格式设置等操作。
- 工作区：在该区域可以编辑和显示文档内容。
- 滚动条：当文档内容过长，且一页显示不完时，右侧将出现滚动条；拖动滚动条可以滚动窗口的内容，以查看当前视图以外的信息。
- 状态栏：显示当前窗口中文档的总体信息，如行数、列数、字数、编码方式等。

2. 窗口的操作

- 移动窗口：要移动窗口，可以将鼠标指针指向窗口最上方，然后按下鼠标左键将窗口拖动到目标位置。

- 更改窗口的大小：若要使窗口填满整个屏幕，则可以使用窗口右上方的"最大化"按钮；若要将最大化的窗口还原到以前的大小，则可以单击"还原"按钮。将窗口拖动到屏幕的顶部后直接松开鼠标左键，则也可以将窗口最大化。如果将窗口拖动到屏幕的左边缘或右边缘，在出现相应图标后松开鼠标左键，则可以将窗口大小更改为屏幕的一半大小。调整窗口的大小时，还可以将鼠标指针指向窗口的边框或角上。当鼠标指针变成双箭头时，拖动窗口的边框或角可以实现对窗口的自由缩放。
- 隐藏窗口：单击窗口右上角的"最小化"按钮，该窗口会从桌面上消失，但仍然在任务栏上显示为一个按钮。如果要让隐藏后的窗口重新出现，则可以直接单击任务栏上的按钮。
- 关闭窗口：单击窗口右上角的"关闭"按钮，窗口会同时从桌面和任务栏中消失。
- 在窗口间切换：每个窗口都在任务栏上具有相应的按钮。若要切换到某个窗口，只需要单击其任务栏按钮，该窗口将出现在所有窗口的最前面，成为活动窗口。此外，使用 Alt+Esc 组合键可以实现在不同窗口之间依次切换。使用 Alt+Tab 组合键可以同时预览到多个任务窗口的画面，在其中直接使用鼠标或键盘上的方向键以实现窗口的切换。
- 在桌面上排列窗口：Windows 11 提供了便捷的多任务布局选项，可以实现多个任务窗口在桌面上的合理分布。

将多个窗口中的一个窗口拖动到屏幕的顶部边缘时，会出现图 2-8 所示的一些多任务布局选项，用户可以根据需要选择其中的一种布局方案，将当前桌面上的多个任务窗口进行合理排列，每个窗口的大小会自动调整为该多任务布局方案中分配的大小，不再需要单独调整每个窗口的位置和大小。

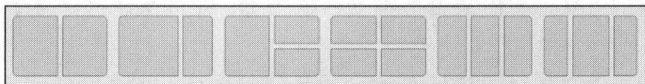

图 2-8　多任务布局选项

▶▶▶ 2.2.4　Windows 11 的菜单

Windows 11 中常用的菜单类型主要包括 3 类，分别是"开始"菜单、系统菜单和快捷菜单。

1. "开始"菜单

"开始"菜单是应用程序运行的起始点，单击"开始"按钮便可打开该菜单（见图 2-9）。

在 Windows 11 中，"开始"菜单在原有"开始"菜单基础上进行了许多改进，其功能得到了进一步增强。Windows 11 的"开始"菜单继承了前代系统圆角、毛玻璃这些外观属性，并增加了功能更加强大的搜索栏；动态磁贴被彻底删除，取而代之的是简化后的"图标"以及由算法驱动的推荐项目列表，这样用户打开经常使用的文件或应用程序会变得更加方便。

具体来说，"开始"菜单中主要包括搜索框、"所有应用"列表按钮、"已固定"图标区、"推荐

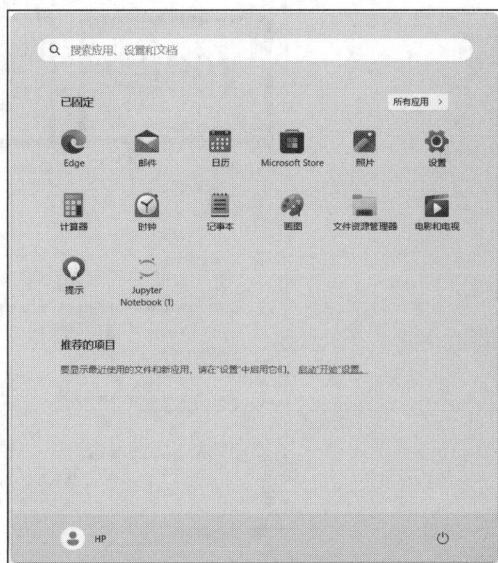

图 2-9　"开始"菜单

的项目"区、"用户账号"按钮以及"电源"按钮等。

（1）搜索框

利用搜索框可十分方便地查找到想要的程序、文件、网页、安装包等。在搜索框中输入搜索关键词，系统便立即搜索相应的内容，并将可能的结果显示于搜索框的下方。

Windows 11 的搜索框可以提供本机、网络、OneDrive 等位置的搜索结果。在本机无法找到结果时，系统会自动从网络或 OneDrive 上进行搜索。如果有多个符合条件的搜索结果，则会将多个结果同时显示在下方，以供用户做进一步的选择。

（2）"所有应用"列表按钮

单击"开始"菜单中的"所有应用"列表按钮，可以将系统中所有已安装的程序以列表的方式展开；程序列表中的图标以其名称首字母进行升序排列，用户单击某个图标可以运行该应用程序。单击"返回"按钮可以关闭程序列表并返回"开始"菜单。

（3）"已固定"图标区

"已固定"图标区中默认显示日历、Microsoft Store（微软应用商店）、设置、文件资源管理器等内置功能图标。单击某个图标，即可打开相应的窗口，用于查看或设置相应的内置功能。

要在该区域添加其他图标，可以在桌面上或"所有应用"列表中找到某个程序的图标，并单击鼠标右键，在弹出的快捷菜单中选择"固定到开始屏幕"命令。

如果要将某个图标从"已固定"图标区中删除，只需在该图标上单击鼠标右键，并在弹出的快捷菜单中选择"从开始屏幕取消固定"命令即可。

（4）"推荐的项目"区

"推荐的项目"区可以显示用户最近运行过的应用程序、最近打开过的文件或文件夹、最近安装的应用程序等。用鼠标单击某个推荐项目的图标，即可快速打开某个文件/文件夹或快速运行某个应用程序。

如果没有打开该推荐功能，则该区域不会显示任何图标。如果需要使用该推荐功能，则可以单击鼠标左键选择"开始"菜单设置，打开图 2-10 所示的"开始"菜单设置窗口。

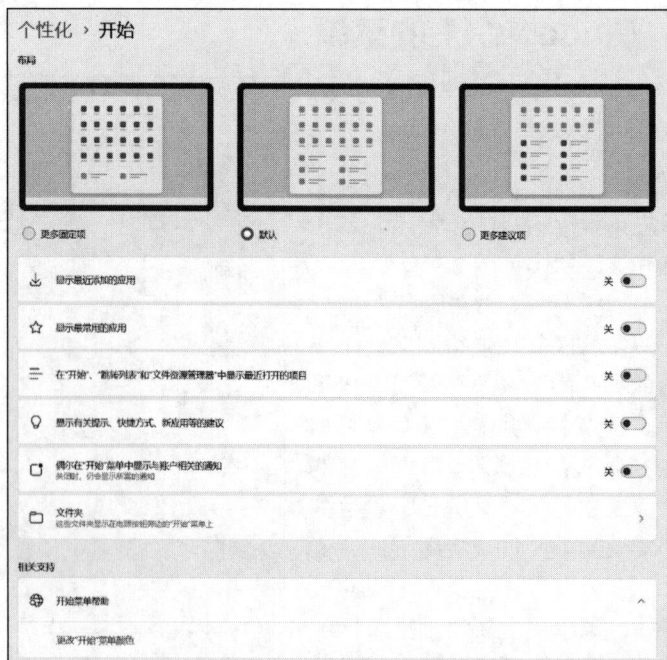

图 2-10 "开始"菜单设置窗口

在"开始"菜单设置窗口中，将相关推荐项目的开关按钮由"关"状态切换为"开"状态即可。但是在刚刚设置完后，"开始"菜单的"推荐的项目"区中仍然是没有任何项目图标的；随着对用户后续操作行为的记录和统计，该区域才能出现相应的推荐图标。

（5）"用户账号"按钮

单击"用户账号"按钮，可以快速打开用来更改账户设置的窗口，也可以将当前账户进行锁定或注销。

（6）"电源"按钮

"开始"菜单提供了用于关闭计算机的按钮，单击右下角的"电源"按钮会弹出一个菜单。该菜单中包括"登录选项"按钮和控制计算机系统睡眠、关机、重启的按钮。

如果单击"登录选项"按钮，将会打开"登录选项"窗口，在其中可以进行多种登录方式的设置，如面部识别、指纹识别、密码、安全密钥、图片密码等。

2. 系统菜单

文件夹窗口中的菜单栏被称为系统菜单（见图 2-11）。我们平时使用"文件资源管理器"打开任意一个文件夹时，在其窗口中都能够看到这个特殊的菜单栏。

该菜单栏主要包括"新建""排序""查看"菜单项，以及"剪切""复制""粘贴""共享""删除"等常用工具图标；还有一部分菜单项需要单击"…"按钮才能以下拉菜单形式显示，如"压缩为 ZIP 文件""全部选择""选项"等。

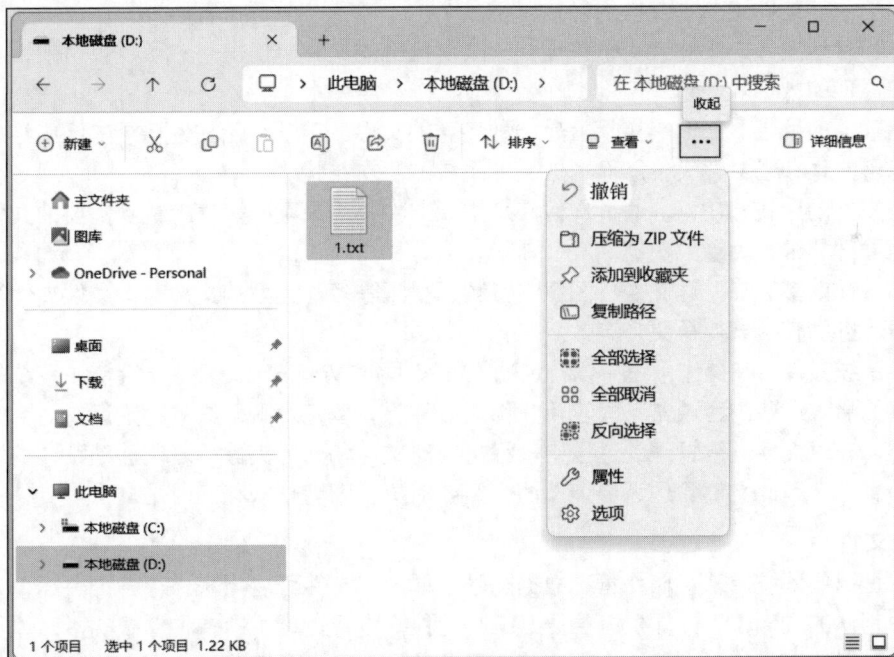

图 2-11　系统菜单

3. 快捷菜单

用鼠标右键单击某区域时，弹出的菜单称为快捷菜单。快捷菜单广泛存在于桌面、"文件资源管理器"窗口以及各种应用程序窗口等场景中。快捷菜单中的菜单项并不是固定的，而是系统根据鼠标单击的对象、坐标及用户当前所在场景进行个性化设计而成的，相当于一种可及时向用户提供帮助的途径。使用快捷菜单，用户可以及时看到所需命令并能方便地选择命令，大大地缩短了查找命令、选择命令的时间。同样的操作，使用快捷菜单往往比使用其他方式要更加便捷、更加节约时间。

Windows 11 的快捷菜单启用全新设计，与前一版本相比，位置间距更大，常用的剪切、复制、重命名、删除等功能全部换成了图标，可以提供更加直观的用户体验。

2.3 Windows 11 的文件管理

计算机中所有的数据都以文件的形式存放在计算机的磁盘上。在 Windows 11 操作系统中，"此电脑"与"文件资源管理器"都是 Windows 提供的用于管理文件和文件夹的工具，二者本质上是一致的，都是为用户提供强大文件管理功能的"文件资源管理器"。

Windows 11 的"文件资源管理器"启用全新设计，将常用命令以图标的形式固定在系统菜单栏上。当选择不同对象时，对应的图标会亮起，以提示用户哪些操作有效。新版"文件资源管理器"用图标代替了之前的大部分功能，不常用功能被隐藏在"…"按钮的对应下拉菜单中。此外，其支持宽松和紧凑两种风格，分别对应平板电脑用户和台式计算机用户。

2.3.1 文件管理的基本概念

文件和文件夹是文件管理中两个非常重要的操作对象。其中，文件夹在计算机中扮演着至关重要的角色。文件夹的主要作用包括以下几个。

组织和管理文件。文件夹用于整理和分类磁盘上的文件，使得用户可以更有效地查找、管理和维护他们的数据。

存储数据的目录。文件夹实际上是一种特殊的文件，用于存储文件目录的组织结构信息，且允许包含文件和子文件夹，从而形成文件系统的层次结构。

方便文件的查找和使用。通过文件夹来组织文件，用户可以快速地找到需要的文件，也可以轻松地管理和维护大量的数据。

提高工作效率。在处理文档、图像、音频、视频等多种类型的文件时，文件夹使得这些文件的分类、存储和检索变得更加高效。

保护系统文件。在操作系统中，特定的文件夹（如 Windows 文件夹）存储了系统的核心文件和设置信息。这些内容通常不建议用户修改或删除，以免影响系统的稳定运行。

另外，在对文件进行管理的过程中，经常要对文件和文件夹进行复制、粘贴、剪切、移动和删除等操作，因此文件管理还要涉及两个重要对象，即剪贴板和回收站。

1. 文件

文件是操作系统用来存储和管理数据的基本单位。文件可以用来保存各种数据，如用文字处理软件制作的文档、用计算机编程语言编写的程序以及计算机中各种形式的多媒体数据，都是以文件的形式存放的。文件的物理存储介质通常是磁盘。在计算机中，文件显示为一个图标的形式，这样就便于通过查看图标来识别其文件名和文件类型等信息。

（1）文件命名

每个文件都必须有一个确定的名字，这样才能做到对文件按名存取。注意，同一个路径下不能出现两个同名的文件。通常，文件名称由文件名和扩展名两个部分组成，而文件名最多可由 255 个字符组成，文件名中不能包含 "\" "/" ":" "*" ">" "<" "|" """ "^" 等特殊字符。

不同类型的数据有不同的存储格式与要求，相应地就会有多种文件类型，这些不同的文件类型一般通过扩展名来标识。通过扩展名，我们不仅可以知道文件的类型，还可以知道用哪些应用程序打开该文件。表 2-1 列出了常用文件的扩展名。

表 2-1　常用文件的扩展名

文件类型	扩展名
文档文件	.txt、.docx、.wps、.rtf、.pdf
压缩文件	.rar、.zip、.iso、.arj
图像文件	.bmp、.gif、.jpg、.png、.tif
音频文件	.wav、.mp3、.wma、.midi
动画文件	.avi、.mpeg、.mov、.swf
可执行文件	.exe、.com
语言文件	.c、.py、.java、.cpp

（2）文件通配符

在文件的搜索操作中，有时需要一次性查找多个文件，这时有两个特殊符号非常有用，它们就是文件通配符 "*" 和 "?"。在文件操作中，"*" 用于代表任意多个字符（包括 0 个），"?" 用于代表任意一个字符。在文件搜索等操作中，通过灵活使用通配符，可以很快匹配出含有某些共同特征的多个文件或文件夹。

（3）文件属性

文件属性用于反映该文件的一些特征信息。常见的文件（常规）属性一般分为以下 3 类。

- 时间属性：记录文件被创建、最近一次被修改以及最近一次被访问的时间。
- 空间属性：记录文件所在的位置（存放路径）、文件的大小、文件所占磁盘空间。
- 操作属性：只读、隐藏、存档等。

2. 文件夹

Windows 操作系统按照一定的层次目录结构对文件进行管理，称为树状目录结构。树状目录结构依靠一层一层的文件夹来实现。树状目录结构就像一棵倒立的树，树根在顶层，称为根目录，如 C 盘的根目录、D 盘的根目录。根目录下可以包含若干个子目录或文件，子目录下还可以有若干个子目录和文件，以此类推，可以依次嵌套多级。

在 Windows 中，这些子目录称为文件夹。文件夹用于存放文件和子文件夹，用户可以根据需要，把文件分成不同的组、不同的类型、不同的用途并存放在不同的文件夹中。

在对文件夹中的文件进行操作时，系统应该明确文件所在的位置，即它在哪个磁盘的哪个文件夹中。对文件位置的描述称为文件的路径，如 "D:\Test\示例文档.docx" 就指示了 "示例文档.docx" 文件的位置在 D 盘的 Test 文件夹中。

3. 剪贴板

为了在应用程序之间交换大量信息，Windows 提供了剪贴板。剪贴板是内存中的一块用于存储临时数据的存储区。在进行剪贴板的操作时，总是通过 "复制" 或 "剪切" 命令将选定的对象送入剪贴板，然后在需要接收信息的窗口内通过 "粘贴" 命令从剪贴板中取出信息。

虽然 "复制" 和 "剪切" 命令都是将选定的信息送入剪贴板，但是这两个命令是有区别的。"复制" 命令是将选定的信息复制一份到剪贴板中，因此执行完 "复制" 命令后，原来的信息仍然保留，同时剪贴板中也具有相同的信息；"剪切" 命令是将选定的信息移动到剪贴板中，执行完 "剪切" 命令后，剪贴板中存储选定的信息，而原来位置的信息已经被删除了。选定的信息或对象可以是文字、图像、图形等形式，也可以是文件夹和各种类型的文件。

如果进行多次的 "复制" 或 "剪切" 操作，剪贴板总是保留最后一次操作时送入的内容。但是，一旦向剪贴板中送入了信息，在进行下一次"复制"或"剪切"操作之前，剪贴板中的内容将保持不变。这也意味着可以反复使用"粘贴"命令，将剪贴板中的信息送至不同的程序或同一程序的不同位置。所以从本质上讲，"剪贴板"是多个程序间进行大量数据通信的一种途径。

4. 回收站

回收站是硬盘上的一块具有特殊用途的存储空间。被删除的对象往往先放入回收站，而并没有被真正地删除。将所选择的文件删除到回收站是一种不彻底的删除行为，用户如果下次还需要使用这个文件，可以从回收站中找到这个文件并将其"还原"到原来的位置。当确定真的不再需要某个文件时，才可以在回收站中选定该文件并删除，这样才是将该文件彻底、永久地删除。如需要将回收站中所有内容删除还可以使用"清空回收站"命令。"回收站"窗口如图 2-12 所示。

回收站的存储空间大小是可以被调整的。在"回收站"图标上单击鼠标右键，在弹出的快捷菜单中选择"属性"命令，打开图 2-13 所示的"回收站 属性"对话框。通过该对话框可以调整回收站的存储空间，还可以设置关于文件删除的相关选项。

图 2-12 "回收站"窗口

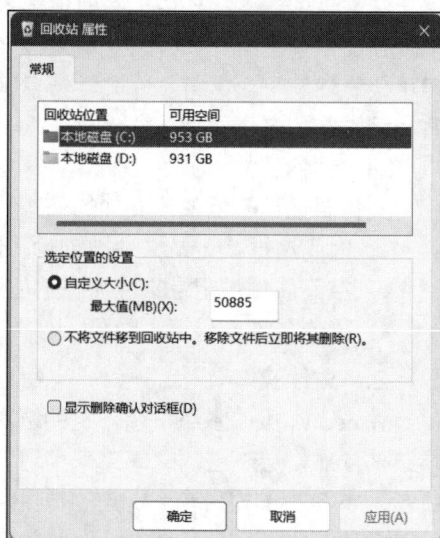

图 2-13 "回收站 属性"对话框

▶▶▶ 2.3.2 文件和文件夹的管理

在 Windows 11 中，单击"开始"菜单，在打开的菜单中选择"文件资源管理器"，或者用鼠标右键单击"开始"菜单，从弹出的快捷菜单中选择"文件资源管理器"命令，都可以打开"文件资源管理器"窗口；打开任意一个文件夹时，也可以打开"文件资源管理器"窗口。"文件资源管理器"是操作系统提供给用户用以快捷、高效地管理及使用文件和文件夹的工具。

1. 打开文件夹

打开文件夹的方法通常是在桌面上双击"此电脑"图标，打开窗口后，双击窗口中要操作的盘符图标打开该盘符所对应的窗口，此时右侧窗格会显示该盘下的所有文件或文件夹。如果需要对其中某个文件夹下的内容进行操作，则需要双击该文件夹图标打开相应的文件夹窗口。

2. 文件和文件夹的显示与排序

Windows 11 提供了多种方式来显示文件和文件夹。选择文件夹窗口中的"查看"和"排序"这两个系统菜单下的相关选项，可以改变文件夹窗口中内容的显示方式和排序方式。此外，也可以通过快捷菜单中的"查看"和"排序方式"命令来实现同样的操作。

（1）文件和文件夹的显示方式

在文件夹窗口中的空白处用鼠标右键单击，在弹出的快捷菜单中选择"查看"命令，弹出级联菜单，该菜单中主要包括"超大图标""大图标""中等图标""小图标""列表""详细信息""平铺""内容"8种显示方式，如图2-14所示。选择其中的一个命令即可按要求显示文件夹窗口中的文件和文件夹。

（2）文件和文件夹的排序方式

在文件夹窗口中的空白处用鼠标右键单击，在弹出的快捷菜单中选择"排序方式"命令，弹出级联菜单，该菜单中主要包括"名称""修改日期""类型""大小"4种排序依据，以及"递增"和"递减"两种次序，如图2-15所示。选择其中的一个命令即可按要求对文件夹窗口中的文件和文件夹进行排序，以方便对文件进行高效管理。

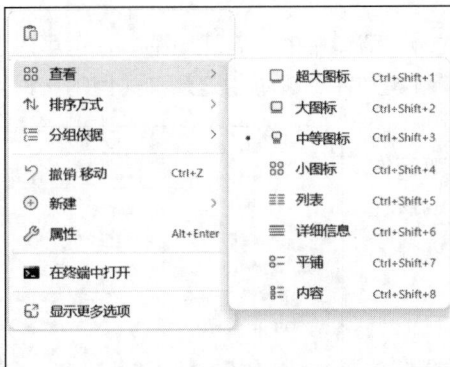

图2-14 "查看"菜单

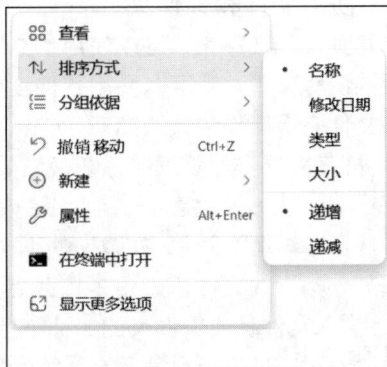

图2-15 "排序方式"菜单

3. 文件和文件夹及扩展名的显示与隐藏

（1）显示/隐藏文件和文件夹

用户有时在文件夹窗口下所看到文件和子文件夹可能并不是该文件夹全部的内容，有些内容当前可能没有显示出来，这是因为Windows 11在默认情况下，会将某些文件隐藏起来。为了能够显示所有文件和文件夹，我们可以在当前系统中进行如下设置。

单击系统菜单栏中的"..."按钮，打开下拉菜单，在下拉菜单中选择"选项"命令，弹出"文件夹选项"对话框。在该对话框中切换到"查看"选项卡，如图2-16所示。在"高级设置"列表框中，找到"隐藏文件和文件夹"选项，在其中选中"显示隐藏的文件、文件夹和驱动器"单选按钮。此时，在文件夹窗口中看到的就是该文件夹下的全部文件和子文件夹。

（2）显示/隐藏文件的扩展名

通常情况下，在文件夹窗口中看到的大部分文件图标的文字部分只显示了文件名，而其

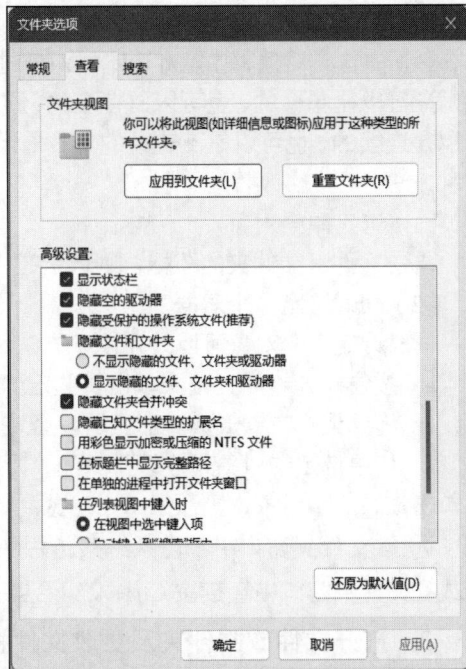

图2-16 "文件夹选项"对话框中的"查看"选项卡

扩展名并没有显示。这是因为默认情况下，Windows 11 对于已在注册表中登记的文件，只显示文件名，而不显示扩展名。

如果想看到所有文件的扩展名，则可以单击系统菜单栏中的"…"按钮，打开下拉菜单，在下拉菜单中选择"选项"命令，弹出"文件夹选项"对话框，然后在"查看"选项卡中的"高级设置"列表框中，将"隐藏已知文件类型的扩展名"复选框取消勾选。此时，在文件夹窗口中，每个文件图标的文字部分不仅会显示文件名，还会显示该文件的扩展名。

▶▶▶ 2.3.3 文件和文件夹的基本操作

对于文件和文件夹的基本操作，通常包括创建、选择、打开、复制、移动、重命名、删除、查看和修改属性、查找和共享等。

1．创建文件和文件夹

创建文件和文件夹，可以使用"文件资源管理器"窗口中的"新建"菜单，也可以使用更加方便的快捷菜单，还可以使用各种应用程序的"新建文件"菜单创建某种类型的文件。新建文件和文件夹最简便的方法如下。

● 打开文件资源管理器，切换到要创建文件或文件夹的路径下，用鼠标右键单击窗口空白处，在弹出的快捷菜单中选择"新建"命令，在弹出的下一级菜单中选择文件夹或某一类型的文件，如图 2-17 所示。

● 输入文件名或文件夹的名称进行重命名。我们也可以暂时不对它们进行重命名，系统会默认自动给文件、文件夹命名。

2．选定文件和文件夹

在 Windows 中进行文件和文件夹（对象）的相关操作，必须先选定对象，才能对选定的对象进行操作。选定的对象可以是单个的，也可以是多个的；选定的多个对象可以是连续的，也可以是不连续的。下面介绍选定对象的几种方法。

图 2-17　新建文件、文件夹的快捷菜单

（1）选定单个对象

单击文件、文件夹的图标，则选定被单击的对象。

（2）同时选定多个对象

同时选定多个对象可以使用以下方法之一。

● 按住 Ctrl 键后，依次单击要选定的对象，则这些对象均被选定。

● 拖动鼠标左键形成矩形区域，区域内的对象均被选定。

● 如果选定的对象是连续排列的，则可以先单击选中第一个对象，然后按住 Shift 键的同时单击最后一个对象，则从第一个对象到最后一个对象之间的所有对象均会被选定。

● 在文件夹窗口中单击系统菜单栏中的"…"按钮，在下拉菜单中选择"全部选择"命令或在文件夹窗口中直接按 Ctrl+A 组合键，则当前窗口中的所有对象均被选定。

3．打开文件或文件夹及更改文件打开方式

（1）打开文件或文件夹

鼠标双击就可以打开文件或文件夹。

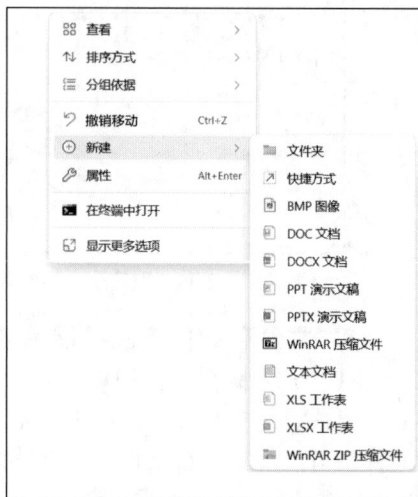

如果双击的是文件夹，则系统将打开该文件夹窗口，显示文件夹中的内容；如果双击的是应用程序文件，则会启动该应用程序；如果双击的是文档文件，则会启动与文档相关联的默认的应用程序，并在应用程序窗口中打开该文档。例如，双击某个扩展名为.docx 的文件，系统就会自动启动 WPS Office 或 Word 应用程序并使用该程序打开该文档。同样地，图像文件、视频文件、音频文件等被双击后都会启动对应的应用程序来打开该文件并展示文件内容。

（2）更改文件打开方式

某些类型的文件可以使用多个应用程序打开。我们可以通过定义文件打开方式来选择使用哪个应用程序打开该文件，还可以指定其中的一种应用程序作为默认的打开方式。

具体操作方法：以"演示文稿.docx"文件为例更改文件打开方式，在"文件资源管理器"窗口中用鼠标右键单击该文件，在弹出的快捷菜单中选择"打开方式"命令，弹出级联菜单，如图 2-18 所示。在级联菜单中可以选择某个已经在本机安装的程序打开该文件，如 Word 或 WPS Office，也可以选择"搜索 Microsoft Store"，在微软应用商店中搜索并安装相应的应用程序，且使用该应用程序打开该文件。此外，还可以选择"选择其他应用"命令，弹出"选择一个应用以打开此.docx 文件"列表，该列表中会提供更多本机已安装的应用程序，如图 2-19 所示。

图 2-18　"打开方式"级联菜单　　　　图 2-19　文件打开方式列表

在该列表中选择一个应用程序，并在下方单击"始终"按钮或"仅一次"按钮，就会用选定的应用程序打开该文件。若单击的是"始终"按钮，则以后用户再次双击这种类型的文件时，都会自动以该应用程序打开这种类型的文件，直到用户下一次修改文件的默认打开方式。

如果双击一个文件后，文件无法打开且弹出一个列表，提示内容是"选择一个应用以打开此文件"，则说明系统无法自动判断该文件的打开方式，用户需要手动选择，或者安装能够打开这种类型文件的应用程序。

4. 复制文件或文件夹

复制指的是把选定的文件或文件夹备份一份到另一个位置，而原位置仍然保留选定的文件或文件夹。

方法 1：利用系统菜单栏按钮、快捷菜单、快捷键来复制文件或文件夹。

① 在"文件资源管理器"窗口中，选定要复制的文件或文件夹。

② 单击系统菜单栏中的"复制"按钮，或者用鼠标右键单击文件或文件夹，在弹出的快捷菜单中选择"复制"命令，也可以在选定要复制的文件或文件夹后按 Ctrl+C 组合键完成复制操作。

③ 打开要将文件或文件夹进行粘贴的目标文件夹。

④ 单击系统菜单栏中的"粘贴"按钮，或者在目标文件夹窗口内空白处用鼠标右键单击，在弹出的快捷菜单中选择"粘贴"命令，也可以按 Ctrl+V 组合键进行粘贴操作。

方法 2：利用鼠标拖放来复制文件或文件夹。

在其中一个"文件资源管理器"窗口中选定要复制的文件或文件夹，并在另一个"文件资源管理器"窗口中使目标文件夹可见。如果被复制对象与目标文件夹不在同一驱动器，可直接拖动被复制对象至目标文件夹；如果在同一个驱动器，则必须先按住 Ctrl 键，再拖动被复制对象至目标文件夹，否则选定的文件或文件夹会被"移动"而非被"复制"。

5. 移动文件或文件夹

移动指的是把选定的文件或文件夹转移到另一个位置，而原位置不再保留选定的文件或文件夹。移动操作与复制操作相似，但又有区别。

方法 1：利用系统菜单栏按钮、快捷菜单、快捷键来移动文件或文件夹。

① 在"文件资源管理器"窗口中，选定要移动的文件或文件夹。

② 单击系统菜单栏中的"剪切"按钮，或者用鼠标右键单击要移动的文件、文件夹，在弹出的快捷菜单中选择"剪切"命令，也可以在选定要移动的文件或文件夹后按 Ctrl+X 组合键完成剪切操作。

③ 打开要将文件或文件夹进行粘贴的目标文件夹。

④ 单击系统菜单栏中的"粘贴"按钮，或者用鼠标右键单击目标文件夹空白处，在弹出的快捷菜单中选择"粘贴"命令，也可以按 Ctrl+V 组合键完成粘贴操作。

方法 2：利用鼠标拖放来移动文件或文件夹。

在其中一个"文件资源管理器"窗口中选定要移动的文件或文件夹，并在另一个"文件资源管理器"窗口中使目标文件夹可见。如果被移动对象与目标文件夹在同一驱动器，则可直接拖动被移动的对象至目标文件夹；如果不在同一个驱动器，则必须先按住 Shift 键，再拖动被移动对象至目标文件夹，否则选定的文件或文件夹会被"复制"而非被"移动"。

6. 重命名文件或文件夹

用户可以根据需要更改文件或文件夹的名称。

方法 1：使用"重命名"命令。

用鼠标右键单击要改名的文件或文件夹，在弹出的快捷菜单中选择"重命名"命令，输入新的文件名称，按 Enter 键确定修改。

方法 2：直接更改。

选定要改名的文件或文件夹，再次单击已选定的文件或文件夹，使对象名称呈反白显示状态，输入新的文件名称，按 Enter 键确定修改；此外，也可以在选定要改名的文件或文件夹后，按键盘上的 F2 快捷键，输入新的文件名称，按 Enter 键确定修改。

7. 删除文件或文件夹

用鼠标右键单击要删除的文件或文件夹，在弹出的快捷菜单中选择"删除"命令，或者单击系统菜单栏中的"删除"按钮，也可以按 Delete 键删除选定的文件或文件夹。

在默认情况下，当把存放在硬盘上的文件或文件夹删除时，系统会先把删除的内容放在回收站中。若要永久删除文件而不需要先将其移至回收站时，则可以在选择该文件后，按

Shift+Delete 组合键，将其彻底删除。

8. 查看文件或文件夹的属性

选定需要查看属性的文件或文件夹，单击系统菜单栏中的"…"按钮，打开下拉菜单，在下拉菜单中选择"属性"命令；或者用鼠标右键单击选定的对象，在弹出的快捷菜单中选择"属性"命令，打开"属性"对话框。在"属性"对话框中，可以查看文件、文件夹的名称、位置、大小、创建时间、只读、隐藏和存档等属性，也可以修改部分属性信息。

9. 查找文件或文件夹

Windows 提供了查找文件或文件夹的多种方法和途径。

方法 1：在文件夹中使用搜索框查找文件或文件夹。

如果知道要查找的文件位于某个特定文件夹中，则可以用"文件资源管理器"窗口打开该文件夹，在窗口右上角的搜索框中输入要查找的关键词。在进行输入时，系统会同时开始在当前文件夹下进行模糊搜索。如果没有匹配的结果，窗口中会显示"无法找到匹配项"。如果找到了多个匹配的结果，则可以在这些结果中进行进一步的查找。查看完搜索结果后，单击系统菜单栏中的"关闭搜索"按钮，即可返回到开始搜索之前的窗口。

方法 2：使用搜索筛选器查找文件。

如果要基于一个或多个属性搜索文件，则可以在搜索时使用搜索筛选器指定属性。在文件夹中单击右上角的搜索框，在搜索框中输入关键词，然后单击系统菜单栏中的"搜索选项"按钮，弹出"搜索选项"下拉列表，如图 2-20 所示。

在"搜索选项"下拉列表中，可以进一步指定搜索的具体位置、文件类型、修改日期、文件大小等参数。每次单击这些搜索选项时，系统都会将这些具体参数作为搜索条件自动添加到搜索框的搜索规则中。

方法 3：使用"开始"菜单上的搜索框查找程序和文件。

单击"开始"按钮，在"开始"菜单最上方的搜索框中输入搜索的关键词，这时与所输入文本相匹配的搜索结果将出现在"开始"菜单中。搜索结果可能是文档、网页或应用程序。

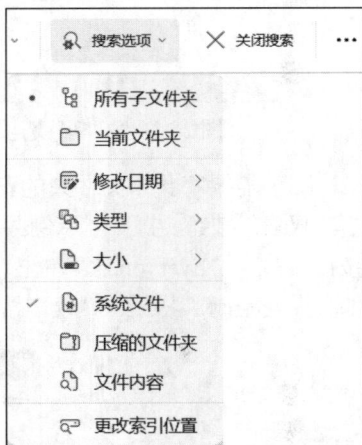

图 2-20 "搜索选项"下拉列表

Windows 11 的搜索面板与 Windows 10 的类似，可以提供本机、网络、OneDrive 等位置的搜索结果。

10. 共享文件夹

共享文件夹是指主动在网络上分享自己的文件夹。文件夹中的文件本身被存储在本地计算机中，完成文件夹共享后，允许网络上的其他计算机访问该文件夹。一个文件夹如果被共享，其下面的子文件夹也同时被共享。

共享文件夹的操作步骤如下。

（1）以管理员身份登录 Windows 11 操作系统，打开"控制面板"窗口，在该窗口中单击"网络和 Internet"中的"网络和共享中心"，然后单击窗口左侧的"更改高级共享设置"选项。在打开的界面中将"文件和打印机共享"后面的开关按钮设置为"开"的状态。

（2）在"文件资源管理器"窗口中用鼠标右键单击需要共享的文件夹（此处以文件夹"示例共享文件夹"为例），打开"示例共享文件夹 属性"对话框，该对话框比开启文件共享之前多了"共享"选项卡，如图 2-21 所示。切换到"共享"选项卡，单击其中的"高级共享"按钮，弹出"高级共享"对话框，如图 2-22 所示。在"高级共享"对话框中勾选"共享此文件夹"复选框，单击"应用"按钮。

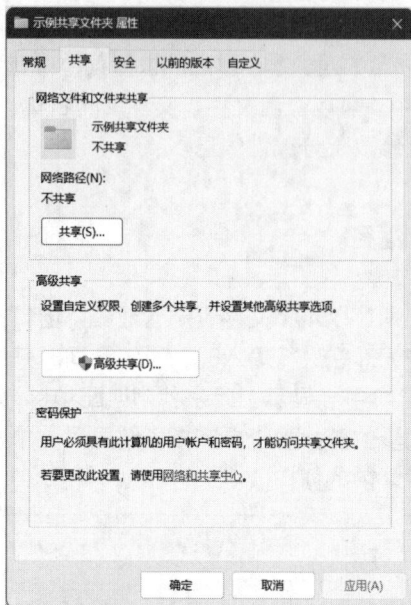

图 2-21 "共享"选项卡

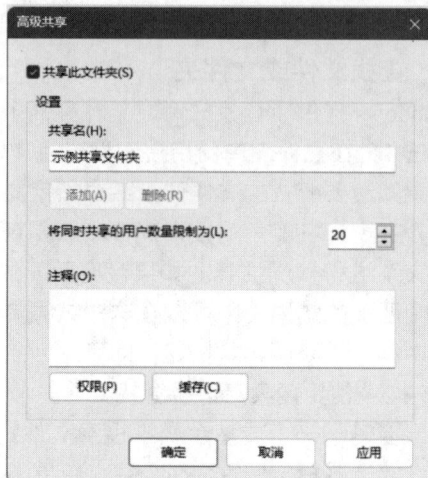

图 2-22 "高级共享"对话框

（3）需要将共享文件夹的安全权限改为"允许任何人访问"。在"高级共享"对话框中单击"权限"按钮，打开"示例共享文件夹 的权限"对话框，如图 2-23 所示。然后单击"添加"按钮，输入"Everyone"，单击"确定"按钮。在"Everyone 的权限"框中勾选要赋予的权限，如"完全控制""更改""读取"，最后单击"确定"按钮。

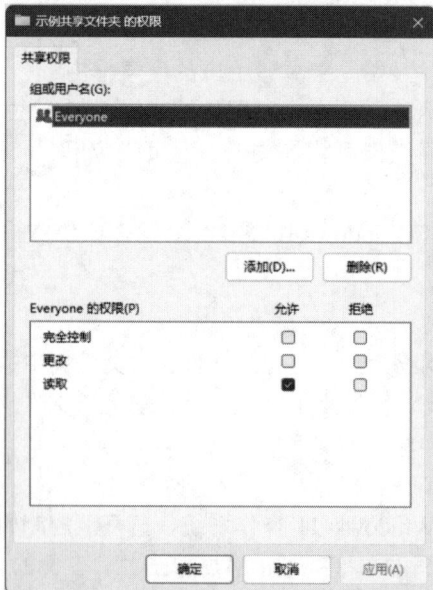

图 2-23 "示例共享文件夹 的权限"对话框

（4）系统自带的防火墙默认设置为"允许文件和打印机共享"，如有第三方防火墙，还要确保其启用了文件和打印机共享，否则，会出现共享的文件夹别人无法访问的情况。

2.4 Windows 11 的系统设置与管理

Windows 11 重新设计了设置面板，分栏式布局取代了之前的菜单项，以保证用户在任何时候都能跳转到所需的设置模块；添加了左侧导航栏、面包屑导航，以便用户深入导航到"设置"，帮助用户了解自己所处的路径。设置页面顶部有新的控件，可突出显示关键信息和常用设置，以供用户根据需要进行调整。

2.4.1 应用程序的安装与管理

1. 安装应用程序

Windows 11 提供了 Microsoft Store 帮助用户快速查找、下载和安装应用程序。当然，用户也可以手动下载和安装应用程序。Windows 平台的应用非常丰富，应用程序的安装方式各不相同。Windows 平台下大多数应用程序的安装都有非常友好的安装向导，用户只要跟随向导的提示，就可以很容易地完成安装。在应用程序安装方面，Windows 平台要比 UNIX 和 Linux 平台容易、方便得多。

Windows 下，大部分应用程序安装过程中的基本环节都是一样的，主要包括以下几个环节。
（1）阅读许可协议。
（2）选择安装路径。
（3）选择附加选项。
（4）选择安装组件。

2. 管理已经安装的应用程序

通过 Windows 的"安装的应用"窗口，用户可以查看当前系统中已经安装的应用程序，同时还可以对它们进行修改和卸载操作。在"设置"窗口左侧单击"应用"选项，即可进入"安装的应用"窗口，如图 2-24 所示。

图 2-24 "安装的应用"窗口

3. 应用程序间的切换

Windows 11 是一款多任务操作系统，允许多个应用程序同时运行，同时还支持在多个应用程序之间自由切换。应用程序之间的切换可以通过以下几种方法来实现。

● 每个运行的应用程序在任务栏上都有对应的应用程序图标，单击任务栏上的图标可以实现应用程序之间的切换。

- 单击应用程序窗口的任何可见部分即可切换到该应用程序。
- 按 Alt+Tab 组合键，会显示当前正在运行的所有应用程序的图标，此时可以使用键盘或鼠标来选择想要切换的应用程序。
- 反复按 Alt+Esc 组合键，可以在当前正在运行的所有应用程序之间依次切换。

▶▶▶ 2.4.2　磁盘管理

Windows 11 系统提供了多种磁盘维护工具，如存储统计、磁盘清理、备份、错误检查、磁盘优化及碎片整理（机械硬盘才可进行碎片整理）等。用户通过使用它们，能及时、方便地扫描磁盘、发现问题，对磁盘的存储空间进行清理和优化，使磁盘的存取速度得到进一步提升。

1. 查看磁盘属性

查看磁盘属性的操作步骤如下。

（1）用鼠标右键单击需要查看属性的磁盘驱动器图标，在弹出的快捷菜单中选择"属性"命令，打开"本地磁盘（C:）属性"对话框，如图 2-25 所示。

（2）在该对话框的"常规"选项卡可以查看磁盘卷标、已用空间和可用空间、设置压缩和索引属性及该磁盘的详细信息；在"工具"选项卡中可以检查磁盘错误、整理磁盘碎片；在"硬件"选项卡可以查看本机所配置的多个磁盘的具体情况。

2. 磁盘清理

在计算机的使用过程中，用户的各种历史行为不可避免地会产生一些临时性文件、Internet 缓存文件和垃圾文件。随着时间的推移，它们不仅会占用大量的磁盘空间，还会降低系统性能。因此，定期或不定期地进行磁盘清理操作，清除掉这些临时文件和垃圾文件，可以有效提升系统性能。磁盘清理的操作步骤如下。

（1）在"设置"窗口中依次选择"系统"→"存储"选项，进入"存储"窗口，如图 2-26 所示。

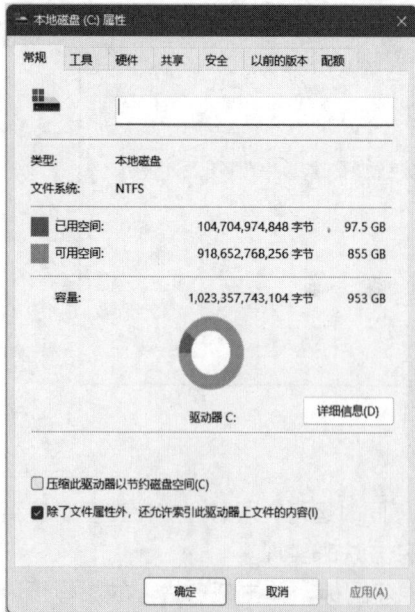

图 2-25　"本地磁盘（C:）属性"对话框

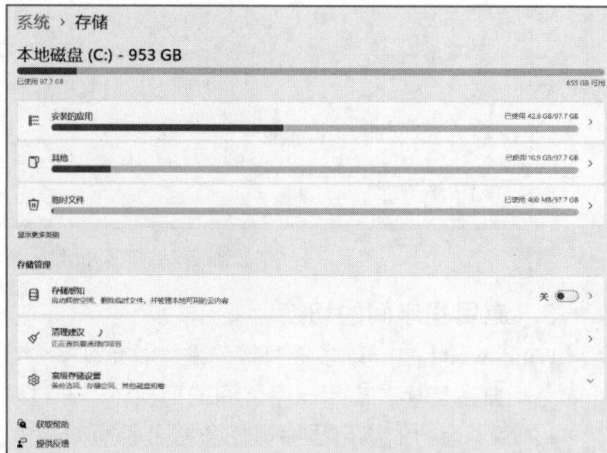

图 2-26　"存储"窗口

（2）在"存储"窗口中单击"临时文件"选项，进入"临时文件"窗口，该窗口中列出了指定驱动器上所有可删除的文件类型，并统计了各种临时文件所占空间大小，如图 2-27 所示。用户在此窗口中勾选相应类型的临时文件后，单击"删除文件"按钮，即可完成磁盘的清理。

3. 磁盘优化和碎片整理

在计算机的使用过程中，由于用户频繁地创建、修改和删除磁盘文件，因此不可避免地会在磁盘中产生很多磁盘碎片。碎片是指该存储区域虽然是空闲的，但由于其空间过小而不能用于存储文件数据，因此只能长期处于空闲状态。这些磁盘碎片不仅会浪费磁盘空间，而且会大大降低计算机访问数据的效率，从而系统整体性能下降。为确保系统稳定、高效运行，用户需要定期或不定期地对磁盘进行碎片整理。通过碎片整理可以重新整合碎片区域，集中调整磁盘的空间分配。磁盘优化和碎片整理的操作步骤如下。

图 2-27 "临时文件"窗口

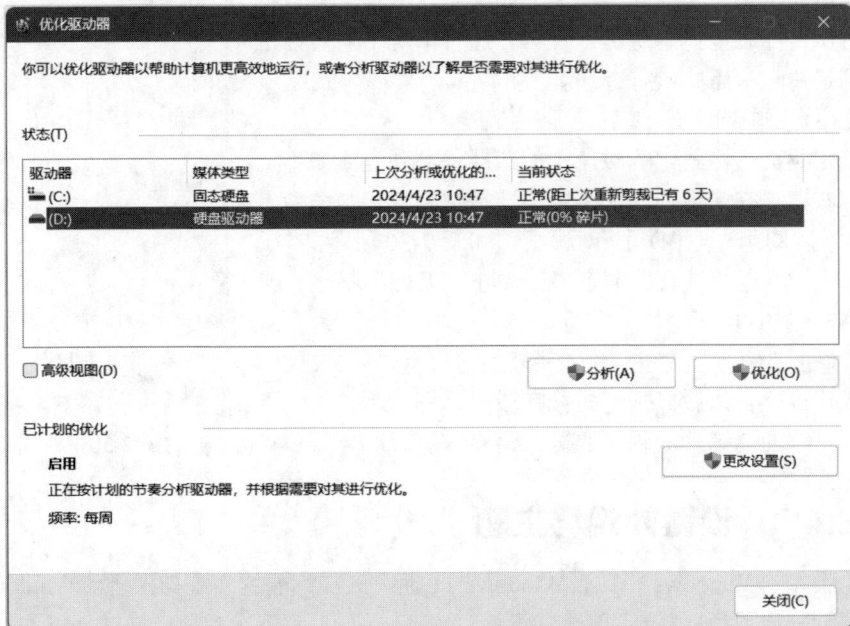

（1）用鼠标右键单击磁盘驱动器图标，在弹出的快捷菜单中选择"属性"命令，打开相应的磁盘属性对话框，在"工具"选项卡中单击"磁盘优化"按钮，打开"优化驱动器"窗口，如图 2-28 所示。

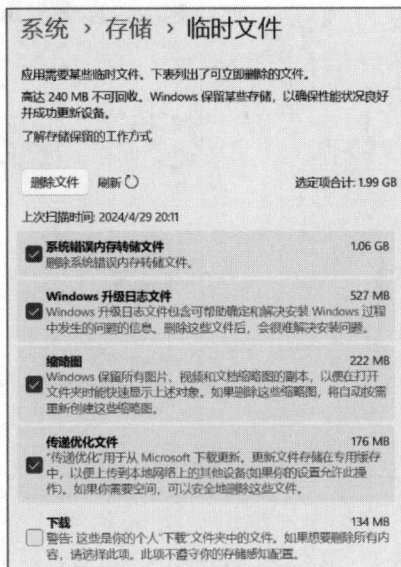

图 2-28 "优化驱动器"窗口

（2）在该窗口中选定某个驱动器，单击"分析"按钮，即可对磁盘进行碎片分析。稍等片刻后，显示分析结果，报告碎片所占百分比。

（3）如果用户认为磁盘需要优化并碎片整理，单击"优化"按钮，系统便开始整理磁盘碎片，并显示整理进度，如图 2-29 所示。稍等一段时间后，提示磁盘中的碎片为 0%，表示完成磁盘优化和碎片整理。

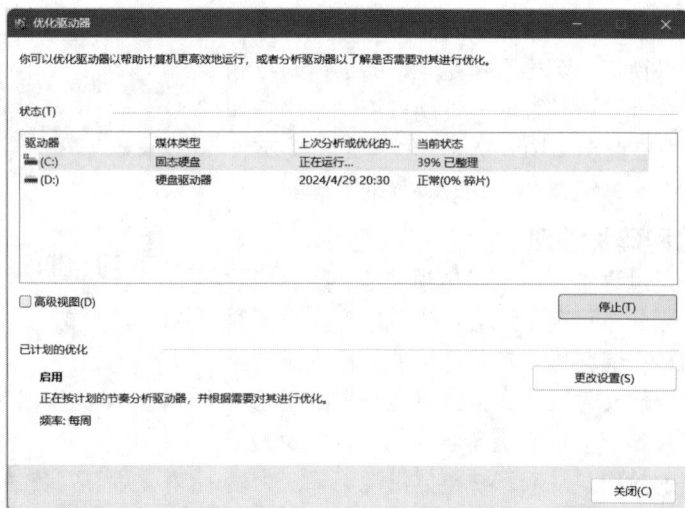

图 2-29　磁盘优化和碎片整理

4. 格式化磁盘

格式化磁盘就是对磁盘存储区进行划分，使计算机能够准确无误地在磁盘上存储或读取数据。对使用过的磁盘进行格式化将会删除磁盘上原有的全部数据，当然也包括病毒。所以在格式化之前应确认磁盘上的数据是否有用或已备份，以免造成数据丢失，从而带来无法挽回的损失。如果确认磁盘上的数据无用或已备份，而磁盘又有病毒，那么在这种情况下对磁盘进行格式化则是清除病毒的最好办法。

格式化磁盘的操作步骤如下。

（1）选定要进行格式化的磁盘，如选择移动硬盘或 U 盘，并单击鼠标右键，在弹出的快捷菜单中选择"格式化"命令，打开"格式化 本地磁盘（D:）"对话框，如图 2-30 所示。

（2）选中"快速格式化"复选框，单击"开始"按钮，则打开确认格式化的对话框。

（3）若单击"确定"按钮，系统便开始对磁盘进行格式化，并显示格式化进度，最后打开格式化完成对话框；若单击"取消"按钮，系统便会结束对磁盘的格式化操作。

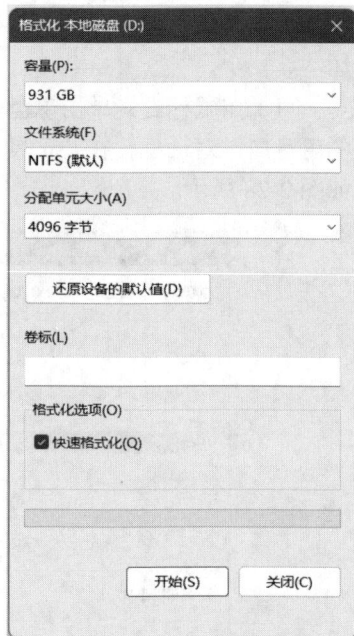

图 2-30　格式化磁盘

▶▶▶ 2.4.3　设置外观与主题

与之前版本的 Windows 相比，Windows 11 拥有更加绚丽的外观与主题。Windows 11 加入了日夜主题，采用圆角+悬浮毛玻璃的设计。Windows 11 完善了虚拟桌面功能，在原有基础上允许各个"桌面"拥有主题、壁纸、名称。用户可以根据自己的喜好来选择系统自带的主题方案，也可以更改默认的外观与主题样式，进行个性化的设置。

1. 设置桌面主题

桌面主题可以包含壁纸、屏保、鼠标指针、系统声音事件、颜色等一系列方案。一个桌面主题里方案的选择和排列组合决定了用户所看到的 Windows 的样子。通俗来说，桌面主题就是桌面背景、操作窗口、系统按钮，以及活动窗口和自定义颜色、字体等方案的组合体。桌面主题可以是系统自带的，也可以通过第三方软件来设置。当用户需要新的主题时，可以下载新的主题文件到系统中。

在 Windows 11 中设置桌面主题的方法是：用鼠标右键单击桌面并在弹出的快捷菜单中选择"个性化"命令，打开"个性化"窗口，如图 2-31 所示。

2. 设置屏幕保护程序

屏幕保护程序是指当一定时间内用户没有操作计算机时，Windows 11 会自动启动的用于保护屏幕的一种程序。此时，桌面内容会被隐藏起来，取而代之的是一些有趣的动画，直到用户按下键盘上的任意键或移动鼠标时，才会退出屏幕保护程序。退出该程序后，如果没有设置密码，屏幕就会恢复以前的工作桌面，回到原来的环境中。

【例 2-1】选择一组图片作为屏幕保护程序，幻灯片放映速度为"中速"，等待时间为 1 分钟。其具体操作步骤如下。

（1）在"个性化"窗口中，选择"锁屏界面"选项，进入"锁屏界面"窗口，在该窗口中选择"屏幕保护程序"选项，打开"屏幕保护程序设置"对话框，如图 2-32 所示。在"屏幕保护程序"下拉列表中选择"照片"选项，"等待"设置为 1 分钟。

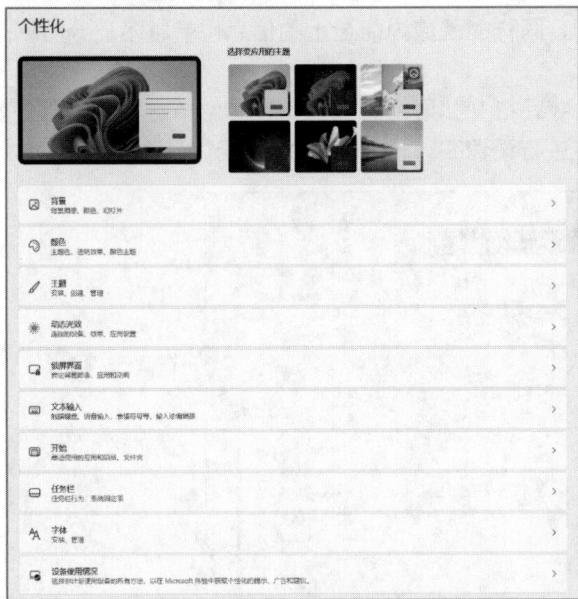

图 2-31 "个性化"窗口

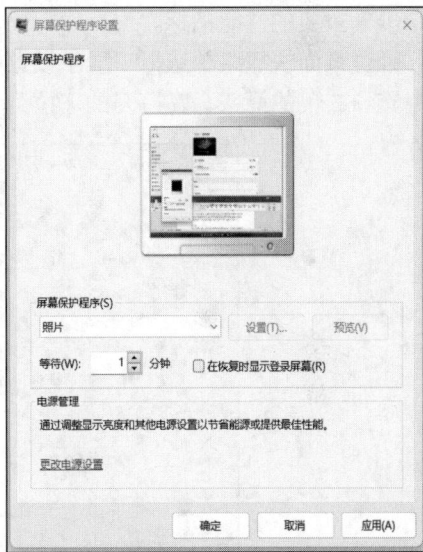

图 2-32 "屏幕保护程序设置"对话框

（2）单击"设置"按钮，打开"照片屏幕保护程序设置"对话框，在"幻灯片放映速度"下拉列表中选择"中速"，勾选"无序播放图片"复选框，如图 2-33 所示。

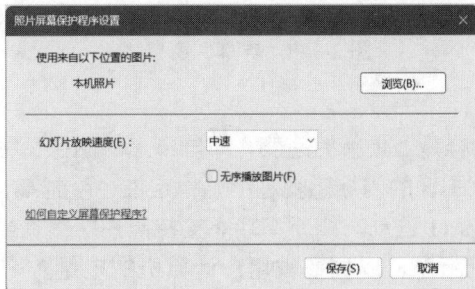

图 2-33 "照片屏幕保护程序设置"对话框

（3）单击"浏览"按钮，选择预先安排好的一组图片，单击"保存"按钮，返回到"屏幕保护程序设置"对话框，单击"确定"按钮。

> **注意**
>
> 在设置 Windows 11 的屏幕保护程序时，如果同时选中"在恢复时显示登录屏幕"复选框，那么从屏幕保护程序回到 Windows 11 桌面时，必须输入系统的登录密码，这样可以保证未经许可的用户不能进入系统。

3. 设置显示器

在 Windows 11 中，显示器设置主要涉及显示器的分辨率、刷新频率和颜色等参数。适当的设置可以使显示器的图像更加逼真，色彩更加丰富，同时能够降低屏幕闪烁给用户视力带来的不良影响。

（1）设置显示器的分辨率

分辨率是指显示器所能显示的像素的数量，例如，分辨率为 2560×1440 表示屏幕上共有 2560×1440 个像素。分辨率越高，显示器可以显示的像素点数越多，画面越精细，屏幕上显示的项目越小，相对也增大了屏幕的显示空间，同样的区域内能显示的信息也就越多。分辨率是一个非常重要的性能指标。

通过桌面快捷菜单选择"显示设置"命令，打开"屏幕"窗口，在其中单击"显示器分辨率"选项右侧的箭头，在打开的下拉列表中进行设置即可，如图 2-34 所示。

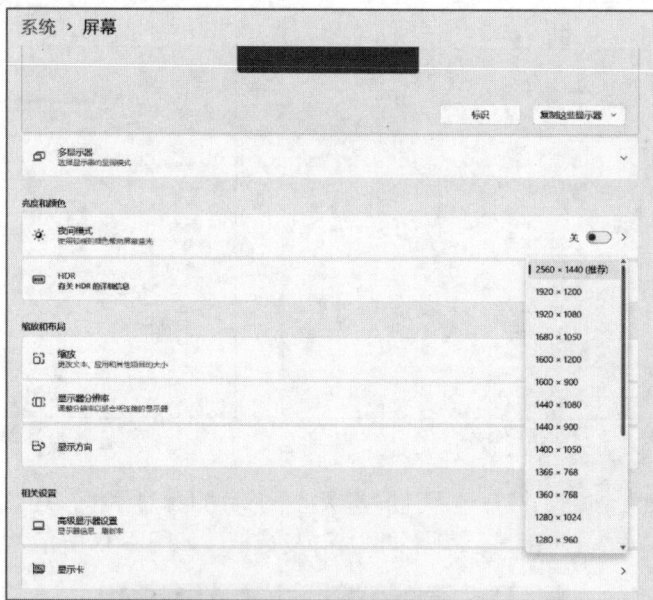

图 2-34 "屏幕"窗口

（2）设置屏幕刷新率

屏幕刷新率是指图像在屏幕上更新的速度，即屏幕上的图像每秒出现的次数，单位为赫兹（Hz）。刷新率越高，屏幕上图像的闪烁感就越小，稳定性也就越高，对视力的保护也就越好，但是屏幕也越耗电。Windows 11 的动态刷新率功能支持用户在输入或滚动屏幕时自动提高刷新率并在用户不需要时降低刷新率，以便节省用户计算机的电量。一般液晶显示器的刷新率在 60Hz 左右。

在"屏幕"窗口中单击"高级显示器设置"选项，在打开的"高级显示器设置"窗口中可以看到"选择刷新率"一项的值，如图 2-35 所示。

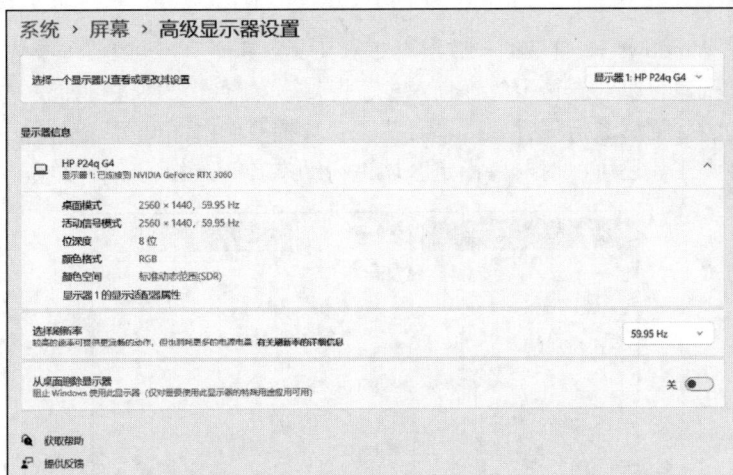

图 2-35 "高级显示器设置"窗口

2.5 Windows 11 的工具

Windows 11 为用户提供了许多使用方便且功能实用的小工具，如记事本、写字板、画图工具、截图工具等。这些工具都可以在"开始"菜单下的"所有应用"列表中找到。

▶▶▶ 2.5.1 写字板与记事本

（1）写字板

写字板是 Windows 11 自带的一款文字处理软件，用户可以用它进行日常工作中文档的编辑，如文档的编辑、排版、格式设置等。写字板相对于记事本来说，是一款更加高效、功能更加丰富的文字处理工具，能够进行格式设置和排版，能够处理图片、图形等元素。但是相对于 Word、WPS 这样的应用程序来说，写字板的功能要简单得多。

（2）记事本

记事本是 Windows 11 自带的一款文本编辑工具，其特点是程序小巧、功能简单，只能完成纯文本文件的编辑，无法完成特殊格式文件的编辑，也无法处理除文字以外的其他元素。记事本文件的扩展名默认为 txt。纯文本文件格式简单，可以被很多程序调动，因此其实际应用范围很广。

▶▶▶ 2.5.2 画图工具与截图工具

（1）画图工具

画图工具是 Windows 11 自带的一款简单图形绘制与图像处理软件。用户可以使用它对各种位图格式的图像进行编辑、裁剪、旋转等基本操作和简单图像处理，用户也可以自行绘制各种简单图形。另外，通过画图工具，还可以方便地转换图像文件的格式、修改图像文件的各种属性。例如打开一个.bmp格式的图像文件，将图片大小、纵横比等属性进行修改后，还可以另存为.jpg格式。

（2）截图工具

截图工具是Windows 11自带的一款屏幕捕获工具，其窗口布局简单、操作简便，如图2-36所示。使用截图工具可以对屏幕上的任何对象、区域、菜单、窗口进行捕获，还可以对捕获到的图像添加注释、标记后进行保存或共享。截图工具捕获到的图像可以是矩形的，也可以是任意多边形的。截图工具还可以对屏幕指定区域进行动态实时录像，制作视频。

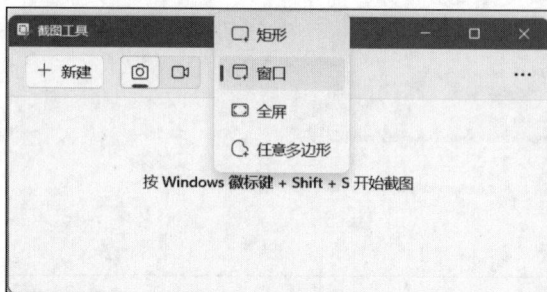

图2-36　截图工具

2.5.3　其他工具

除了前面介绍的几款常用工具外，Windows 11还自带其他多款实用小工具，如计算机管理、磁盘清理、命令提示符、远程桌面连接及各种系统服务等工具。这些工具可以在"开始"菜单下的"所有应用"列表中的"Windows工具"中找到，如图2-37所示。

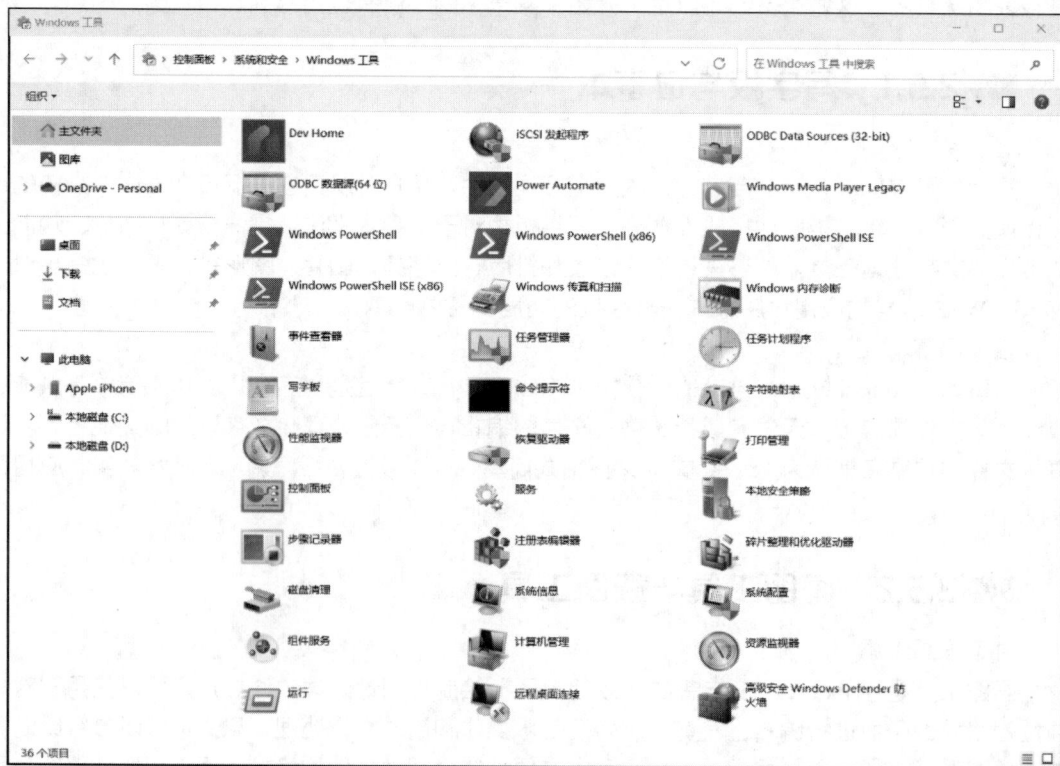

图2-37　Windows工具

本章小结

本章主要介绍了操作系统的基本概念、Windows 11 操作系统的基本操作、文件管理、系统设置等内容。通过对本章的学习,读者应学会 Windows 11 操作系统的启动和退出、Windows 11 的基本操作、文件操作以及 Windows 应用程序的安装和卸载等,并能够根据需要对 Windows 11 操作系统进行一些个性化的修改和设置。

习题

一、选择题

1. 通知区域中的元素包括时钟、(　　　)、声音状态等。
   A. 应用程序　　　　B. 图标　　　　　　C. 输入法状态　　　D. 文件

2. 鼠标的操作主要有单击、双击、(　　　)与键盘组合等。
   A. 拖曳　　　　　　B. 三击　　　　　　C. 移动　　　　　　D. 快速

3. 在 Windows 11 中,切换汉字输入法的组合键是(　　　)。
   A. Ctrl + Shift　　　　　　　　　B. Ctrl + BackSpace
   C. Alt + P　　　　　　　　　　　D. Ctrl + Esc

4. 在 Windows 11 中,一般"双击"指的是(　　　)。
   A. 连续两次快速按下左键　　　　B. 右键连续两次按下
   C. 左键、右键各按一下　　　　　D. 左键按一下,然后等待再按一下

5. 运行的应用程序最小化后,该应用程序的状态是(　　　)。
   A. 应用程序关闭　　B. 后台运行　　　C. 停止运行　　　D. 仍在前台运行

6. 用鼠标拖动窗口的(　　　)可以移动该窗口的位置。
   A. 控制按钮　　　　B. 标题栏　　　　C. 边框　　　　　D. 选项卡

7. Windows 11 中的"桌面"指的是(　　　)。
   A. 全部窗口　　　　　　　　　　B. 最大化的同一个窗口
   C. 活动窗口　　　　　　　　　　D. 启动后显示的整个屏幕

8. 对于 Windows 11 操作系统,下列叙述中正确的是(　　　)。
   A. Windows 11 的操作只能用鼠标
   B. Windows 11 为每一个任务自动建立一个显示窗口,其位置和大小不能改变
   C. Windows 11 打开的多个窗口,既可平铺,也可层叠
   D. Windows 11 不支持打印机共享

9. 关于 Windows 11 的"图标",下列叙述中错误的是(　　　)。
   A. 不同文件有其固定样式的图标,不可更改
   B. Windows 11 的图标可以表示应用程序和文档
   C. Windows 11 的图标可以表示文件夹和快捷方式
   D. Windows 11 的图标可以按名称排列

10. 在应用程序之间信息的交换与共享可以通过(　　　)来完成。
    A. "此电脑"窗口　　　　　　　　B. 剪贴板
    C. 硬盘上的一块区域　　　　　　D. 软盘上的一块区域

11．使用鼠标切换活动窗口的操作是单击任务栏上的（　　　）。

    A．"应用程序"按钮　　　　　　　　　　B．空白处

    C．通知区域　　　　　　　　　　　　　　D．"开始"按钮

12．"Esc"的功能为（　　　）。

    A．终止当前操作　　　B．退出系统　　　C．打印机输出　　　D．结束命令行

13．在 Windows 11 中，回收站中的文件或文件夹仍然占用（　　　）的空间。

    A．内存　　　　　　　B．硬盘　　　　　　C．光盘　　　　　　D．软盘

14．在 Windows 11 中，操作具有（　　　）的特点。

    A．先选择操作命令，再选择操作对象　　B．先选择操作对象，再选择操作命令

    C．同时选择操作对象和操作命令　　　　D．允许用户任意选择

15．在 Windows 11 中，为保护文件不被修改，可将它的属性设置为（　　　）。

    A．存档　　　　　　　B．隐藏　　　　　　C．系统　　　　　　D．只读

16．在 Windows 11 的窗口中，单击左窗格中某个文件夹的图标，则会（　　　）。

    A．在右窗格中显示文件夹中的子文件和文件

    B．在左窗格中展开该文件夹

    C．在左窗格中显示其子文件夹

    D．在左窗格中显示该文件夹中的文件

17．Windows 11 的回收站中可以有（　　　）。

    A．文件夹　　　　　　B．文件　　　　　　C．快捷方式　　　　D．以上都对

18．在 Windows 11 的窗口中，要选择多个连续的文件时，应（　　　）。

    A．单击第一个文件，再单击最后一个文件

    B．用鼠标逐个单击各文件

    C．单击第一个文件，按住 Ctrl 键，再单击最后一个文件

    D．单击第一个文件，按住 Shift 键，再单击最后一个文件

19．在 Windows 11 中，对文件可以进行复制、移动、改名等操作的是（　　　）。

    A．磁盘管理　　　　　B．文件资源管理器　C．写字板　　　　　D．用户的文档

20．当需要更换桌面的显示背景时，用户可在桌面上单击鼠标右键，在弹出的快捷菜单中选择"个性化"命令，打开"（　　　）"窗口进行设置。

    A．设置-主题　　　　B．设置-背景　　　C．设置-颜色　　　D．设置-锁屏界面

21．Windows 11 的"开始"菜单通常包括（　　　）功能。

    A．运行　　　　　　　B．搜索　　　　　　C．设置　　　　　　D．以上均包括

22．下列关于"任务栏"的描述中，错误的是（　　　）。

    A．"任务栏"的位置可以改变　　　　　　B．"任务栏"不可隐藏

    C．"任务栏"内显示已运行程序的标题　　D．"任务栏"的大小可改变

23．按（　　　）组合键，可以实现文件或文件夹的复制。

    A．Ctrl+ X　　　　　　B．Ctrl+ C　　　　　C．Ctrl+ A　　　　　D．Ctrl+V

24．下列关于操作系统的叙述中，正确的是（　　　）。

    A．操作系统是软件与硬件之间的接口

    B．操作系统是源程序与目标程序之间的接口

    C．操作系统是用户与计算机之间的接口

    D．操作系统是外部设备与主机之间的接口

25．计算机软件系统应包括（　　　）。

    A．编辑软件和连接程序

    B．数据软件和管理软件

    C．程序和数据

    D．系统软件和应用软件

26．一般操作系统的主要功能是（　　　）。

    A．对汇编语言、高级语言进行编译

    B．管理各种语言编写的源程序

    C．管理数据库文件

    D．控制和管理计算机系的统软、硬件资源

27．数据库管理系统属于（　　　）。

    A．应用软件　　　　　B．办公软件　　　　　C．播放软件　　　　　D．系统软件

28．操作系统是一种（　　　）。

    A．系统软件　　　　　B．系统硬件　　　　　C．应用软件　　　　　D．支持软件

二、填空题

1．文件名一般由＿＿＿＿＿＿和＿＿＿＿＿＿两个部分构成。

2．在 Windows 11 中，用鼠标左键将一个文件夹拖曳到同一个磁盘的另一个文件夹时，系统执行的是＿＿＿＿＿＿操作。

3．若已经选定了所有文件，又想要取消其中几个文件的选定，则应在按住＿＿＿＿＿＿键的同时，再依次单击要取消选定的文件。

4．复制操作的组合键是＿＿＿＿＿＿＿＿。

5．剪切操作的组合键是＿＿＿＿＿＿＿＿。

6．粘贴操作的组合键是＿＿＿＿＿＿＿＿。

7．要查找所有文件名中包含字母 S 且文件扩展名为.docx 的文件，应在搜索框中输入＿＿＿＿＿＿＿＿。

三、简答题

1．什么是操作系统？

2．操作系统有哪些基本功能？

第 3 章
WPS 文字办公软件

WPS Office（简称 WPS）是由金山公司研发的一款办公软件，其包含了办公软件中常用的 WPS 文字、WPS 表格、WPS 演示等组件，具有体积小、占用内存少、运行速度快、支持多种平台、支持"云"存储、提供海量在线模板等特点。WPS Office 中的 WPS 文字、WPS 表格和 WPS 演示组件全面兼容微软公司的 Word、Excel 和 PowerPoint 组件。本章主要讲解 WPS 文字组件的使用方法，内容主要包括文档的基本操作、文档编辑、长文档排版、制作表格、图文混排。邮件合并和文档预览与打印等。

3.1 文档的基本操作

在 WPS office 中，WPS 文字、WPS 表格和 WPS 演示组件的新建、打开及保存等操作基本类似。本节主要讲解 WPS 文字组件中文档的基本操作。

3.1.1 WPS 文字基础知识

计算机安装 WPS Office 后，在"开始"菜单中会增加一项"WPS Office"应用程序，通常在桌面上也会增加"WPS Office"的快捷方式，WPS 文字、WPS 表格、WPS 演示被统一集成在 WPS Office 主界面。因此，用户只需启动 WPS Office 软件，进入其主界面后便可同时启动相应的组件。

在学习 WPS 文字之前，先了解 WPS 文字的基础知识，以便快速进行学习。

1. 启动 WPS 文字

用户在启动 WPS 文字之前，需先认识 WPS Office 主界面。单击"开始"按钮，在打开的"开始"菜单中选择"WPS Office"命令，进入图 3-1 所示的 WPS Office 主界面。

- 标签列表：标签列表位于 WPS Office 主界面的顶端，包括"新建"按钮（可以新建文档、表格、演示文稿和 PDF 等文件）。
- 功能列表区：功能列表区位于 WPS Office 主界面的最左侧，包括"新建"按钮。（可以新建文档、表格、演示文稿和 PDF 等文件）、"打开"按钮（可以打开当前计算机中保存的 Office 文档）和"文档"按钮（显示最近打开的文档信息）等。
- 最近和常用列表区：最近和常用列表区位于 WPS Office 主界面的中间，包括用户常用文档位置和最近访问文档列表（可以同步显示多设备文档内容）。

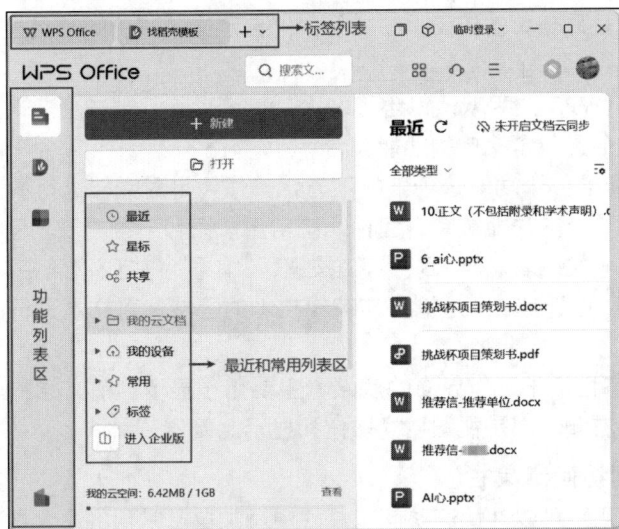

图 3-1　WPS Office 主界面

2. 熟悉 WPS 文字的工作界面

启动 WPS 文字后，将进入其工作界面，如图 3-2 所示。

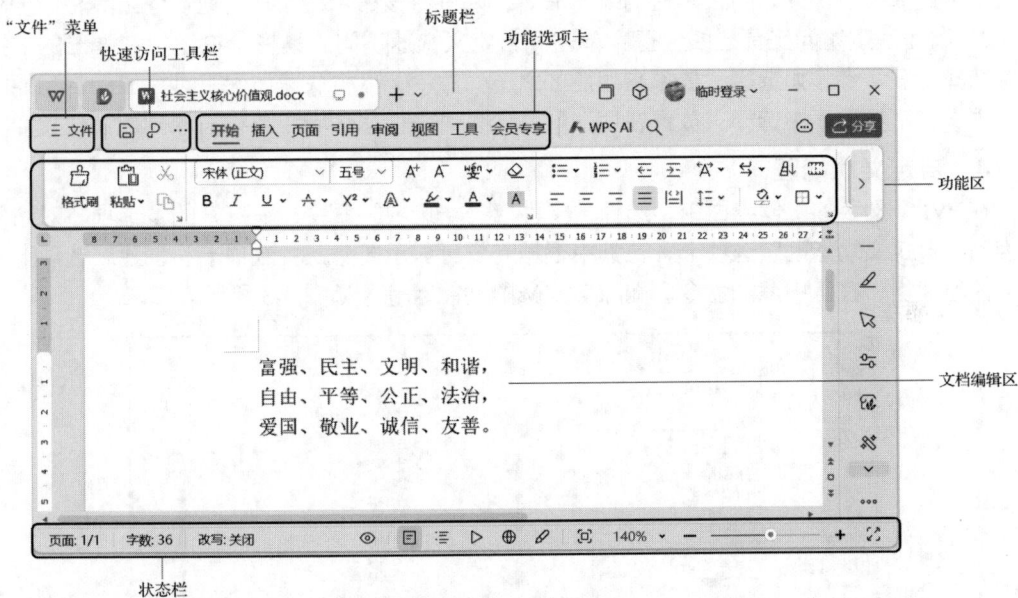

图 3-2　WPS 文字的工作界面

下面介绍 WPS 文字工作界面中的主要组成部分。

● 标题栏：标题栏位于 WPS 文字工作界面的顶端，主要用于显示文档名称。其中有一个"关闭"按钮，单击该按钮便可关闭当前文档。

● "文件"菜单：主要用于执行与该组件相关文档的新建、打开、保存、文档加密、备份与恢复等基本操作。单击"文件"菜单最下方的"选项"命令可打开"选项"对话框，在其中可对 WPS 文字组件进行编辑、视图、常规与保存、修订、自定义功能区等多项设置。

● 快速访问工具栏：快速访问工具栏中显示了一些常用的工具按钮，默认按钮有"保存"按钮、"输出为 PDF"按钮、"打印"按钮、"打印预览"按钮、"撤销"按钮、"恢复"按钮。

用户还可自定义按钮，只需单击该工具栏右侧的"自定义快速访问工具栏"按钮，在打开的下拉列表中选择相应选项即可。

- 功能选项卡：WPS 文字默认包含了 8 个功能选项卡，单击任一选项卡可打开对应的功能区，每个选项卡中分别包含相应的功能集合。
- 功能区：功能区位于功能选项卡的下方，其作用是对文档进行快速编辑。功能区中主要集中显示了对应选项卡的功能集合，包括一些常用按钮和下拉列表。例如，在"开始"选项卡中就包含"字号"下拉列表、"项目符号"按钮、"编号"按钮、"居中对齐"按钮等。
- 文档编辑区：文档编辑区是输入与编辑文本的区域，对文本进行的各种操作及操作结果都显示在该区域中。
- 状态栏：状态栏位于工作界面的底端，主要用于显示当前文档的工作状态，其中包括当前页码、字数等，右侧依次是视图切换按钮和显示比例调节滑块。

3. 自定义快速访问工具栏

为了操作方便，用户可以在快速访问工具栏中添加自己常用的命令按钮或删除不需要的命令按钮，也可以改变快速访问工具栏的位置。

- 添加常用命令按钮：单击"自定义快速访问工具栏"按钮，在弹出的下拉列表中选择自定义命令，如选择"打开"命令，则可将该命令按钮添加到快速访问工具栏中。
- 删除不需要的命令按钮：在快速访问工具栏的命令按钮上单击鼠标右键，在弹出的快捷菜单中选择"从快速访问工具栏删除"命令，则可将该命令按钮从快速访问工具栏中删除。
- 改变快速访问工具栏的位置：单击"自定义快速访问工具栏"按钮，在弹出的下拉列表中选择位置命令，如选择"放置在功能区之下"命令，可将快速访问工具栏显示到功能区下方；再次在下拉列表中选择"放置在顶端"命令，可将快速访问工具栏还原到默认位置。

4. 自定义功能区

在 WPS 文字的工作界面中，选择"文件"→"选项"命令，在打开的"选项"对话框中切换到"自定义功能区"选项卡，在其中根据需要可显示或隐藏主选项卡、创建新选项卡、在功能区新建组、在组中添加命令、删除自定义的功能区等，如图 3-3 所示。

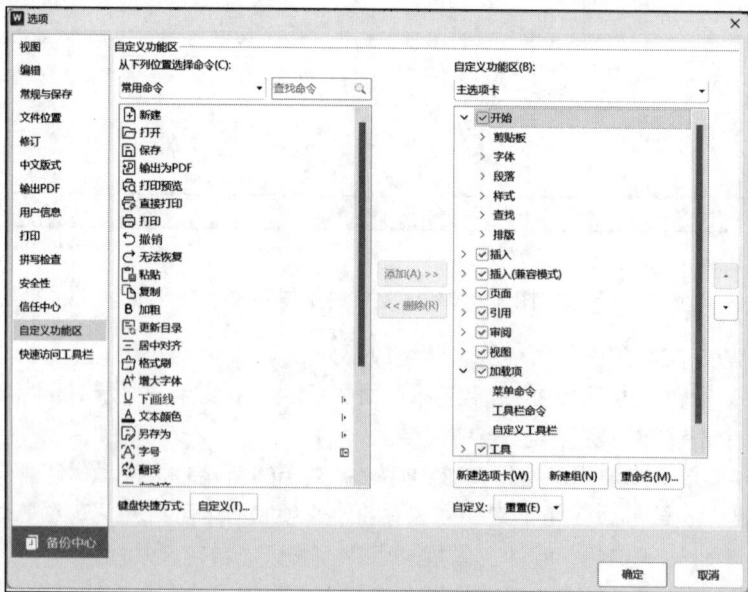

图 3-3　自定义功能区

- 显示或隐藏主选项卡：在"选项"对话框的"自定义功能区"选项卡中单击选中或取消主选项卡所对应的复选框，即可显示或隐藏该主选项卡。
- 创建新选项卡：单击"新建选项卡"按钮，然后选中"新建选项卡（自定义）"，单击"重命名"按钮，在打开的"重命名"对话框的"显示名称"文本框中输入名称，单击"确定"按钮，即可重命名新建的选项卡。
- 在功能区新建组：选择新建的选项卡，单击"新建组"按钮，即可在选项卡下创建组。选择创建的组，单击"重命名"按钮，在打开的"重命名"对话框的"显示名称"文本框中输入名称，单击"确定"按钮，即可重命名新建的组。
- 在组中添加命令：选择新建的组，在"自定义功能区"栏的"从下列位置选择命令"列表中选择需要的命令，然后单击"添加"按钮，即可将命令添加到组中。
- 删除自定义的功能区：单击选中相应的主选项卡复选框，单击"删除"按钮，即可将自定义的选项卡或组删除。若要一次性删除所有自定义的功能区，则可单击"重置"按钮，在弹出的下拉列表中选择"重置所有自定义项"选项，在打开的提示对话框中单击"是"按钮，即可删除所有自定义项，恢复 WPS 文字默认的功能区效果。

5. 显示或隐藏文档中的元素

WPS 文字的文本编辑区中包含多个用于文本编辑的辅助元素，如标尺、标记、空格、段落标记等。编辑文本时可根据需要隐藏一些不需要的元素或将隐藏的元素显示出来。显示或隐藏元素的方法主要有以下两种。

- 在"视图"选项卡中单击选中或取消"标尺""网络线""表格虚框""标记""任务窗格"对应的复选框，即可在文档中显示或隐藏相应的元素。
- 在"选项"对话框中切换到"视图"选项卡，在"格式标记"栏中单击选中或取消 "空格""制表符""段落标记""隐藏文字""对象位置"对应的复选框，也可在文档中显示或隐藏相应的元素，如图 3-4 所示。

图 3-4 "选项"对话框

▶▶▶ 3.1.2　新建并保存文档

在使用 WPS Office 进行文档录入与排版之前，必须先创建文档。利用 WPS 文字可以创建多种形式的新文档，分别是空白文档、在线文档、根据模板创建的文档等。在线文档的使用需要注册账号。下面以新建空白文档为例介绍文档的创建方法，本小节还将介绍 WPS 文档的保存方法。

1. 新建 WPS 文档

新建 WPS 文档的方法有以下几种。

- 单击"开始"按钮，在"开始"菜单中选择"WPS Office"命令，启动 WPS Office 程序。此外，也可双击桌面上的"WPS Office"快捷方式启动 WPS Office 程序。
- 单击功能列表区中的"新建"按钮，在"新建"列表中单击"文字"按钮或按 Ctrl+N 组合键，打开"新建文档"界面，单击"空白文档"按钮，即可新建一个空白文档。

2. 保存 WPS 文档

文档编辑完成后需要被保存。在文档的编辑过程中，为避免意外关机、死机造成文档的损失，建议及时保存文档。文档的保存方法有以下 3 种。

- 在已有的文档上进行修改后的保存。在这种情况下，直接单击快速访问工具栏上的"保存"按钮，或者按 Ctrl+S 组合键可以对文档进行保存。
- 将已有的文档保存到其他路径。在这种情况下，单击"文件"→"另存为"命令，打开"另存为"对话框，通过单击"此电脑"、"我的桌面"等选择文档的保存路径，在"文件名称"文本框中设置文件的保存名称，完成后单击"保存"按钮即可。
- 对新建的文档进行保存。在这种情况下，可以直接单击快速访问工具栏中的"保存"按钮，也可以选择"文件"→"保存"命令，这时会打开"另存为"对话框，在"文件名称"文本框中设置文件的保存名称，在"文件类型"文本框中设置文件的保存类型，完成后单击"保存"按钮。图 3-5 是将当前文档另存为 PDF 格式文件。

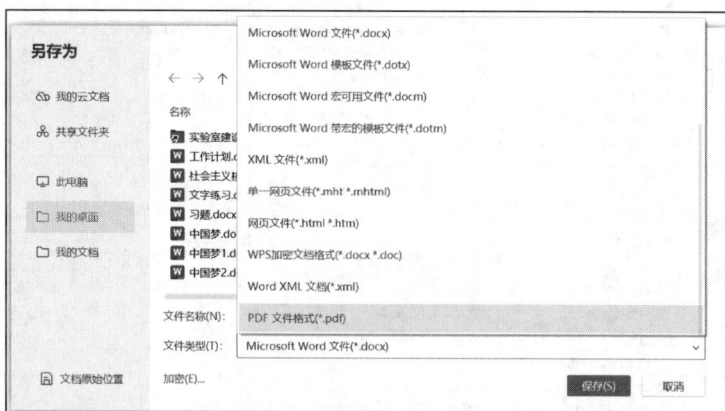

图 3-5　"另存为"对话框

> **注意**
>
> WPS 文字默认保存的文件类型为"Microsoft Word 文件（*.docx）"，文件扩展名为.docx，这是为了与微软的 Word 兼容。此外，还可将文档保存为 WPS 文字文件（*.wps）、WPS 文字模板文件（*.wpt）、PDF 格式文件（*.pdf）等多种文件类型。

3.2 文档编辑

新建空白文档或打开文档后，可在其中输入文档内容，执行各种编辑操作。输入和编辑是WPS文字的基本功能。

▶▶▶ 3.2.1 输入文本

1. 设置输入模式

在文档的编辑区，光标显示为闪烁的竖线，光标所在的位置称为插入点。从键盘输入的内容，始终将输入插入点的位置。随着内容的输入，插入点将自动向后移动。通过单击或按方向键可改变插入点的位置。

WPS文字提供了"插入"和"改写"两种输入模式。

- 插入模式：此为默认设置。输入的字符会自动插在插入点的左边，插入点右边的文本则随着字符的插入而不断向右移动。
- 改写模式：输入的字符将会覆盖插入点之后的文本。

实现输入模式转换的两种方法如下。

- 按 Insert 键转换。
- 单击状态栏上的"改写"按钮。

2. 插入特殊符号

通常情况下，文档除了普通文字外，还要包括一些特殊符号，如☺、✈、☙等。这些特殊符号可用以下方法输入。

（1）使用"符号"对话框输入

在文档中设置插入点，在"插入"选项卡中单击"符号"按钮，在弹出的下拉列表中会显示出近期使用过的符号，如图 3-6 所示，选择需要的符号即可；或者在下拉列表中选择"其他符号"命令，打开"符号"对话框，如图 3-7 所示，该对话框中包含"符号"选项卡、"特殊字符"选项卡和"符号栏"选项卡，选择某个符号后，单击"插入"按钮即可。

图 3-6 近期使用的符号

图 3-7 "符号"对话框

> **注意**
>
> 在"符号"选项卡的"字体"下拉列表中，用户可选择各种字符集中的符号；如果经常使用到某些符号，则可以单击"插入到符号栏"按钮，打开"符号栏"选项卡为其定义快捷键。

（2）使用输入法中的"符号大全"或"软键盘"输入

打开输入法，单击输入法状态栏上的"输入方式"按钮（见图3-8），在弹出的菜单中选择"符号大全"或"软键盘"，在打开的对应窗口中单击所需的符号按钮即可。

3. 插入日期

在文档中可以通过中文与数字的结合直接输入日期和时间，也可以通过"插入"选项卡下"文档部件"下拉列表中的"日期"命令快速输入当前的日期和时间。在当前文档中输入当前时间的具体操作步骤如下。

（1）将鼠标指针定位到最后一段文字的最右侧，在"插入"选项卡中单击"文档部件"下拉按钮，从弹出的下拉列表中选择"日期"命令，打开"日期和时间"对话框，如图 3-9 所示。

图 3-8　单击"输入方式"按钮

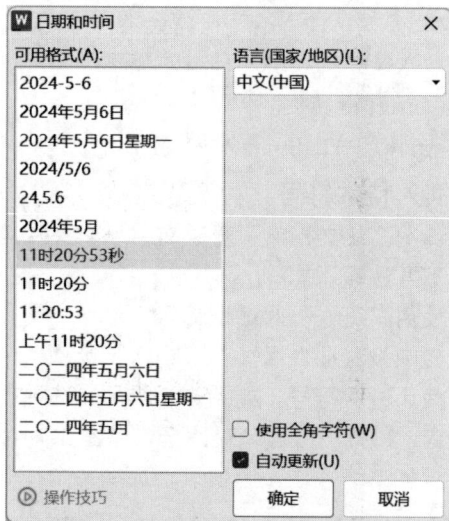

图 3-9　"日期和时间"对话框

（2）在"可用格式"列表框中选择需要的时间格式，单击"确定"按钮，即可查看插入当前时间的效果。需要注意的是，在"日期和时间"对话框中有一个"自动更新"复选框，如果选中此复选框，则插入的时间会跟随系统时间的变化而变化。

▶▶▶ 3.2.2　编辑操作

在对文档进行复制、移动、删除、替换、拼写检查等编辑操作前，需遵循的原则是"先选定，后操作"，即需要先选定操作的文本对象。这些对象可以是一个字符、一行文本、一个段落、整个文档或是任意长度的文本，被选定的文本将以灰色底纹显示。

1. 选定文本

选定文本最基本的方法是拖曳鼠标，即单击要选定的文本起始点，按住鼠标左键拖动到选定范围的结束点即可。其他文本对象可以使用表 3-1 中的方法快速选定。

表 3-1　常用文本选定操作

选取范围	鼠标操作
字/词	双击要选定的字/词
行	单击该行的选定区
段落	双击该行的选定区或在该段落的任意位置三击
垂直的一块文本	按住 Alt 键，同时拖住鼠标
连续的文本	单击需选定的文本起点，按住 Shift 键单击需选定的文本结束点
不连续的文本	先选定第一个区域，然后按住 Ctrl 键的同时依次选定其他区域
全部内容	三击选定区

取消对文本的选定的方法是在文档空白处单击。

2. 移动和复制

移动和复制文本可以采用以下方法。

（1）使用拖动鼠标的方法

拖动鼠标是短距离内移动选定文本的最简单方法。具体来说，用鼠标左键将选定的文本直接拖到目标位置，可以实现文本的移动；按住 Ctrl 键并拖动鼠标到目标位置，则可以实现文本的复制。

（2）利用剪贴板的方法

剪贴板可以同时存放多项剪切或复制的内容。在"开始"选项卡中单击"剪贴板"按钮，打开"剪贴板"任务窗格，如图 3-10 所示。文档编辑区的左侧显示"剪贴板"任务窗格，其列表中显示出剪切或复制的内容，每次新复制的内容总是显示在列表最前面。选择列表中的某项内容后可以对其进行"粘贴"或"删除"操作，用户也可以清空剪贴板。单击任务窗格左下方的"设置"按钮，可以对剪贴板进行设置。

图 3-10　"剪贴板"任务窗格

利用剪贴板复制文本的操作步骤如下。

① 选定要复制的文本。

② 单击"开始"选项卡中的"复制"按钮，或者用鼠标右键单击选定的文本并在弹出的快捷菜单中选择"复制"命令，抑或按 Ctrl+C 组合键。

③ 将插入点置于文档中的目标位置。

④ 单击"开始"选项卡中的"粘贴"按钮或按 Ctrl+V 组合键。

移动文本操作与之类似，只需在第②步中单击"剪切"按钮，或者在快捷菜单中选择"剪切"命令，抑或按 Ctrl+X 组合键。

3. 删除文本

如果文档中输入了多余或重复的文本，则可使用删除操作将不需要的文本从文档中删除，主要有以下两种方法。

● 选择需要删除的文字，按 Backspace 键可删除选择的文字，或者将鼠标指针定位到需要删除的文本后，按 Backspace 键则可删除光标前面的字符。

● 选择需要删除的文字，按 Delete 键可删除选择的文字，或者将鼠标指针定位到需要删除文本的前面，按 Delete 键则可删除光标后面的字符。

4. 撤销和恢复

WPS 文字有自动记录功能，利用该功能可撤销被执行的操作，也可恢复被撤销的操作。

单击快速访问工具栏中的"撤销"按钮或按 Ctrl+Z 组合键，可撤销上一步的操作。

单击快速访问工具栏中的"恢复"按钮或按 Ctrl+Y 组合键，即可将文档恢复到撤销操作前的效果。

5. 查找和替换

查找和替换是文档处理中非常有用的功能。其中，查找功能可以帮助用户迅速找到指定内容，也可以使用通配符"？"（代表一个字符）和"*"（代表多个字符）代替其他部分进行查找；替换功能可以实现批量替换，从而提高工作效率。

（1）查找文本

① 简单查找。在"开始"选项卡中单击"查找替换"按钮，打开"查找和替换"对话框，在"查找内容"文本框中输入要查找的文本，单击"查找下一处"按钮，查找到的文本将以灰色底纹突出显示出来。若要将查找到的所有文本以带色底纹突出显示，则单击左下角的"突出显示查找内容"按钮，选择"全部突出显示"即可，如图 3-11 所示。

② 高级查找。在"开始"选项卡中单击"查找替换"按钮，打开"查找和替换"对话框，在"查找内容"文本框中输入要查找的文本内容。如果查找的内容仅限于一部分，单击"高级搜索"按钮，然后选中"使用通配符"复选框，如图 3-12 所示。单击"查找下一处"按钮，查找到的文本以灰色底纹突出显示。单击"查找下一处"按钮，可以继续查找指定内容。

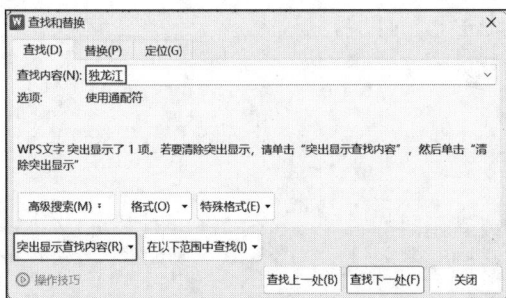

图 3-11 突出显示查找内容

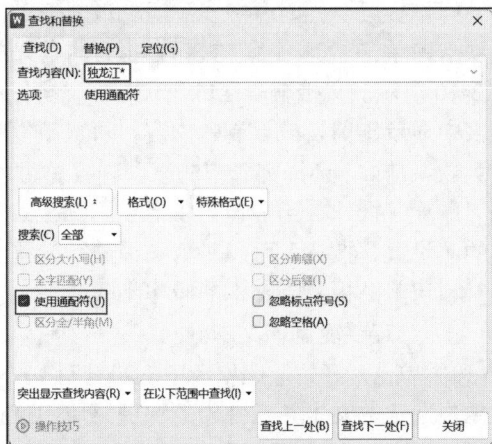

图 3-12 使用通配符

（2）替换文本

【例 3-1】将"3.1 靠奋斗创造更好的生活"文档中的"独龙江"全部替换为"Dulong River"。其具体操作步骤如下。

① 在"开始"选项卡中单击"查找替换"按钮，打开"查找和替换"对话框，切换到"替换"选项卡。

② 在"查找内容"文本框中输入要查找的文本内容（如"独龙江"），在"替换为"文本框中输入要替换的新内容（如"Dulong River"），单击"查找下一处"按钮，如图 3-13 所示。

③ 文档中符合条件的内容以灰色底纹突出显示出来，单击"替换"按钮完成第一处替换，单击"查找下一处"按钮可逐个确认是否替换；若要将文档中所有符合条件的文本全部替换，单击"全部替换"按钮。

图 3-13 "替换"选项卡

（3）替换文本格式或特殊格式

【例 3-2】将 "3.1 靠奋斗创造更好的生活" 文档中的 "独龙江" 3 个字全部替换为红色、加粗 "独龙江"。

其具体操作步骤如下。

① 在 "查找内容" 文本框中输入 "独龙江"。

② 在 "替换为" 文本框中输入 "独龙江"，单击 "格式" 按钮，将其设置成红色、加粗，然后单击 "全部替换" 按钮，如图 3-14 所示。

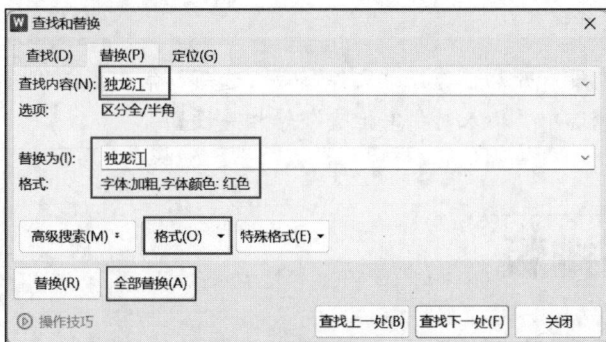

图 3-14 替换格式

【例 3-3】将文档中多余的空行删掉。

其具体操作步骤如下。

① 单击 "查找内容" 文本框，再单击 "特殊格式" 按钮，在弹出的下拉列表中选择 "段落标记" 命令，再重复一次以上操作，如图 3-15 所示。

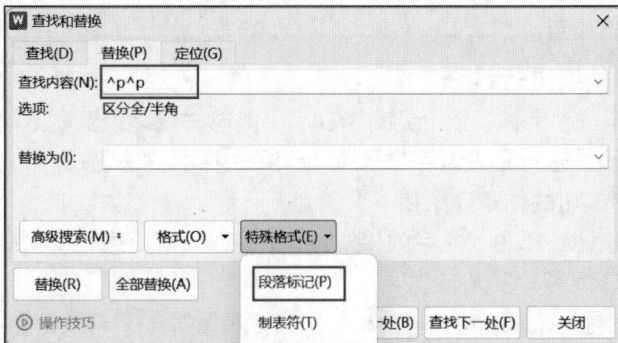

图 3-15 替换特殊格式

② 单击"替换为"文本框，再单击"特殊格式"按钮，在弹出的下拉列表中选择"段落标记"命令，然后单击"全部替换"按钮。

> **注意**
>
> 在"查找内容"文本框和"替换为"文本框中，特殊字符以特定形式显示，如"手动换行符"和"段落标记"分别显示为"^l"和"^p"。

6. 拼写检查

在文本的输入过程中，难免会存在拼写上的错误。WPS 文字提供了拼写检查功能。默认情况下，如果输入过程中单词有拼写错误（如年 yaer），该单词下方会出现红色波浪线。在"审阅"选项卡中单击"拼写检查"按钮，可对整个文档进行拼写检查。纠正拼写错误的方法有以下两种。

- 选中错误的单词或句子，用鼠标右键单击，在弹出的快捷菜单中选择正确的内容。对于一些专用术语、缩写等特殊词汇，用户可选择快捷菜单中的"添加到词典"命令，以后再输入这些词汇时就不会出现拼写错误标记了。
- 选中错误的单词或句子，单击"拼写检查"按钮，打开"拼写检查"对话框，在"更改建议"列表框中选择正确的内容，单击"更改"按钮更改错误。

> **注意**
>
> 若拼写检查功能没有开启，选择"文件"→"选项"命令，在"选项"对话框中单击"拼写检查"，在右侧选中"输入时拼写检查"等相关设置。

3.3 文档排版

3.3.1 设置字符格式

字符是指作为文本输入的汉字、字母、数字、标点符号和特殊符号。为了使制作出的文档更加专业和美观，有时需要对文档中的字符格式进行设置，字符格式化包括字体、字号、加粗、倾斜、颜色以及字符的边框、底纹等。在用户未设置字符格式时，使用默认格式，如中文字体为宋体、字号为五号等。

字符格式可以通过"字体"组进行设置，也可以通过"浮动工具栏"进行设置，还可以通过"字体"对话框进行设置。

1. 使用"字体"组进行设置

在"开始"选项卡的"字体"组（见图 3-16）中能够方便地设置文本的字体、字号、颜色、加粗等常用的格式。该方法也是设置字体最常用、最快捷的方法之一。

"字体"组中部分按钮的作用介绍如下。

- "文字效果"按钮：单击"文字效果"按钮，在弹出的下拉列表中可选择需要的文字效果，如艺术字、阴影、倒影、发光等效果。
- "下标"与"上标"按钮：单击"上标"按钮可将选择的字符设置为上标效果；单击"下标"按钮可将选择的字符设置为下标效果。

- "清除格式"按钮：当不需要文字格式时，可选择文字，然后单击该按钮，即可快速将选择文字的格式快速删除。

- "拼音指南"按钮：单击"拼音指南"按钮，打开"拼音指南"对话框，在其中可为选择的文字添加拼音。单击该按钮右侧的下拉按钮，在弹出的下拉列表中选择"更改大小写"命令，打开"更改大小写"对话框，在其中可设置英文字母的大小写显示；选择"带圈字符"命令，打开"带圈字符"对话框，在其中可为字符设置圆圈或边框，以达到强调的效果；选择"字符边框"命令，可为选择的文字设置字符边框效果。

- "删除线"按钮：单击该按钮，可为选择的文字添加删除线效果。单击其右侧的下拉按钮，在弹出的下拉列表中选择"着重号"命令，也可为选择的文字设置着重号效果。

2. 使用"浮动工具栏"进行设置

在选中要设置的文本后，文本的右上角会出现浮动工具栏。浮动工具栏中除了有设置字体的选项外，还有几个设置段落的选项，如图 3-17 所示。

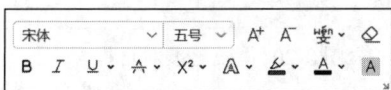

图 3-16 "字体"组

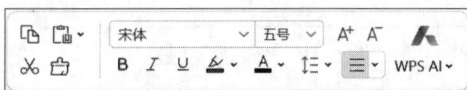

图 3-17 浮动工具栏

3. 使用"字体"对话框进行设置

使用"字体"对话框可以控制复杂的字符格式。例如要将选定文本的字符间距加宽 20pt 并加着重号，具体操作方法是：在选定想要设置格式的文本后，单击"开始"选项卡中"字体"组右下角的"展开"按钮 ↘，打开"字体"对话框，如图 3-18 所示。

① 在"字体"选项卡中可设置中文字体、西文字体、字形、字号、颜色、下画线线型、下画线颜色、着重号等，还可选中相应复选框设置上/下标、双删除线、删除线等。设置效果在"预览"框中显示。

② 在"字符间距"选项卡中可设置字符间距（缩放、位置、间距）等。

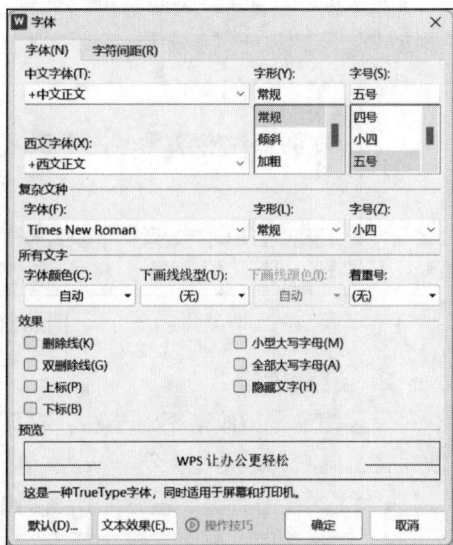

图 3-18 "字体"对话框

▶▶▶ 3.3.2 设置段落格式

段落由字符、其他对象和段落标记（↵，按 Enter 键产生）组成。段落排版就是以段落为单位的格式设置，包括对齐方式、段落缩进、行间距、段间距、项目符号、编号和制表位等。

一般来说，段落格式的简单设置可以利用"开始"选项卡中的"段落"组实现，如图 3-19 所示。详细设置可以通过在"开始"选项卡中单击"段落"组右下角的"展开"按钮 ↘，打开"段落"对话框，在该对话框中进行详细设置来实现，如图 3-20 所示。

1. 设置对齐方式

段落对齐方式有"左对齐""居中""右对齐""两端对齐""分散对齐"5 种方式。其中，"两端对齐"为默认方式。除最后一行左对齐外，其他行能自动调整词与词之间的宽度，使每行正文两边在左、右页边距处对齐，这种方式可以防止英文文本中一个单词跨两行的情况，但对于中文，其效果等同于左对齐。

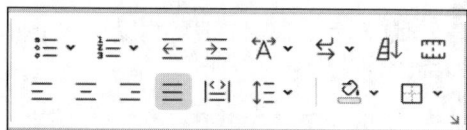

图 3-19 "段落"组

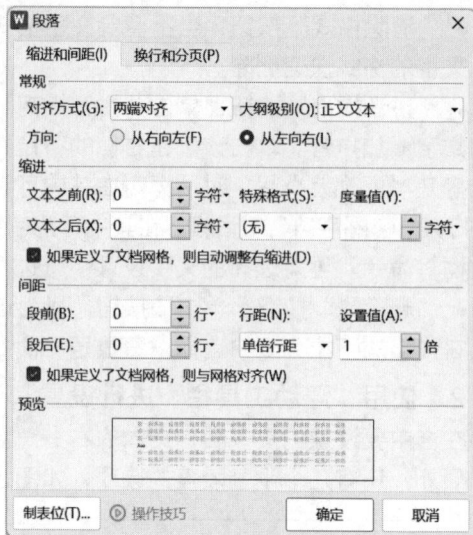

图 3-20 "段落"对话框

方法 1：在"段落"组中单击相应的对齐方式按钮。

方法 2：切换到"段落"对话框的"缩进和间距"选项卡，在"常规"栏中单击"对齐方式"下拉列表框右侧的下拉按钮，在下拉列表中选择所需方式。段落的对齐效果如图 3-21 所示。

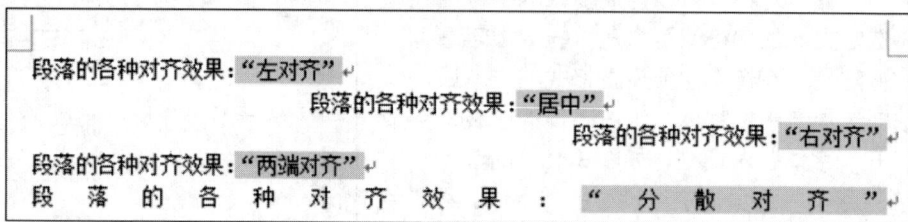

图 3-21 "段落"的对齐效果

2. 设置缩进

段落缩进是指段落相对于左、右页边距向页面内缩进一段距离。例如，中文段落的输入习惯是首行向右缩进两个字符。WPS 文字中段落的缩进方式有以下 4 种。

- 文本之前：整个段落中所有行的左边界向右缩进。
- 文本之后：整个段落中所有行的右边界向左缩进。
- 首行缩进：段落第 1 行第一个字符向右缩进，使之区别于前一个段落。
- 悬挂缩进：除首行外，段落中的其他行左边界向右缩进。

3. 设置行间距和段间距

行间距是指段落中从上一行文字底部到下一行文字顶部的距离；段间距是指相邻两段文字之间的距离，包括段前和段后的距离。WPS 文字默认的行间距是单倍行距，用户可根据实际需要在"段落"对话框中设置行间距和段间距。

- 行间距设置：选择段落，在"开始"选项卡中单击"行距"按钮右侧的下拉按钮，在弹出的下拉列表中可选择适当的行距倍数。
- 段间距设置：选择段落，打开"段落"对话框，在"间距"栏中的"段前"数值框和"段后"数值框中输入值，在"行距"下拉列表中选择相应的选项，即可设置段间距和行间距，如图 3-22 所示。

4. 设置项目符号和编号

在文档中，为了准确、清楚地表达某些内容之间的并列关系、顺序关系等，经常要用到项目符号和编号。

（1）项目符号

项目符号是在一些段落的前面加上完全相同的符号，WPS 文字提供了自动项目符号列表功能。添加项目符号的操作方法如下。

● 选定要添加项目符号的一个或多个段落，在"开始"选项卡的"段落"组中单击"项目符号"下拉按钮，在下拉列表中选择"预设样式"中的项目符号。

● 如果用户想使用"预设样式"之外的符号或图片作为项目符号，则可在下拉列表中选择"自定义项目符号"命令，打开"项目符号和编号"对话框，单击"自定义"按钮，在相应的对话框中选择字体和字符，对项目符号进行字体和字符设置，最后单击"确定"按钮，如图 3-23 所示。

（2）编号

编号是指段落前具有一定顺序的字符。

● 添加编写的操作方法如下。选定要添加编号的段落，单击"编号"下拉按钮，在下拉列表中选择编号样式即可。

● 若用户想使用"编号"之外的编号作为编号，则可以选择"自定义编号"命令，打开"项目符号和编号"对话框，单击"自定义"按钮，打开"自定义编号列表"对话框，如图 3-24 所示。

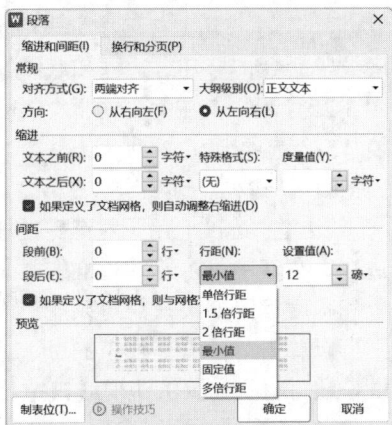

图 3-22　设置行间距和段间距

图 3-23　自定义项目符号　　图 3-24　自定义编号

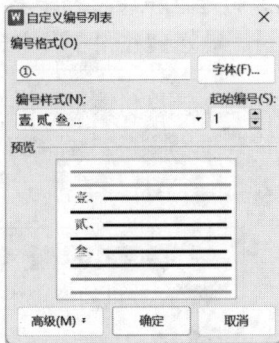

（3）多级编号

多级编号就是按一定层次进行段落编号。输入文本时添加多级编号的操作步骤如下。

① 在"段落"组中单击"编号"下拉按钮，在下拉列表中选择需要的多级编号样式。文本编辑区会出现第一个编号，在编号后面输入文本内容。

② 按 Enter 键结束段落，下一段开始时自动出现第二个编号，此时按 Tab 键，生成下一级编号。

③ 要结束某级编号，在出现新编号时按两次 Enter 键。

取消项目符号、编号和多级编号，只需再次单击相应的按钮，或者在"项目符号"下拉列表和"编号"下拉列表中分别单击"无"即可。

5. 设置边框和底纹

边框和底纹主要起强调和美观的作用。选择段落，单击"开始"选项卡下"段落"组中的

"边框"下拉按钮，在下拉列表中选择"边框和底纹"命令，打开"边框和底纹"对话框，如图 3-25 所示，其中有"边框""页面边框""底纹"3 个选项卡。

（1）"边框"选项卡

"边框"选项卡用于对选定的段落和文字加边框，在其中可以选择边框的类别、样式、颜色和宽度等。如果只需对某些边设置边框线，则可以单击"预览"栏中的上、下、左、右边框按钮，将不需要的边框线去掉。

（2）"页面边框"选项卡

"页面边框"选项卡用于对页面加边框。它的设置与"边框"选项卡的设置类似，但增加了"艺术型"下拉列表框。

（3）"底纹"选项卡

图 3-25　"边框和底纹"对话框

"底纹"选项卡用于对选定的段落或文字加底纹。其中，"填充"下拉列表框用于设置底纹的背景色；"样式"下拉列表框用于设置底纹的图案样式（如深色网格）；"颜色"下拉列表框用于设置底纹图案中点或线的颜色。

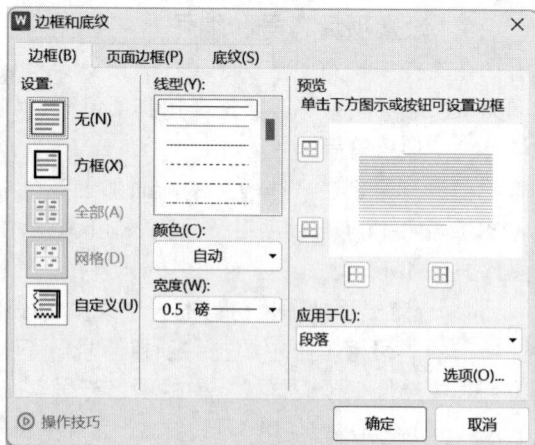

> **注意**
>
> 在设置段落的边框和底纹时，要在"应用于"下拉列表框中选择"段落"；设置文字的边框和底纹时，要在"应用于"下拉列表框中选择"文字"。

【例 3-4】将"3.2 计算机演进史"文档中的正文第 3 段段落添加 1.5 磅的方框，第 5 段文字添加"白色，背景 1，深色 25%"底纹，并给页面添加"爱心"页面边框。添加的边框和底纹的效果如图 3-26 所示。

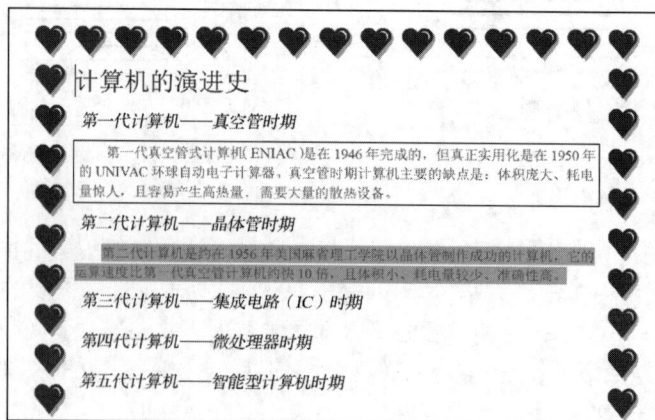

图 3-26　添加的边框和底纹效果

其具体操作步骤如下。

① 选中正文第 3 段，单击"开始"选项卡下"段落"组中的"边框"下拉按钮，在下拉列表中选择"边框和底纹"命令，打开"边框和底纹"对话框。在"边框"选项卡中，设宽度为 1.5 磅，在"应用于"下拉列表框中选择"段落"，然后单击"确定"按钮。

② 选中正文第 5 段，如前所述打开"边框和底纹"对话框，在"底纹"选项卡中的"填充"下拉列表框中选择"白色，背景 1，深色 25%"，在"应用于"下拉列表框中选择"文字"，然后单击"确定"按钮。

③ 将鼠标指针放于文档中的任意位置，如前所述打开"边框和底纹"对话框，在"页面边框"选项卡中的"艺术型"下拉列表框中选择"爱心"边框类型，然后单击"确定"按钮。

6. 设置制表位

制表位是段落格式的一部分，它决定了每按一次 Tab 键时插入点移动的距离。默认情况下，WPS 文字默认每隔 2 字符设置一个制表位。为某个段落设置的制表位在按 Enter 键开始新的段落时，会被自动复制到新段落中。

WPS 文字提供的制表符有 4 种对齐方式，即小数点对齐、左对齐、居中和右对齐。通过设置制表位可在文档中制作简易表格，对齐相关文本。

（1）利用"制表位"对话框精确设置制表位

利用"制表位"对话框精确设置制表位的具体操作步骤如下。

① 将插入点置于段落中。

② 在"开始"选项卡中单击"制表位"按钮，打开"制表位"对话框，如图 3-27 所示。

③ 在"制表位位置"框中输入代表制表位位置的数值（单位为"厘米"或"字符"等），在"对齐方式"栏设置对齐方式，在"前导符"栏设置前导符，然后单击"设置"按钮，将设置的制表位加入"制表位位置"列表中，完成一个制表位的设置。

④ 重复步骤③，设置其他制表位，最后单击"确定"按钮，以使设置生效。

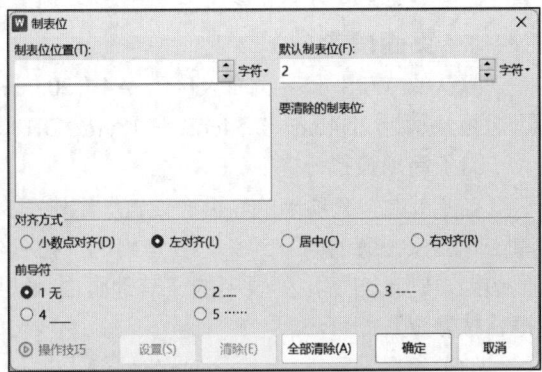

图 3-27 "制表位"对话框

（2）利用水平标尺粗略设置制表位

在"视图"选项卡中勾选"标尺"复选框，可打开文档中的标尺。在需要设置制表符的位置上单击标尺，当出现 L 符号时，表示制表位设置成功。WPS 文字中默认为"左对齐制表符"，若需修改，双击标尺上已经设置好的某个制表符，可打开"制表位"对话框进行精确设置。

制表位设置效果如图 3-28 所示。

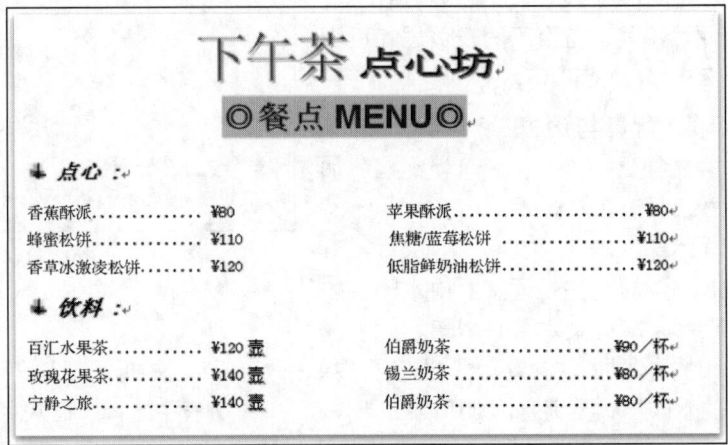

图 3-28 制表位设置效果

按住鼠标左键把制表符拖离标尺，即可删除该制表位。

7. 应用格式刷

使用格式刷可以快速复制格式，以提高工作效率。格式刷的使用方法如下。

（1）选定要复制格式的文本或段落（如果是段落，在该段落的任意处单击即可）。

（2）单击"开始"选项卡中的"格式刷"按钮。

（3）用鼠标拖曳以经过要应用此格式的文本或段落（如果是段落，在该段落的任意处单击即可）。

如果同一格式要多次复制，则可在第（2）步操作时，双击"格式刷"按钮。若需要退出多次复制操作，则可再次单击"格式刷"按钮或按 Esc 键取消。

▶▶▶ 3.3.3 设置页面格式

文档页面格式反映了文档的整体外观和输出效果，包括纸张大小、页面方向、页边距、页眉、页脚、页码、水印、颜色、分栏和分页等。页面格式是针对整个文档而言的。

1. 页面设置

默认的 WPS 文字页面大小为 A4（20.9cm×29.6cm），页面方向为纵向，上、下、左、右页边距分别为 2.54cm、2.54cm、3.18cm、3.18cm。我们可通过以下方法修改默认设置。

（1）简单设置

在"页面"选项卡的"页面设置"组中有文字方向、页边距、纸张方向、纸张大小等按钮，单击相应按钮旁的向下箭头，在弹出的下拉列表中选择需要的样式。如果要自定义纸张大小、页边距，则单击下拉列表中的"其他页面大小""自定义边距"命令，打开"页面设置"对话框，按需设置即可。

（2）高级设置

单击"页面设置"组右下角的"展开"按钮，打开"页面设置"对话框，其中包含"页边距""纸张""版式"、"文档网络""分栏"5 个选项卡，每个选项卡能为用户提供更加详细的页面设置内容，例如在"文档网络"选项卡中可以指定文字排列方向、每行的字符数、每页的行数等，如图 3-29 所示。

在"版式"选项卡中则可以指定节的起始位置、页眉和页脚（奇偶页不同、首页不同及页眉和页脚距纸张边缘的距离）、常规选项等。

2. 设置水印、背景与边框

为了使制作的文档更加美观，还可为文档添加页面水印，并设置页面背景和边框。

（1）设置页面水印

制作办公文档时，可为文档添加页面水印，如添加"保密""严禁复制""文本"等水印。

图 3-29 "文档网格"选项卡

添加页面水印的方法是：在"页面"选项卡中单击"水印"按钮，选择一种水印效果即可。如果用户对预设的水印样式不满意，则可以在"水印"下拉列表中选择"插入水印"命令，在打开的"水印"对话框中自定义水印图片、文字等，添加"牢记使命"水印的效果如图 3-30 所示。

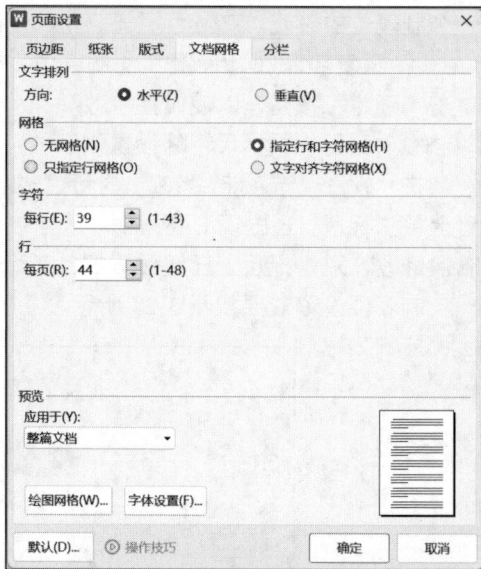

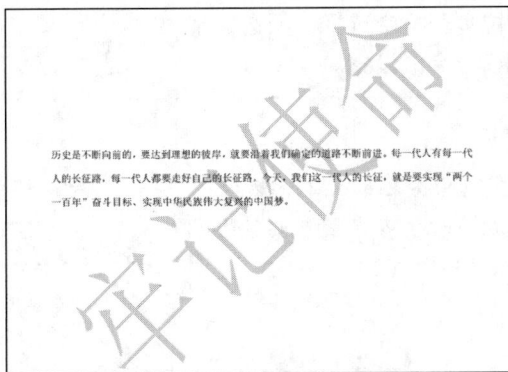

图 3-30 添加"牢记使命"水印的效果

用户若想删除文档中已插入的页面水印,只需单击"水印"按钮,在弹出的下拉列表中选择"删除文档中的水印"命令即可。

（2）设置页面背景

在 WPS 文字中,页面背景可以是纯色背景、渐变色背景和图片背景。

设置页面背景的方法是:在"页面"选项卡中单击"背景"按钮,在弹出的下拉列表中选择一种页面背景颜色。选择"其他背景"命令,在弹出的子列表中选择"纹理""图案"效果后,打开"填充效果"对话框,在其中可以对页面背景应用渐变、纹理、图案、图片等不同填充效果。

（3）设置页面边框

在"页面"选项卡中单击"页面边框"按钮,打开"边框和底纹"对话框,在"设置"栏中选择边框的类型,在"线型"列表框中可选择边框的样式,在"颜色"下拉列表框中可设置边框的颜色,最后单击"确定"按钮,完成设置。

3. 设置分栏

报刊和杂志在排版时,经常需要对文章内容进行分栏排版,使文章易于阅读,页面更加生动、美观。

【例 3-5】将"3.3 希望"文档中的指定段落分成两栏,栏宽相等,加分隔线,分栏效果如图 3-31 所示。

具体操作步骤如下。

（1）选定要分栏的段落。

（2）在"页面"选项卡下"页面设置"组中单击"分栏"按钮,在弹出的下拉列表中选择"更多分栏"命令,打开"分栏"对话框。

（3）在"栏数"文本框中输入 2,勾选"栏宽相等"复选框,勾选"分隔线"复选框,如图 3-32 所示。

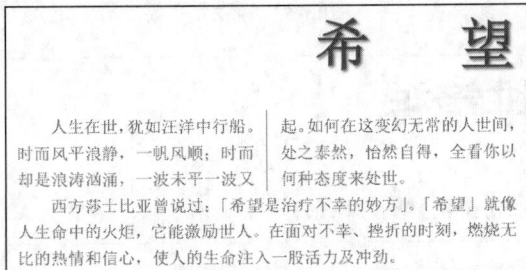

图 3-31 分栏效果

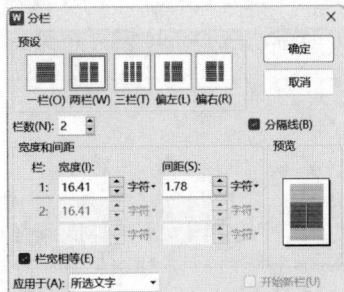

图 3-32 "分栏"对话框

（4）在"应用于"下拉列表框中选择"所选文字"。

（5）单击"确定"按钮，完成设置。

> **⚑ 注意**
>
> 　　若要取消分栏，则需选中分栏的文本，然后在"分栏"对话框中设置为"一栏"即可。若遇到最后一段分栏不成功时，可在段末按 Enter 键。

4. 分页和分节

（1）分页

通常情况下，在编辑文档时，系统会自动进行分页，但在一些特殊的情况下需要在上一页未写完时重新开始新的一页。这时就需要手工插入分页符来强制分页。

插入分页符的操作步骤如下。

① 将插入点放于要分页的位置。

② 单击"页面"选项卡中的"分隔符"按钮。

③ 在弹出的"分隔符"下拉列表中选择"分页符"命令。

更简单的手工分页方法是：将插入点放于要分页的位置，按 Ctrl+Enter 组合键即可。

删除分页符的方法是：勾选"显示/隐藏段落标记"（见图 3-33），分页符则会显示出来；选定分页符，按 Delete 键可将其删除。

（2）分节

默认情况下，将整个文档作为一个节来处理。对于长文档，有时需要对不同部分进行不同的格式设置，如为不同页面设置不同的页眉、页脚、页边距、页方向等，这时就要将文档分成多个节。

插入分节符的操作步骤如下。

① 将插入点放于要分节的位置。

② 在"页面"选项卡中单击"分隔符"按钮。

③ 在弹出的"分隔符"下拉列表中有 4 种类型的分节符，在其中选择一种即可。

- 下一页分节符：分节符后的文本从新的一页开始。
- 连续分节符：新节与前面一节同处于当前页中。
- 偶数页分节符：新节中的文本从下一偶数页开始。
- 奇数页分节符：新节中的文本从下一奇数页开始。

删除分节符：勾选"显示/隐藏段落标记"（见图 3-33），分节符会显示出来，如图 3-34 所示；选定分节符，按 Delete 键可将其删除。

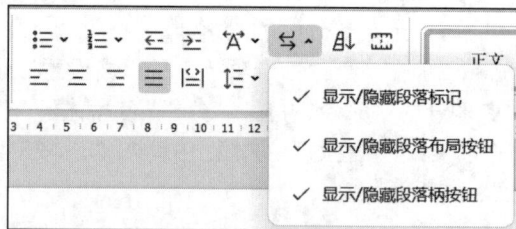

图 3-33　显示/隐藏段落标记

女排精神

女排精神是中国女子排球队顽强战斗、勇敢拼搏精神的总概括。　　分节符(下一页)

图 3-34　显示分节符

5. 设置文档的页眉和页脚

页眉是指每页文档顶部的文字或图形，页脚是指每页文档底部的文字或图形。页眉和页脚一般用来显示文档的附加信息，如文档页码、打印日期、公司名称和徽标等。

（1）插入页眉和页脚

① 创建页眉

创建页眉的方法是在"页面"选项卡中单击"页眉页脚"按钮，或者双击页面顶端，打开"页眉页脚"选项卡，在文档中页眉位置输入所需的内容即可。

② 编辑页眉

若需要自行设置页眉的内容和格式，则可利用"页眉页脚"选项卡的功能区对页眉内容进行编辑，如图 3-35 所示。

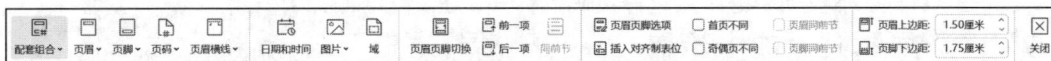

图 3-35 "页眉页脚"选项卡的功能区

其中部分按钮的作用介绍如下。

● "配套组合"按钮：单击该按钮，可在弹出的下拉列表中选择 WPS 提供的带有页眉和页脚的组合样式，以便用户快速设置页眉和页脚。

● "页眉横线"按钮：单击该按钮，可快速在页眉处设置一条带有样式的横线。

● "日期和时间"按钮：单击该按钮，可在打开的"日期和时间"对话框中设置需插入日期和时间的显示格式。

● "图片"按钮：单击该按钮，可在弹出的对话框中选择页眉中使用的图片。

● "域"按钮：单击该按钮，可在弹出的下拉列表中选择需插入与本文档相关的信息，如公式、当前时间和目录等。

● "页眉页脚选项"按钮：单击该按钮，可打开"页眉/页脚设置"对话框（见图 3-36），在其中可设置文档第一页不显示页眉、页脚，也可单独设置文档奇数页和偶数页的页眉、页脚。

● "插入对齐制表位"按钮：单击该按钮，可打开"对齐制表位"对话框，在其中可设置页眉的对齐方式。

③ 页脚

创建页脚的方法：在"页眉页脚"选项卡中单击"页码"按钮，在弹出的下拉列表中选择某种预设的页脚样式选项，然后在文档中按所选的页脚样式输入所需的内容即可。创建页脚的操作方法与创建页眉的操作方法相似。

（2）首页不同的页眉/页脚

对于书刊、信件、企划书或总结等文档，通常需要去掉首页的页眉、页脚。这时，可以按以下步骤操作。

① 进入页眉/页脚编辑状态，单击"页眉页脚"选项卡中的"页眉页脚选项"按钮，打开"页眉/页脚设置"对话框，勾选"首页不同"复选框，如图 3-36 所示。

② 按上述插入页眉/页脚的方法设置相应的页眉/页脚即可。

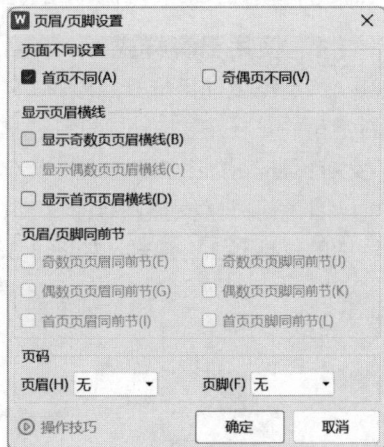

图 3-36 "页眉/页脚设置"对话框

（3）奇偶页不同的页眉/页脚

对于教材、论文，一般需要设置奇数页的页眉为书名，偶数页页眉为章节名。此时，可以按以下步骤操作。

① 进入页眉/页脚编辑状态，单击"页眉页脚"选项卡中的"页眉页脚选项"按钮，打开"页眉/页脚设置"对话框，勾选"奇偶页不同"复选框。

② 按上述插入页眉/页脚的方法分别插入奇数页和偶数页的页眉/页脚即可。

（4）页码

页码用于显示文档的页数，首页可根据实际情况不显示页码。在文档中插入页码的具体操作步骤如下。

① 在"页眉页脚"选项卡中单击"页码"下拉按钮，在弹出的下拉列表中选择"页码"选项，打开"页码"对话框。

② 在"样式"下拉列表框中可选择页码的样式，在"位置"下拉列表框中可设置页码的对齐位置，在"页码编号"栏中可设置页码的起始位置，如图 3-37 所示，设置完成后单击"确定"按钮。

图 3-37 "页码"对话框

3.4 长文档排版

制作专业的文档，除了需要常规的页面内容和美化文档的操作外，还需要注重文档的结构及排版方式。本节重点讲解长文档排版中的常用操作。

▶▶▶ 3.4.1 定义和使用样式

样式是用样式名表示的一组命名字符和段落排版格式的组合。使用样式的优势在于：快速统一文档的格式，例如快速设置各级标题格式，有助于构建文档大纲和创建目录，特别是当修改了某样式后，WPS 文字会自动将其应用到整篇文档中带有此样式的文本格式上，从而避免一些重复性操作，大大提高工作效率。

1. 使用已有样式

选定需要使用样式的段落，在快捷样式库中选择已有的样式，或者单击"样式和格式"组右下角的"展开"按钮，打开"样式和格式"任务窗格，在列表框中根据需要选择相应的样式。"女排精神"文档应用样式的操作步骤如下。

（1）打开"女排精神"文档，选中"女排精神"，单击"开始"选项卡下"样式和格式"组中的"标题 1"样式，如图 3-38 所示。

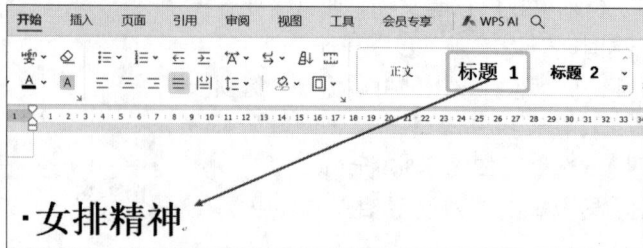

图 3-38 使用"标题 1"样式

（2）采用同样的方法，将文档中需要设置标题 2 样式的文本设置成"标题 2"样式。

2. 修改已有样式

如果对系统中自带的样式不满意，用户可以自行修改。修改方法：在相应的样式上单击鼠标右键，在弹出的快捷菜单中选择"修改"命令，打开"修改样式"对话框，在该对话框中可以设置字体格式和段落格式等，如图 3-39 所示。

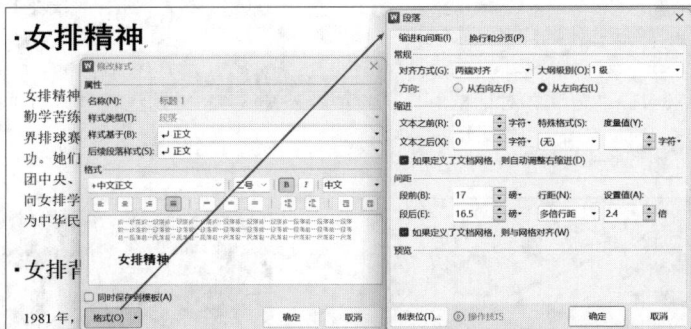

图 3-39　修改样式

3. 自定义样式

当样式库提供的样式不能满足需要时，用户可以定义新的样式，具体操作步骤如下。

（1）选中已经完成格式设置的文本或段落，单击"样式和格式"组右下角的"展开"按钮，打开"样式和格式"任务窗格，单击"新样式"按钮，打开"新建样式"对话框。

（2）在该对话框中输入名称（如自定义样式1），选择样式类型、样式基于、后续段落样式等，如图 3-40 所示。

（3）新样式建立后，新样式的名字将出现在"样式"列表框中，此后用户可将其作为已有的样式使用。

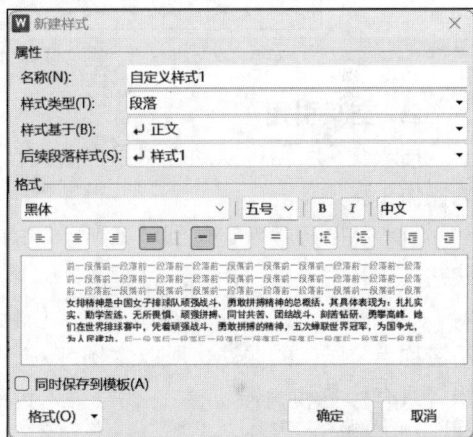

图 3-40　定义新样式名称

▶▶▶ 3.4.2　题注和交叉引用

1. 插入题注

题注是一种为文档中的图片、表格、公式或其他对象添加的编号标签。如"图 3-1"，"表3.2"等。使用题注可以保证长文档中的图片、表格或公式等对象能够按顺序自动编号，而当移动、插入或删除带标注的对象时，能自动更新题注的编号。以为图片添加题注为例，插入题注的具体操作步骤如下。

（1）将鼠标指针定位在需要添加题注的图片下方。

（2）在"引用"选项卡中单击"题注"按钮，打开"题注"对话框，在"标签"下拉列表框中选择"图"，如图 3-41 所示。

（3）单击"编号"按钮，打开"题注编号"对话框，设置题注编号格式，勾选"包含章节编号"复选框，设置"章节起始样式"和"使用分隔符"，单击"确定"按钮，如图 3-42 所示。

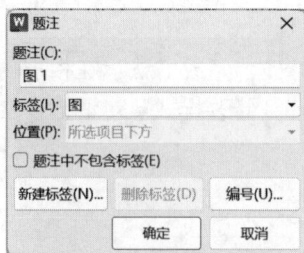

图 3-41 "题注"对话框

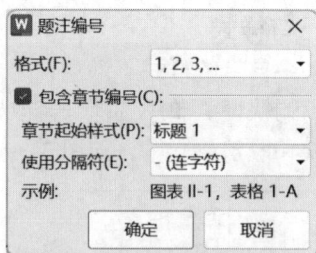

图 3-42 "题注编号"对话框

（4）最终效果如图 3-43 所示。

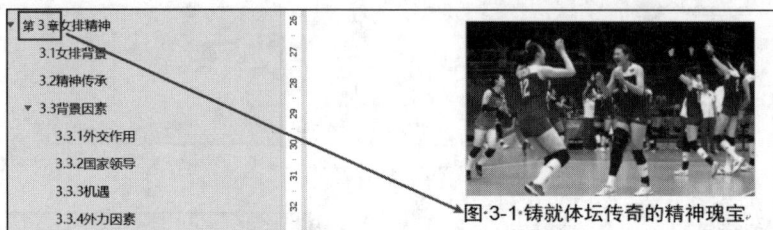

图 3-43 插入"题注"的效果

2. 交叉引用

插入交叉引用可以动态引用当前文档中的书签、标题、编号、脚注等内容。插入交叉引用的操作步骤如下。

（1）将鼠标指针定位到"如所示"的"如"字后面，单击"引用"选项卡中"交叉引用"按钮，打开"交叉引用"对话框。

（2）在"交叉引用"对话框的"引用类型"下拉列表框中选择"图"，因为上面已经插入了名称为"图"的题注，所以本例可以选择"图"选项，然后在"引用内容"下拉列表框中选择"只有标签和编号"，并保持"插入为超链接"复选框的勾选状态，接着在"引用哪一个题注"列表框中选择合适的题注，并单击"插入"按钮，如图 3-44 所示。

（3）当鼠标指针指向插入的交叉引用处，按住 Ctrl 键并单击交叉引用文字可以跳转到目标图的位置，如图 3-45 所示。

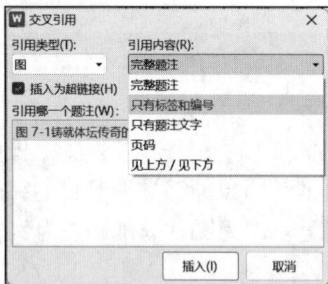

图 3-44 "交叉引用"对话框

图 3-45 插入"交叉引用"的效果

3.4.3 脚注和尾注

脚注和尾注用于给文档中的文本添加注释，如备注、说明、文档引用的文献等。不同之处在于，脚注位于页面底端，而尾注位于文档结尾。脚注包括两个部分：脚注标记和脚注内容。脚注标记位于正文中，以上标标记字符的形式显示。一页中有多个脚注时，可用带有数字的脚注标记表明脚注序号。插入脚注标记的操作步骤如下。

（1）将插入点移动到要插入脚注的位置。

（2）在"引用"选项卡中单击"插入脚注"按钮，指定位置上将自动插入一个脚注标记（默认为数字1）。

（3）插入点自动移到页面底端，用户可输入脚注内容并对其进行格式化。

（4）若用户要使用其他脚注标记，单击"脚注和尾注"组右下角的"展开"按钮，打开"脚注和尾注"对话框，如图 3-46 所示。设置脚注位置，指定起始编号和编号格式，然后单击"应用"按钮。

对于插入了脚注的文档，当鼠标指定某个脚注标记时，会在其上方出现提示框，显示该脚注内容。插入"脚注"的效果如图 3-47 所示。

图 3-46 "脚注和尾注"对话框

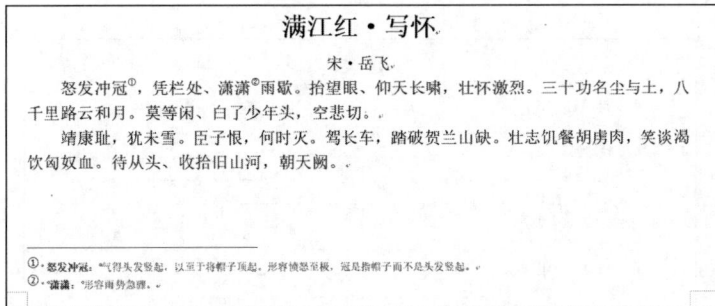

图 3-47 插入"脚注"的效果

删除脚注标记：选中脚注标记后按 Delete 键。

另外，脚注和尾注可以相互转换：只需在"脚注和尾注"对话框中，单击"转换"按钮，在"转换注释"对话框中选择需要的选项即可。

▶▶▶ 3.4.4 创建目录

书籍或长文档编写完后，需要为其制作目录，以便读者阅读和大概了解文档的层次结构及主要内容。WPS 提供了自动生成目录功能。

1. 创建自动目录

要自动生成目录，前提是将文档中的各级标题用快速样式库中的标题样式统一格式化。一般情况下，目录分为 3 级，用户可以使用相应的 3 级标题如"标题 1""标题 2""标题 3"样式，也可以使用其他几级标题样式或者自己创建的标题样式来格式化。之后，只需按以下的步骤操作。

（1）将插入点放于文档中想插入目录的位置，通常是文档的开头位置。

（2）在"引用"选项卡中单击"目录"按钮，在弹出的下拉列表中选择"自定义目录"命令，打开"目录"对话框，如图 3-48 所示。

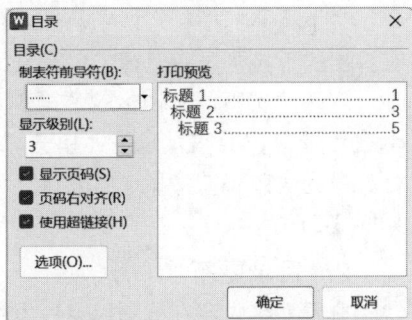

图 3-48 "目录"对话框

（3）选中"显示页码"复选框和"页码右对齐"复选框，在"制表符前导符"下拉列表中选择适当的前导符，在"显示级别"框中指定目录中显示的标题层数，在"打印预览"区域中可以看到显示效果。

（4）插入目录的效果如图 3-49 所示。

第 3 章·女排精神 2
　3.1·女排背景 2
　3.2·精神传承 2
　3.3·背景因素 3
　　3.3.1·外交作用 3
　　3.3.2·国家领导 3
　　3.3.3·机遇 3

图 3-49　插入目录的效果

【例 3-6】请为"女排精神"文档设置相应的标题样式并自动生成 3 级目录，效果如图 3-50 所示。

目录

第 3 章·女排精神 2
　3.1·女排背景 2
　3.2·精神传承 2
　3.3·背景因素 3
　　3.3.1·外交作用 3
　　3.3.2·国家领导 3
　　3.3.3·机遇 3
　　3.3.4·外力因素 3
　　3.3.5·国家需要 4
　3.4·精神诞生 4
　3.5·时代价值 5
　3.6·奥运精彩 6
　3.7·英雄基因 6
　　3.7.1·铸就体坛传奇的精神瑰宝 7
　　3.7.2·勇于超越自我的精神基因 8
　　3.7.3·推动民族复兴的精神力量 9
　3.8·社会评价 9
　　3.8.1·央视快评 9
　　3.8.2·新华时评 10

图 3-50　自动生成目录的效果

具体操作步骤如下。

（1）为各级标题设置标题样式。选定标题文字"第 3 章女排精神"，在"开始"选项卡下"样式"组中的快捷样式库中选择"标题 1"。用同样的方法依次设置"3.1 女排背景"为"标题 2"，设置"3.3.1 外交作用"为"标题 3"。

（2）将鼠标指针定位到待插入目录的位置，单击"引用"选项卡中的"目录"下拉按钮，在弹出的下拉列表中选择"自定义目录"命令，打开"目录"对话框，单击"确定"按钮即可。

默认情况下，文档标题"第 3 章　女排精神"也会显示在目录中。若想设置文档标题不显示在目录中，操作方法是：单击"目录"对话框中的"选项"按钮，打开"目录选项"对话框，找到有效样式中的"标题 1"选项，将"目录级别"下的"1"删除，单击"确定"按钮，如图 3-51 所示。

2. 目录更新

如果文字内容在编制目录后发生了变化，WPS 文字可以很方便地对目录进行更新。操作方法是：在目录中用鼠标右键单击，在弹出的快捷菜单中选择"更新域"命令，打开"更新目录"

对话框，如图 3-52 所示，选择"更新整个目录"单选按钮，单击"确定"按钮即可。此外，也可以通过"引用"选项卡中的"更新目录"按钮操作。

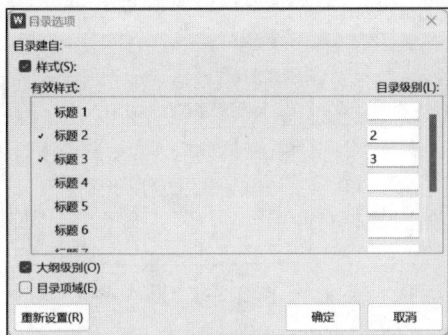

图 3-51 "目录选项"对话框　　　　　　　　图 3-52 "更新目录"对话框

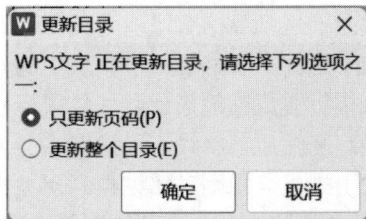

3.5 制作表格

在文档中，使用表格是一种简明扼要的表达方式。它以行和列的形式组织信息，结构严谨，效果直观。一张表格往往可以代替大篇的文字描述，所以人们在各种经济、科技等书刊和文章中越来越多地使用表格。

制作表格一般要经过创建表格、编辑表格、输入表格内容、格式化表格、处理表格中的数据等步骤。

▶▶▶ 3.5.1 创建表格

表格有 3 种类型：规则表格、不规则表格、文本转换成的表格，如图 3-53 所示。表格由若干行和若干列组成，行和列的交叉处称为"单元格"。单元格内可以输入字符、插入图形或插入另一个表格。

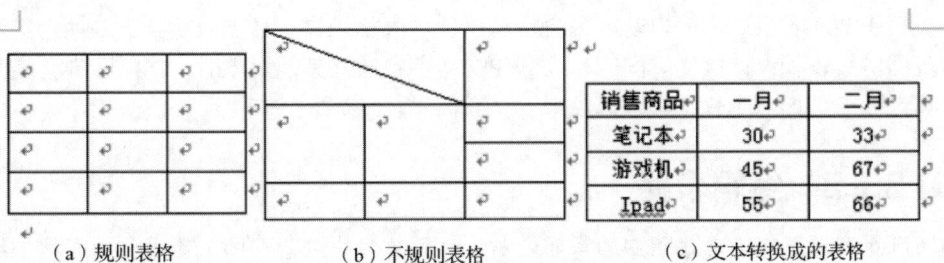

（a）规则表格　　　　　（b）不规则表格　　　　　（c）文本转换成的表格

图 3-53　3 种表格

1. 建立规则表格

建立规则表格有以下两种方法。

（1）单击"插入"选项卡下"表格"组中的"表格"下拉按钮，在弹出的下拉列表中的虚拟表格内移动鼠标指针，经过需要插入的表格行和列，即可创建一个规则表格。

（2）单击"插入"选项卡下"表格"组中的"表格"下拉按钮，在弹出的下拉列表中选择"插入表格"命令，打开图 3-54 所示的对话框，在该对话框中进行如下设置。

① 在 "列数" 和 "行数" 框中分别输入列数和行数。

② 在 "列宽选择" 栏中选择一种定义列宽的方式。

③ 选中 "为新表格记忆此尺寸" 复选框，可以把此对话框中的设置变成以后创建新表格时的默认值。

2. 建立不规则表格

建立不规则表格有以下两种方法。

（1）选择 "表格" 下拉列表中的 "绘制表格" 命令，此时鼠标指针变成铅笔形状，按住鼠标左键拖动可以画出表格的横线、竖线或者斜线（斜线表格）。

（2）先建立规则表格，再利用 "拆分与合并单元格" 命令、"绘制表格" 命令和 "绘制斜线表头" 命令完成不规则表格的绘制。

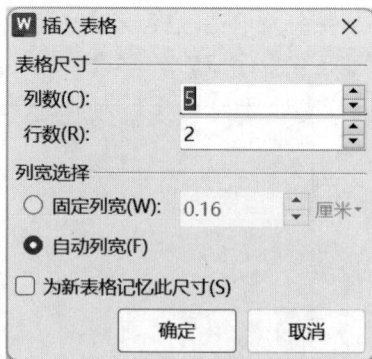

图 3-54 "插入表格" 对话框

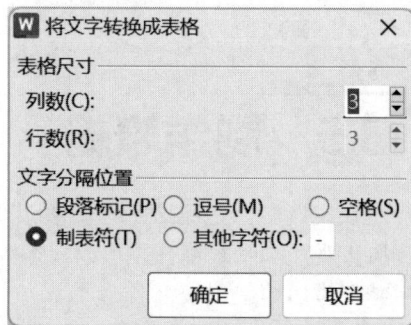

3. 将文本转换成表格

按规律分隔的文本可以转换成表格，文本的分隔符可以是空格、制表符、逗号或其他符号等。将文本转换成表格的操作步骤如下。

（1）选定要转换成表格的文本。

（2）在 "插入" 选项卡中单击 "表格" 按钮，在指针下拉列表中选择 "文本转换成表格" 命令，打开 "将文字转换成表格" 对话框，如图 3-55 所示。

（3）在 "列数" 框中输入转换后表格的列数。

（4）在 "行数" 框中输入转换后表格的行数。

图 3-55 "将文字转换成表格" 对话框

（5）在 "文字分隔位置" 栏中指定所选文本中使用的分隔符。

（6）设置完成后，单击 "确定" 按钮。

> **⚑ 注意**
>
> 文本分隔符不能是中文或全角状态的符号，否则转换会不成功。

在文档中插入表格后，窗口功能区会自动出现 "表格工具" 和 "表格样式" 两个选项卡，用于该表格的编辑和设计操作。同时，在 WPS 文字中插入其他对象时，功能区中会增加该对象的工具选项卡，如 "图片工具" 选项卡、"绘图工具" 选项卡等。

▶▶▶ 3.5.2 编辑表格

为了满足实际工作需要，用户通常需要对创建后的表格进行一些编辑操作。表格的编辑操作同样遵守 "先选定，后执行" 的原则。

1. 选定表格编辑区

（1）选定整个表格：单击表格左上角的十字箭头。

（2）选定一整行：鼠标指针指向左边界，当鼠标指针变成右上箭头时，单击。

（3）选定一整列：鼠标指针指向该列上边界，当鼠标指针变成黑色下箭头时，单击。

（4）选定一个单元格：鼠标指针指向单元格左边界，当鼠标指针变成黑色右上箭头时，单击。

（5）选定多个连续单元格：单击第一个单元格，按住 Shift 键，单击最后一个单元格。

（6）选定多个不连续单元格：选定第一个单元格，按住 Ctrl 键的同时选定其他单元格。

2. 缩放表格

当鼠标指针位于表格中间时，在表格的右下角会出现 符号，称为"句柄"。将鼠标指针移动到句柄上，当鼠标指针变成斜箭头时，拖动鼠标可以缩放表格。

3. 合并与拆分单元格

要合并与拆分单元格，只需在"表格工具"选项卡中单击相应按钮即可。

（1）"合并单元格"按钮：单击该按钮，可以将选定的两个或者多个连续单元格合并成一个单元格。

（2）"拆分单元格"按钮：单击该按钮，打开图 3-56 所示的"拆分单元格"对话框，指定需要拆分的列数和行数，单击"确定"按钮，拆分效果如图 3-57 所示。

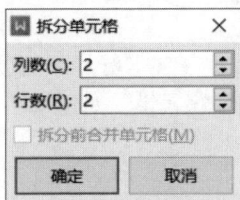

图 3-56 "拆分单元格"对话框   图 3-57 拆分效果

（3）"拆分表格"按钮：将插入点置于要成为第二个表格的首行上，单击"拆分表格"按钮，在下拉列表中选"按行拆分"或"按列拆分"，可将当前表格拆分成两个表格。

4. 插入/删除行、列或单元格

要插入/删除行、列或单元格，可以在"表格工具"选项卡的"插入单元格"组中进行如下操作。

（1）插入行和列

① 在表格中要插入新行的位置选定一行或多行。选定的行数决定了将要插入的新行的行数，如选定 2 行，将在表格中插入 2 行。

② 单击"插入"下拉按钮，在其下拉列表中选择"在上方插入"命令或"在下方插入"命令即可插入新行。

插入列的方法与此类似。

（2）插入单元格

① 在要插入单元格的位置上选择一个或多个单元格。

② 单击"插入单元格"组右下角的"展开"按钮，或者用鼠标右键单击，在弹出的快捷菜单中选择"插入"→"单元格"命令，打开"插入单元格"对话框，如图 3-58 所示。

③ 根据需要，在"活动单元格右移""活动单元格下移""整行插入""整列插入"4 个选项中选择一项，然后单击"确定"按钮。

（3）删除单元格

① 选定要删除的一个或多个单元格。

② 单击"插入单元格"组中的"删除"按钮，选择下拉列表中的"单元格"命令，或者用鼠标右键单击，在弹出的快捷菜单中选择"删除单元格"命令，打开"删除单元格"对话框，如图 3-59 所示。

③ 根据需要，在"右侧单元格左移""下方单元格上移""删除整行""删除整列"4 个选项中选择一项，单击"确定"按钮。

插入单元格 ×
○ 活动单元格右移(I)
● 活动单元格下移(D)
○ 整行插入(R)
○ 整列插入(C)
[确定] [取消]

删除单元格 ×
● 右侧单元格左移(L)
○ 下方单元格上移(U)
○ 删除整行(R)
○ 删除整列(C)
[确定] [取消]

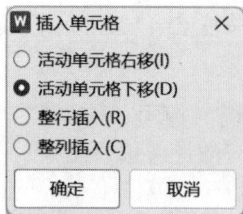

图 3-58 "插入单元格"对话框

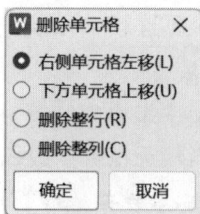

图 3-59 "删除单元格"对话框

5. 改变行高和列宽

（1）拖动鼠标模糊设置列宽

将鼠标指针移到要调整列宽的表格边框线上，当鼠标指针变成左右箭头时，按住鼠标左键向左或向右拖动，直至所需的宽度。

（2）在对话框中精确设置列宽

选定表格，在"表格工具"选项卡下"表格属性"组中的"高度"文本框和"宽度"文本框中设置具体的行高和列宽。或者单击"表格属性"按钮，打开"表格属性"对话框，在"行"选项卡和"列"选项卡中进行相应的设置。

（3）平均分布各列

如果想要将选定的多个相邻且列宽不等的单元格调整成相等列宽，则可单击"表格属性"组的"自动调整"按钮，在弹出的下拉列表中选择"平均分布各行"命令或"平均分布各列"命令。

▶▶▶ 3.5.3 格式化表格

格式化表格的主要操作包括应用表格样式、设置单元格中文本对齐方式、改变文字方向、给表格添加边框和底纹等，以增强表格的视觉效果。对表格格式的设置大多数是在"表格样式"选项卡中进行的。

1. 套用表格样式

使用 WPS 文字提供的表格样式可以简单、快速地完成表格的设置和美化操作。套用表格样式的方法：选择表格，在"表格样式"选项卡单击"样式"右侧的下拉按钮，在弹出的下拉列表中选择所需的表格样式，即可将其应用到所选表中。

2. 设置单元格对齐方式和文字方向

（1）设置单元格对齐方式可以用以下两种方法完成。

方法 1：用鼠标右键单击表格，在弹出的快捷菜单中选择"单元格对齐方式"命令，在打开的级联菜单中选择需要的对齐方式，如图 3-60 所示。

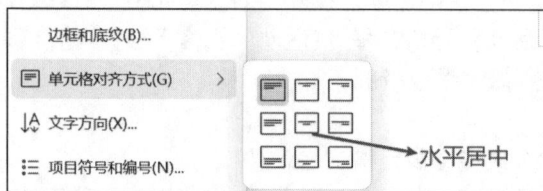

边框和底纹(B)...
单元格对齐方式(G) ›
文字方向(X)...
项目符号和编号(N)...
水平居中

图 3-60 单元格对齐方式

方法 2：分别设置文字在单元格中的水平对齐方式和垂直对齐方式。其中，水平对齐方式的设置可以利用"开始"选项卡下"段落"组中的对齐按钮实现；垂直对齐方式则需要单击"表格工具"选项卡中的"表格属性"按钮，在打开的"表格属性"对话框中的"单元格"选项卡中进行操作，如图3-61所示。

（2）改变文字方向可以用以下两种方法完成。默认状态下，单元格中的文字都是横向排列的。

方法1：使用"表格工具"选项卡。先选中要改变文字方向的单元格，单击"文字方向"按钮，在弹出的下拉列表中选择所需的方向。

方法2：使用快捷菜单。先选中要改变文字方向的单元格，用鼠标右键单击，在弹出的快捷菜单中选择"文字方向"命令，打开"文字方向"对话框，选择需要的文字方向，如图3-62所示。

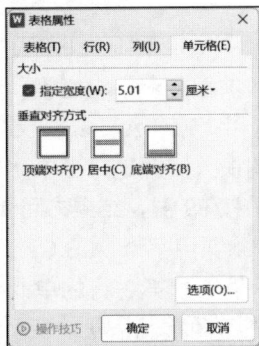

图3-61 "表格属性"对话框　　　图3-62 "文字方向"对话框

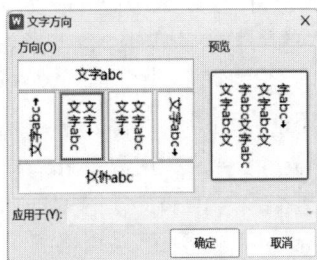

3. 设置表格边框和底纹

使用边框和底纹可以使每个单元格或每行、每列呈现出不同的风格，以突出所强调的内容。我们可以通过单击"表格样式"选项卡中的"边框"下拉按钮，在弹出的下拉列表中选择"边框和底纹"命令，打开"边框和底纹"对话框来完成上述操作。其设置方法与段落的边框和底纹设置方法类似，只是需要在"应用于"下拉列表框中选择"表格"。

【例3-7】为"3.4边框和底纹"文档中的表格设置边框和底纹：表格外边框为0.75磅双实线，内边框为1磅单实线，首行文字设置为黄色底纹。表格美化的效果如图3-63所示。

学号	姓名	心理健康教育	高等数学	C语言程序设计	大学体育
2023410774	吴诗琪	93	88	88	92
2023411670	王雨霏	93	92	88	89
2023411687	钟美玲	94	93	78	92
2023410953	郑天姿	80	85	75	94
2023410843	杜锡	91	89	94	94

图3-63 表格美化的效果

具体操作步骤如下。

（1）选定表格，单击"表格样式"选项卡中的"边框"下拉按钮，在弹出的下拉列表中选择"边框和底纹"命令，打开"边框和底纹"对话框。在"边框"选项卡中的"线型"列表框中选择双实线，在"宽度"下拉列表框中选择"0.75磅"，在"预览"栏中单击4个外边框。

（2）在"线型"列表框中选择单实线，在"宽度"下拉列表框中选择"1.0磅"，在"预览"栏中单击中心点，生成十字形的两个内边框，如图3-64所示，单击"确定"按钮。设置边框时除单击4个外边框外，也可以使用其周边的按钮。

图3-64 "边框和底纹"对话框

（3）选定首行，打开"边框和底纹"对话框。在"底纹"选项卡中的"填充"下拉列表框中选择黄色，然后单击"确定"按钮。

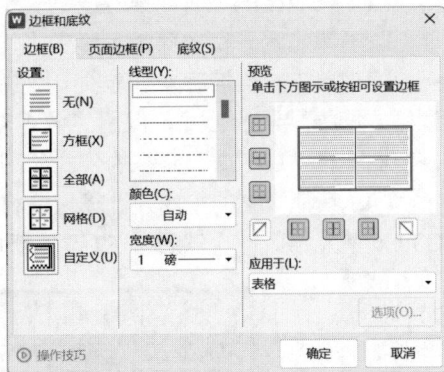

4. 为多页表格设置重复标题行

当创建的表格长度超过了一页，WPS 文字会自动完成表格的拆分。要使分成多页的表格在每一页的第 1 行都出现相同的标题行，先选定表格标题行，在"表格工具"选项卡中单击"标题行重复"按钮即可。

▶▶▶ 3.5.4 处理表格中的数据

1. 表格中的数据计算

在 WPS 文字中的表格中可以完成一些简单的计算，如求和、求平均值等。这些操作可以通过 WPS 提供的函数快速实现，这些函数包括求和（Sum）、平均值（Average）、最大值（Max）、最小值（Min）、条件统计（If）等。WPS 文字中表格计算的最大问题是，当单元格的内容发生变化时，结果不能自动重新计算，用户必须选定结果，然后按 F9 键，结果方可更新。

表格中的每一行号依次用数字 1,2,3,…表示，每一列号依次用字母 A,B,C,…表示，每一单元格地址为行列交叉号，即交叉的列号加行号，如 A3 表示第 1 列第 3 行的单元格。如果要表示表格中的单元格区域，则可采用格式"左上角单元格号:右下角单元格号"表示。通过"表格工具"选项卡中的"公式"按钮可以使用函数，也可以选择直接输入计算公式。函数括号中的操作对象有以下 3 种（以 average 函数为例）。

- average(LEFT)和 average(ABOVE)分别表示对插入点左侧或上方若干相邻单元格内容求平均值。
- average（A1,B2,C3）表示对 A1、B2、C3 这 3 个相邻单元格内容求平均值。
- average(A1：C3)表示对 A1 到 C3 矩形区域中的单元格内容求平均值。

> **注意**
>
> "公式"文本框中输入的公式均以"="开头，且其中的":"和","都必须是英文半角状态下的标点符号，否则会导致计算错误。

【例 3-8】计算"3.4 边框和底纹"文档中每名学生的所有课程的平均分。

具体操作步骤如下。

（1）在表格的最右端插入一列"平均分"。

（2）单击用于存放第 1 名学生平均分的单元格（G2）。

（3）单击"表格工具"选项卡中的"公式"按钮，打开"公式"对话框，删掉默认的公式，保留"="，粘贴函数选择"AVERAGE"，表格范围选择"LEFT"，完整的公式如图 3-65 所示，单击"确定"按钮。

（4）其他学生的平均分计算只需将 G2 单元格的结果复制并粘贴到 G3:G6 单元格区域，然后按 F9 键更新域即可。计算结果如图 3-66 所示。

图 3-65 "公式"对话框

学号	姓名	心理健康教育	高等数学	C 语言程序设计	大学体育	平均分
J2023410774	吴诗琪	93	88	88	90	89.75
J2023411670	王雨鹭	93	92	88	89	90.5
J2023411687	钟美玲	94	93	78	92	89.25
J2023410953	郑天姿	80	85	75	94	83.5
J2023410843	杜锡	91	89	94	94	92

图 3-66 "求平均分"的计算结果

2. 表格中的数据排序

表格中的数据可以按照数字、笔画、拼音、日期等方式进行升序或降序排列。WPS 文字允许按照 3 个关键字排序，即主关键字有多个相同的值时，可按次关键字排序，若该列也有多个相同的值，再按照第三关键字排序。选定要排序的多个列，单击"表格工具"选项卡中的"排序"按钮，打开"排序"对话框，在"排序"对话框中设置排序关键字的优先次序、排序方式、排序类型，然后单击"确定"按钮，即可完成排序操作。

【例 3-9】对例 3-8 的表格进行排序：首先按"C 语言程序设计"的成绩降序排列，如果"C 语言程序设计"的成绩相同，再按"平均分"降序排列。

（1）选中表格中的任意单元格，单击"表格工具"选项卡中的"排序"按钮，弹出"排序"对话框。

（2）在"列表"栏中选中"有标题行"，设置主要关键字和次要关键字及它们相应的排序方式，如图 3-67 所示。

图 3-67 "排序"对话框

（3）设置完成后，单击"确定"按钮。排序后的效果如图 3-68 所示。

学号	姓名	心理健康教育	高等数学	C 语言程序设计	大学体育	平均分
J2023410843	杜锡	91	89	94	94	92
J2023411670	王雨鹭	93	92	88	89	90.5
J2023410774	吴诗琪	93	88	88	90	89.75
J2023411687	钟美玲	94	93	78	92	89.25
J2023410953	郑天姿	80	85	75	94	83.5

图 3-68 排序后的效果

3.6 图文混排

▶▶▶ 3.6.1 图片的插入与编辑

在使用 WPS 文字排版的过程中，经常需要添加各种图片对象，以提高文档的美观度。插入的图片可以来自本地图片、屏幕截图等，还可以对插入的图片进行编辑。

1. 插入本地图片

插入本地图片的操作步骤如下。

（1）将插入点放于需要插入图片的位置。

（2）在"插入"选项卡中单击"图片"下拉按钮，在弹出的下拉列表中选择"本地图片"命令，打开"插入图片"对话框，如图3-69所示。

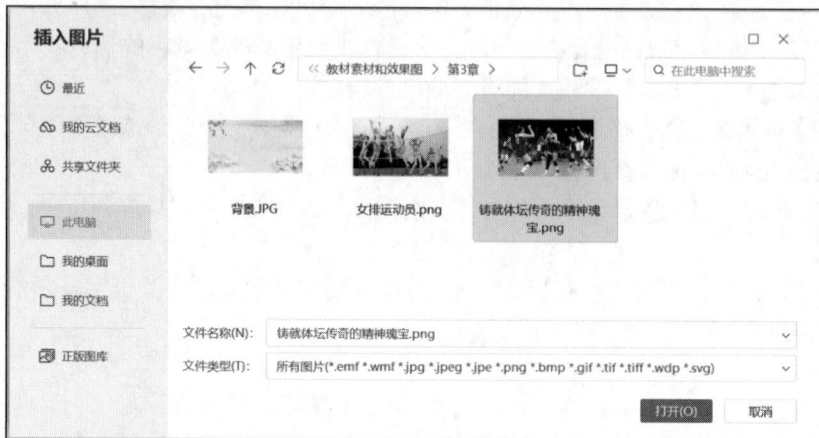

图3-69 "插入图片"对话框

（3）找到保存在本地计算机中的图片文件，双击图片文件名或单击"打开"按钮，将其插入文档中的指定位置上。

2. 插入屏幕截图

WPS文字的截屏功能可以将当前屏幕全部或部分插入文档中。插入屏幕截图的操作步骤如下。

（1）将插入点放于需要插入图片的位置。

（2）单击"插入"选项卡中的"截屏"按钮，在弹出的下拉列表中选择"屏幕截图"命令。

（3）通过鼠标移动的方法截取屏幕部分画面作为图片并插入当前文档中。

WPS文字中也支持通过按PrintScreen键截取整个屏幕，按Alt+PrintScreen组合键截取当前活动窗口。

3. 编辑图片

在文档中插入图片后，为了让图片更加美观，我们可以对图片进行编辑和调整。WPS文字中插入的图片有嵌入式和浮动式两种类型。默认情况下，图片为嵌入式类型，该类型将图片视为文字对象，与文档中的文字一样占有实际位置，且图片在文档中与上、下、左、右文本的位置始终保持不变。浮动式图片会位于文字下方或上方，也就是图片会盖住文字或文字会盖住图片，我们可以任意移动图片到任何位置。

（1）调整图片尺寸和角度

● 模糊调整尺寸：单击图片上的任意位置，按住鼠标左键拖动四边中心控制点之一，可以改变图片的宽度或高度；拖动四角控制点之一可同时改变宽度和高度；若拖动四角控制点的同时按住Shift键，则可按比例改变图片大小。

● 精确调整尺寸：在"图片工具"选项卡的"大小和位置"组中输入"高度"和"宽度"的值。

● 模糊调整角度：按住鼠标拖动图片上方的旋转控制点，可以改变图片角度。

● 精确调整角度：单击"图片工具"选项卡的"旋转"按钮，在弹出的下拉列表中可设置图片"向左旋转90°""向右旋转90°""水平翻转""垂直翻转"。

（2）设置图片位置和文字环绕

图片位置一般是指图片在文档页面中的位置。设置图片位置的方法是：用鼠标右键单击图片，在弹出的快捷菜单中选择"文字环绕"→"其他布局选项"命令，打开"布局"对话框，可以设置水平、垂直方向的绝对距离，如图 3-70 所示。

设置文字环绕的方法是：单击"图片工具"选项卡的"环绕"按钮，在弹出的下拉列表中显示 7 种环绕方式，如图 3-71 所示。除嵌入型以外，其他均为浮动型。

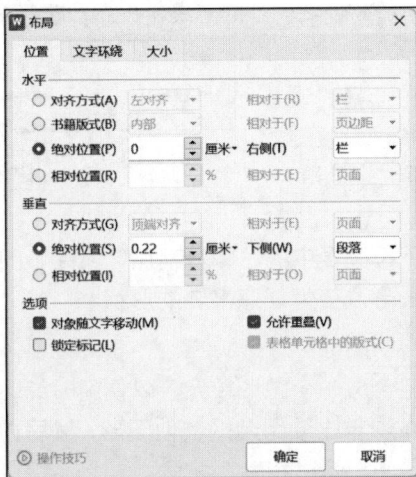

图 3-70 "布局"对话框

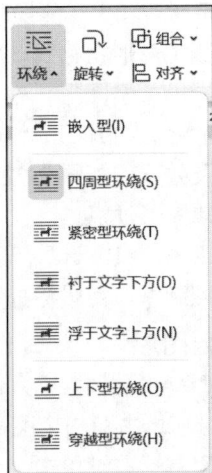

图 3-71   环绕方式

（3）裁剪图片
● 按形状裁剪：单击"裁剪"下拉按钮，在"按形状裁剪"中选择相应的形状，图片可按照选定的形状进行裁剪。
● 按比例裁剪：单击"裁剪"下拉按钮，在"按比例裁剪"中选择裁剪的比例，图片可按照选定的比例进行裁剪。

（4）设置图片边框
设置图片边框的操作步骤如下。
① 选定图片，单击"边框"下拉按钮，在弹出的下拉列表中可选择适当的线型、颜色和图片边框等。
② 单击"效果"下拉按钮，在弹出的下拉列表中选择阴影、倒影、三维旋转、发光、柔化边缘等效果。

▶▶▶ 3.6.2　形状的插入与编辑

在文档中除了可以插入图片外，用户还可以自己绘制各种形状图形，如矩形、箭头、线条、标注、流程图、星与旗帜等。

1. 绘制图形
绘制图形的操作步骤如下。
（1）单击"插入"选项卡的"形状"按钮，在弹出的下拉列表中选择需要的类型。
（2）单击选择的图形，然后选择在文档中要插入图形的位置，按住鼠标左键绘出图形轮廓。若移动鼠标时按住 Shift 键，则可保持图形长宽比例。例如选择"椭圆"，按住 Shift 键将绘制出"圆形"。

2. 在图形中添加文字

除了直线、箭头等图形以外，在其他所有封闭图形中都可以添加文字。具体操作方法是：用鼠标指针指向要添加文字的图形，用鼠标右键单击，在弹出的快捷菜单中选择"编辑文字"命令。

3. 编辑图形

（1）改变图形位置和大小

改变图形位置和大小的操作方法同图片的相应操作方法。

（2）设置图形形状格式。

用鼠标右键单击图形，在弹出的快捷菜单中选择"设置对象格式"命令，打开"属性"对话框，可以精确设置图形填充与线条及效果，如图 3-72 所示。

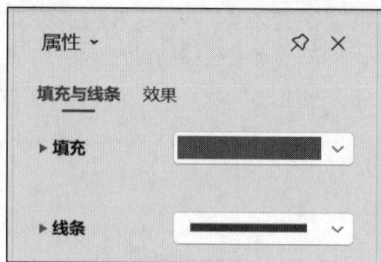

图 3-72 "属性"窗格

（3）编辑图形顶点

单击"绘图工具"选项卡下"编辑形状"下拉列表中的"编辑顶点"命令，图形线条周围会出现黑色控制点，用鼠标拖动控制点，可将图形改变为任意需要的形状。

4. 组合图形

组合图形可将文档中插入的多个图形对象组合成一个图形单元，以便同时编辑和移动。具体操作方法是：单击第一个图形，按住 Shift 键依次单击要组合的其他图形，然后在任何一个选定的图形上用鼠标右键单击，在弹出的快捷菜单中选择"组合"命令。

取消组合的方法是：在组合的图形上用鼠标右键单击，在弹出的快捷菜单中选择"取消组合"命令。

5. 叠放图形

在同一区域绘制多个图形时，后绘制的图形会将前面绘制的图形覆盖，此时需要调整图形的叠放次序。

其具体操作步骤如下。

（1）选定要调整的图形。如果图形被完全覆盖，则可重复按 Shift+Tab 组合键选定图形。

（2）单击"上移"按钮或"下移"按钮，此外也可以根据需要选择相应下拉列表中的"置于顶层""浮于文字上方""置于底层""衬于文字下方"命令。

▶▶▶ 3.6.3 文本框的插入与编辑

文本框如同一个容器，我们可以将文字或图片放于文本框中。它是一种图形对象，可以被置于页面的任意位置上。文本框分为横向、竖向和多行文字 3 种类型。

1. 插入文本框

插入文本框的基本操作步骤如下。

（1）在"插入"选项卡中单击"文本框"按钮，在弹出的下拉列表中选择"横向"命令、"竖向"命令或"多行文字"命令，如图 3-73 所示。当鼠标指针变成十字形状后，在要插入文本框的位置上单击，并按住鼠标左键拖动绘制文本框。释放鼠标后，即可完成文本框的绘制操作。

（2）单击插入的文本框，然后直接输入内容。

2. 编辑文本框

对于已插入的文本框，我们可以格式化其中的文本内容，也可以设置文本框的形状样式，如为文本框设置填充颜色、轮廓（线条）颜色、形状效果等。

编辑文本框有以下两种方法。

- 使用"绘图工具"和"文字工具"的相应选项卡中的命令按钮进行修改、编辑。
- 使用右键快捷菜单中的"设置对象格式"命令，在右侧的"属性"窗格中进行编辑，如图 3-74 所示。

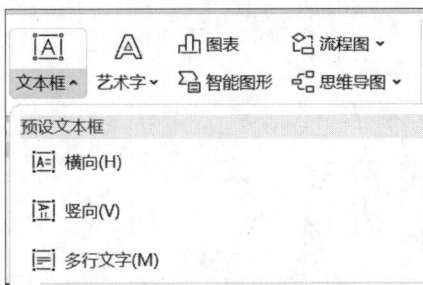

图 3-73 插入"文本框"

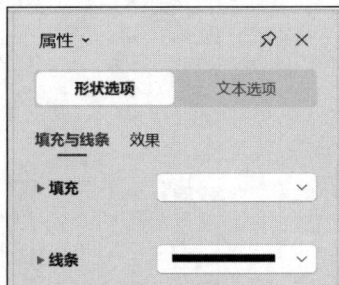

图 3-74 文本框的"属性"窗格

3.6.4 艺术字的插入与编辑

艺术字是具有特殊文本效果的文字。对文档进行编辑排版时，有时需要添加一些艺术字体，以突出重点、彰显个性和美化页面。

1. 插入艺术字

插入艺术字的操作步骤如下。

（1）将插入点置于文档中。

（2）单击"插入"选项卡中的"艺术字"按钮，选择下拉列表中的艺术字样式。

（3）在提示文本"请在此放置您的文本"处输入文字，然后调节艺术字的字号大小和位置。艺术字效果如图 3-75 所示。

2. 编辑艺术字

艺术字的编辑方法与文本框的编辑方法相似，我们可以像设置文本框一样设置艺术字的样式，如颜色、阴影、倒影、三维旋转和转换等效果，也可以使用鼠标右键单击艺术字，选择快捷菜单中的"设置对象格式"命令，在打开的"属性"窗格中进行编辑，如图 3-76 所示。

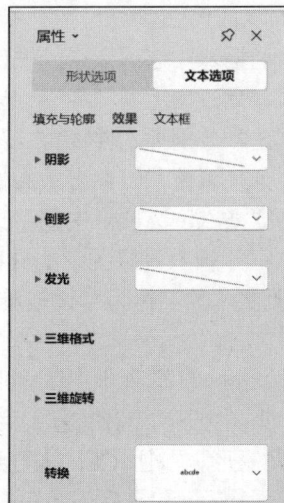

图 3-76 艺术字的"属性"窗格

图 3-75 艺术字效果

3. 图文混排的案例

本例主要涉及图片、形状、文本框、艺术字等知识点的综合应用，图文混排完成后的效果如图 3-77 所示。

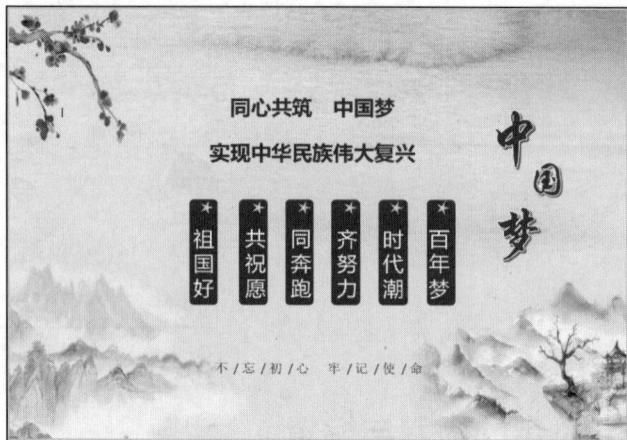

图 3-77　图文混排完成后的效果

其具体操作步骤如下。

（1）新建空白文档，文件名改为"中国梦"。单击"页面"选项卡中的"纸张方向"下拉按钮，在弹出的下拉列表中将纸张方向改为"横向"。

（2）将素材中提供的"背景.jpg"作为宣传页的背景。在"插入"选项卡中单击"图片"下拉按钮，在弹出的下拉列表中选择"来自文件"命令，在打开的对话框中选中"背景.jpg"，单击"打开"按钮。

（3）选中图片，单击"图片工具"选项卡中的"环绕"按钮，设置环绕方式为"衬于文字下方"，不勾选"锁定纵横比"，通过鼠标拖曳的方式更改图片大小，使之与文档大小一致。

（4）插入文本框，输入"同心共筑 中国梦 实现中华民族伟大复兴"，设置字体为"微软雅黑""加粗""28""红色"、对齐方式为"居中"、环绕方式为"浮于文字上方"，将文字调整到合适的位置。

（5）选中文本框，在"绘图工具"选项卡中设置填充为"无填充颜色"、轮廓为"无线条颜色"。

（6）单击"插入"选项卡中的"艺术字"下拉按钮，在弹出的下拉列表中选择第 3 行第 3 个艺术字样式，更改文字为"中"；选中文字，设置字体为"华文行楷""加粗""80""红色"。使用同样的方法，分别插入并设置"国""梦"。为了达到主次分明，重点突出的目的，这几个字的大小可以分开调整，以突出版面的设计层次。最终设计效果如图 3-78 所示。

（7）单击"插入"选项卡中的"文本框"下拉按钮，在弹出的下拉列表中选择"竖向"命令，绘制文本框并输入效果图中的文字，设置文本框的填充为"无填充颜色"、轮廓为"无线条颜色"，设置文本的字体为"微软雅黑""28""白色"、行间距为"1.5 倍行距"，设置项目符号为"五角星"、颜色为"黄色"，如图 3-79 所示。

（8）单击"插入"选项卡中的"形状"下拉按钮，在弹出的下拉列表中选择"圆角矩形"，在"百年梦"上绘制一个圆角矩形，设置填充为"红色"、轮廓为"无线条颜色"并"置于底层"。选中圆角矩形，按住 Ctrl 键配合鼠标拖曳可以复制矩形，其余矩形均使用复制的方法制作。调整好第一个矩形和最后一个矩形的位置后，按住 Shift 键选中所有的矩形，在"绘图工具"选项卡中分别单击"对齐"下拉列表中的"顶端对齐"命令和"横向分布"命令。

图 3-78　设计效果

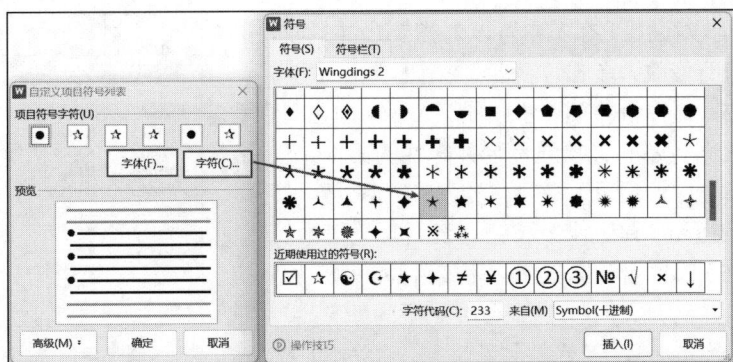

图 3-79　插入"五角星"项目符号

（9）插入文本框，输入"不/忘/初/心 牢/记/使/命"。设置文本框的填充为"无填充颜色"、轮廓为"无线条颜色"，设置文本内容的字号为"小二"、颜色为"红色"、字符间距为"加宽 4 磅"。

（10）保存文件。

3.7　邮件合并

在工作中，常常需要将相同的信函发给不同的人，如邀请函、录用通知书和会议通知书等，这些文档主题内容相同，只是收件人的相关信息不同。此时，我们可以使用 WPS 文字提供的邮件合并功能，将主文档与一个数据源结合起来，批量生成一组输出文档。

主文档是包含特殊标记的 WPS 文字，分为固定不变的部分和变化的部分，如未填写的信封。数据源是一个数据列表，其中包含希望合并到输出文档的数据，如具体的姓名、联系方式、收件人地址等。数据源可以是只包含一个表格的 WPS 文字、WPS 表格等。邮件合并就是用数据源数据替换主文档中设置了特殊标记的部分，从而生成目标文档。

【例 3-10】根据"主文档.docx"和"数据源.xls"，完成邮件合并操作。

其具体操作步骤如下。

（1）打开主文档，在"引用"选项卡中单击"邮件合并"按钮，打开"邮件合并"选项卡。

（2）邮件合并第 1 步：打开数据源。单击"打开数据源"按钮，打开"选取数据源"对话框，在其中选择"数据源.xls"文件。

（3）邮件合并第 2 步：插入合并域。单击"插入合并域"按钮，打开"插入域"对话框，在列表框中选择需要的域名（如"姓名"），单击"插入"按钮，将其插入文档中对应的位置。重复打开此对话框，依次将层次和专业域名插入文档相应位置上，这时文档中会出现域标记《姓名》、《层次》和《专业》，如图 3-80 所示。

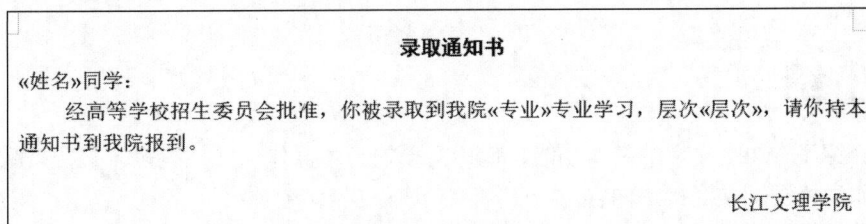

录取通知书

《姓名》同学：

　　　　经高等学校招生委员会批准，你被录取到我院《专业》专业学习，层次《层次》，请你持本通知书到我院报到。

长江文理学院

图 3-80　插入文档中的域标记

（4）邮件合并第 3 步：选择收件人。单击"收件人"按钮，打开"邮件合并收件人"（见

图 3-81）对话框，在其中可以对需要合并的收件人信息进行修改，单击"确定"按钮。

（5）邮件合并第 4 步：预览信函。单击"查看合并数据"按钮，文档显示合并邮件的第 1 封信函。通过单击"首记录"按钮、"上一条"按钮、"下一条"按钮和"尾记录"按钮，查看其他信函。

（6）邮件合并第 5 步：完成合并。用户可以选择"合并到新文档"（或"合并到不同新文档"）进行文档合并，打开"合并到新文档"对话框（或"合并到不同新文档"对话框），选择要合并的记录数，单击"确定"按钮。

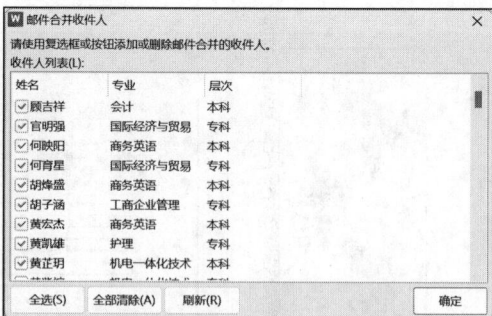

图 3-81 "邮件合并收件人"对话框

3.8 文档预览与打印

3.8.1 打印预览

打印预览可以使用户在正式打印之前检查文档的打印效果，以保证打印的准确性。具体操作方法是：选择"文件"→"打印预览"命令，此时中间区域显示文档的打印预览效果，右侧区域显示与打印有关的参数和命令。拖动右下角的"显示比例"滑块，可以放大或缩小页面的显示尺寸。

3.8.2 打印文档

选择"文件"→"打印"命令，打开图 3-82 所示的"打印"对话框，在此对话框中进行如下设置。

（1）设置打印份数。

（2）设置打印范围：单击"打印"下拉列表框右侧的下拉按钮，在弹出的下拉列表中选择打印范围，如"范围中所有页面""奇数页""偶数页"。如果打印的页码不连续，则可在文本框中输入用逗号分隔的页码，如打印 1、3、5 及 8 到 10 页，可在文本框中输入"1,3,5,8-10"。

（3）在"每页的版数"下拉列表框中可以设置把若干页缩小到一张纸上打印。

（4）最后指定要使用的打印机，单击"确定"按钮，开始打印。

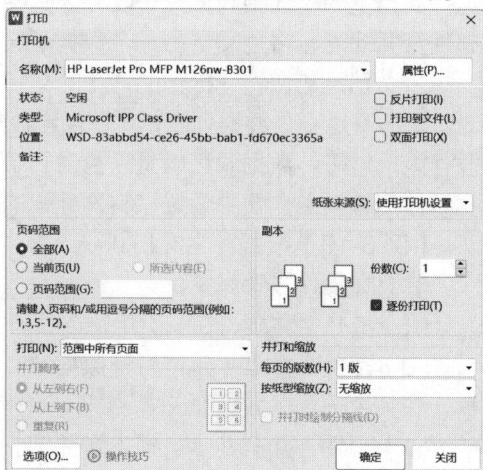

图 3-82 "打印"对话框

本章小结

本章介绍了 WPS 文字的基本功能，包括文档的基本操作、文档编辑、文档排版、长文档排版、制作表格及图文混排等内容。

文档的基本操作包括创建、文档输入、保护、打开和多文档间的切换。

文档编辑包括掌握文本的选定，文字的移动和复制，文字的撤销和重复，查找与替换及拼写检查。

文档排版包括字符排版（字体、字号、字形、字体颜色、字间距），段落排版（文本对齐方式、段间距、行间距、段落缩进方式），项目符号和编号，边框和底纹及制表位，页面排版（上、下、左、右边距，水印，页面背景，分栏），长文档排版（样式，题注和交叉引用，脚注和尾注，分页和分节，页眉和页脚，目录）。

制作表格包括创建表格、编辑表格、输入表格内容、设置表格格式、处理表中的数据。

图文混排包括插入图片、形状、文本框、艺术字等各种对象，并对它们进行编辑。

习题

一、选择题

1. 关于"保存"命令和"另存为"命令，下列选项中叙述正确的是（　　　　）。

   A．当文档首次存盘时，只能使用"保存"命令

   B．当文档首次存盘时，只能使用"另存为"命令

   C．当文档首次存盘时，无论是使用"保存"命令还是使用"另存为"命令，都会出现"另存为"对话框

   D．当文档首次存盘时，无论是使用"保存"命令还是使用"另存为"命令，都会出现"保存"对话框

2. 显示/隐藏文档中的回车符、空格、制表符等不可打印字符（编辑字符）需要在"开始"选项卡中单击"段落"组的（　　　　）按钮。

   A．▤　　　　　　B．▲　　　　　　C．↲　　　　　　D．▨

3. 在 WPS 文字中的"插入"选项卡中不可插入（　　　　）。

   A．艺术字　　　　B．批注　　　　C．图标　　　　D．思维导图

4. 关于选定文本内容的操作，下列叙述中不正确的是（　　　　）。

   A．在文本选定区单击可选定一行

   B．可以通过鼠标拖曳或键盘组合操作选定任何一块文本

   C．在文档中不可以选定两块不连续的内容

   D．按 Ctrl+A 组合键可以选定全部内容

5. 在 WPS 文字中，人工换行符是在按下（　　　　）键之后产生的。

   A．空格　　　　B．Shift+Enter　　　　C．Enter　　　　D．Tab

6. 在 WPS 文字中，对于页眉、页脚的编辑，下列叙述中不正确的是（　　　　）。

   A．可以单独删除页眉或页脚

   B．文档内容和页眉、页脚一起打印

   C．文档内容和页眉、页脚可以在同一窗口编辑

   D．页眉、页脚也可以进行格式设置

7. 下列关于 WPS 文字字号的说法中，错误的是（　　　　）。

   A．字号是用来表示文字大小的　　　　B．六号字比五号字大

   C．32 磅字比 24 磅字大　　　　D．默认字号是五号

8. 当对某段进行"首字下沉"操作后，再选中该段进行分栏操作时，这时"页面设置"选项组中的"分栏"按钮无效，原因是（　　　　）。

   A．分栏只能对文字操作，不能作用于图形，而首字下沉后的字具有图形的效果，只要不选中下沉的字就可以分栏

B．首字下沉、分栏操作不能同时进行，也就是进行了首字下沉设置，就不能分栏

C．WPS 文字组件有问题，重新安装 WPS 文字组件，再分栏

D．计算机有病毒，先清除病毒，再分栏

9．在 WPS 文字默认的情况下输入错误的英文单词时，会（　　　）。

A．系统铃响，提示出错　　　　　　B．在单词下画绿色波浪线

C．自动更正　　　　　　　　　　　D．在单词下画红色波浪线

10．调整图片大小可以用鼠标拖动图片四周任意控制点。但是只有拖住（　　　）控制点，才能使图片等比例缩放。

A．左　　　　　　B．4 个角之一　　　C．上或下　　　　D．右

11．关于 WPS 文字中的表格，下列错误的叙述是（　　　）。

A．表格可以转换成文本

B．在表格的单元格中，除了可以输入文字、数字，还可以插入图片

C．可将表格中同一行的单元格设置成不同高度

D．可以在"表格属性"对话框中设置表格在页面中的对齐方式

12．WPS 文字中提供了一些样式，下列有关"样式"的说法中不正确的是（　　　）。

A．"样式"是一组已定义并保存了的格式集合

B．用户可以创建自己需要的样式

C．用户不可以修改系统样式

D．用户可以修改"标题 1"样式

13．图文混排是 WPS 文字的特色功能之一，下列叙述中错误的是（　　　）。

A．可以在 WPS 文字组件的文档中设置水印

B．WPS 文字提供了在封闭的形状中填充颜色的功能

C．WPS 文字提供了在封闭形状中添加文字的功能

D．在 WPS 文字中插入的图片均可以任意移动

14．在 WPS 文字中段落的第 1 行不动，缩进其余行，是指（　　　）。

A．首行缩进　　　B．左缩进　　　　C．悬挂缩进　　　　D．右缩进

15．在 WPS 文字的编辑状态下，执行两次"复制"操作后，则剪贴板中（　　　）。

A．有两次被复制的内容　　　　　　B．仅有第二次复制的内容

C．仅有第一次复制的内容　　　　　D．无内容

16．WPS 文字的查找和替换功能很强，不属于其中之一的是（　　　）。

A．能够查找和替换带格式或样式的文本

B．能够查找和替换文本中的格式

C．能够用通配符进行快速、复杂的查找和替换

D．能够查找图形对象

17．在 WPS 文字中，如果使用了项目符号或编号，则项目符号或编号会在（　　　）时出现。

A．按 Shift 键　　　　　　　　　　B．一行文字输入完毕并按 Enter 键

C．按 Tab 键　　　　　　　　　　D．文字输入超出右边界

18．在 WPS 文字中，利用（　　　）可以方便地调整段落的缩进、页面的边距以及表格的列宽和行高。

A．标尺　　　　　　　　　　　　　B．"段落"对话框

C．"页面设置"对话框　　　　　　　D．快速访问工具栏

19．在 WPS 文字中，选择一段文字的方法是将鼠标指针指向待选择段落左边的选择区，然后（　　　）。

    A．双击鼠标右键　　B．单击鼠标右键　　C．双击鼠标左键　　D．单击鼠标左键

20．在 WPS 文字窗口中打开一个 80 页的文档，要快速定位于 50 页，最快的操作是（　　　）。

    A．在"开始"选项卡中单击"查找替换"下拉按钮，在弹出的下拉列表中选择"定位"命令，然后在其对话框中输入页号 50

    B．用向下或向上箭头定位于 50 页

    C．用垂直滚动条快速移动文档，定位于 50 页

    D．用 PageUp 键或 PageDown 键定位于 50 页

21．以下选项中，（　　　）不能在 WPS 文字的"打印"选项中进行设置。

    A．打印份数　　　　B．打印范围　　　　C．单面打印　　　　D．页码位置

22．在 WPS 文字编辑状态下，选择了多行多列的整个表格后，按 Delete 键，则（　　　）。

    A．表格中第 1 列被删除　　　　　　B．整个表格被删除

    C．表格内容被删除，表格变成空表格　　D．表格第 1 行被删除

23．在 WPS 文字组件的文档中要创建项目符号时，（　　　）。

    A．以段为单位创建项目符号

    B．必须先选择文本才可以创建项目符号

    C．以节为单位创建项目符号

    D．以选中的文本为单位创建项目符号

24．在下列关于 WPS 文字的叙述中，正确的是（　　　）。

    A．表格中的数据可以按行进行排序

    B．在文档的输入中，凡是已经显示在屏幕上的内容，都已经被保存在硬盘上

    C．用"粘贴"操作把剪贴板的内容粘贴到文档中光标处以后，剪贴板的内容将不再存在

    D．必须选定文档编辑对象，才能进行"剪切"或"复制"操作

25．在 WPS 文字中选定文本后，（　　　）拖曳文本到目标位置即可实现文本的移动。

    A．按住 Ctrl 键的同时　　　　　　B．按住 PrintScreen 键的同时

    C．按住 F1 键的同时　　　　　　　D．无须按键

26．如果已有页眉，再次进入页眉区只需双击（　　　）即可。

    A．文本区　　　　　B．菜单栏　　　　C．工具栏　　　　D．页眉/页脚区

27．在 WPS 文字中，对于表格和文本的叙述，下列正确的说法是（　　　）。

    A．文本与表格能相互转换

    B．表格能转换成文本但文本不能转换成表格

    C．文本能转换成表格但表格不能转换成文本

    D．文本与表格不能相互转换

28．在 WPS 文字组件的文档中插入图片，图片的高度与宽度（　　　）。

    A．均可以改变　　　　　　　　　　B．宽度不可以改变，高度可以改变

    C．均不可以改变　　　　　　　　　D．宽度可以改变，高度可以改变

29．图片可以以多种方式与文本混排，（　　　）不是它提供的环绕方式。

    A．四周型　　　　　B．左右型　　　　C．上下型　　　　D．浮于文字上方

30．在 WPS 文字中，要把一个选定的段落中的所有字母设置成大写字母，正确的操作是单击（　　　）按钮。

    A．"字体"组中的 Ⓐ▾　　　　　　B．"字体"组中的 Aa▾

    C．"字体"组中的 A⁺　　　　　　　D．"段落"组中的 ˙Å˙▾

31．若文档被分为多个节，并在"页面设置"的"版式"选项卡中将页眉、页脚设置为奇偶页不同，则以下关于页眉、页脚的说法正确的是（　　）。

A．每个节的奇数页页眉和偶数页页眉可以不相同

B．每个节中奇数页页眉和偶数页页眉必然不相同

C．文档中所有奇偶页的页眉都可以不同

D．文档中所有奇偶页的页眉必然都不相同

32．确切地说，WPS 文字的样式是一组（　　）的集合。

A．格式　　　　　　B．段落格式　　　　C．字符格式　　　　D．控制符

33．关于 WPS 文字的文本框有下列 4 种说法，正确的是（　　）。

A．文本框在移动时可以作为整体移动　　B．文本框不能剪切

C．不能取消文本框的边框　　　　　　　D．文本框不能删除

34．在 WPS 文字中，通过拖动图片周围的 8 个控制点可以（　　）。

A．剪切图片　　　　　　　　　　　B．改变图片的高度和宽度

C．改变图片亮度　　　　　　　　　D．删除图片背景

35．WPS 文字中格式刷的用途是（　　）。

A．选定文字和段落　　　　　　　　B．删除不需要的文字和段落

C．复制已选中的字符　　　　　　　D．复制已选中的字符和段落的格式

36．若要设置段落的首行缩进，应拖动标尺上的（　　）按钮。

A．　　　　　B．　　　　　C．　　　　　D．都不可以

37．在 WPS 文字中，要输入一个新的文本行，而不增加一个段落，可以按（　　）键完成。

A．Enter　　　　B．Shift+Enter　　　C．Ctrl+Enter　　　D．Ctrl+Shift+Delete

38．图文混排是 WPS 文字的特色功能之一，下列叙述错误的是（　　）。

A．可以在文档中插入图片　　　　　B．可以在文档中插入形状

C．可以在文档中使用文本框　　　　D．可以对图片水印设置环绕方式

39．单击文档中的图片，显示"图片工具"选项卡，单击（　　），可将图片设置为"浮于文字上方"或"衬于文字下方"。

A．"色彩"按钮　　B．"效果"按钮　　C．"环绕"按钮　　D．"对齐"按钮

40．如果要在文档中内容没满一页的情况下强制换页，需（　　）。

A．不可以这样做　　　　　　　　　B．插入分节符

C．插入分页符　　　　　　　　　　D．多按几次 Enter 键，直至下一页的出现

41．如果要多次复制文档中的某个段落格式，将鼠标指针移动到"开始"选项卡的"格式刷"按钮上，然后（　　）。

A．单击鼠标右键　　B．双击鼠标右键　　C．双击鼠标左键　　D．单击鼠标左键

42．在 WPS 文字中，若要将一段文字的方向改为与其他段落不同（如"竖排文字"），则可以使用以下哪种方法？（　　）。

A．将该段落放到一个文本框中　　　B．分栏

C．为段落加边框　　　　　　　　　D．没办法

43．若要给每一位家长发送一份"期末考试成绩单"，用"（　　）"功能最便捷。

A．复制　　　　　　B．信封　　　　　C．邮件合并　　　D．标签

44．在 WPS 文字中，可以通过"（　　）"选项卡中的功能对选定内容添加批注。

A．插入　　　　　　B．审阅　　　　　C．页面　　　　　D．引用

45．在编辑 WPS 文字组件的文档时，单击"项目符号"按钮，下列说法中正确的是(　　)。

　　A．可在现有所有段落前自动添加项目符号

　　B．仅对当前段落添加项目符号，对其后新加段落不起作用

　　C．仅对当前段落之后的新加段落自动添加项目符号

　　D．可在当前段落及之后的新加段落前自动添加项目符号

二、填空题

1．在编辑文档时，可利用_____方便地实现文件内容的复制、移动操作。

2．单击快速访问工具栏上的"_____"按钮，可取消最后一次执行命令的效果。

3．在"开始"选项卡的"段落"组中提供了 5 种对齐方式按钮，分别是_____、_____、_____、_____、_____。默认的对齐方式是_____。

4．在文档中，默认情况下，插入的图片是_____图片。

5．在文档编辑状态下，按_____组合键可将选定的文本复制到剪贴板上，按_____组合键可将剪贴板内容粘贴到当前光标位置上。

6．在文档中，用鼠标拖动的方式进行文本复制，方法是按住_____键将选定的文本拖到目标位置。

7．在"_____"对话框中可以精确设置页边距。

8．在 WPS 文字组件的文档编辑状态下，可按_____键删除插入点左边的一个字符；按_____键删除插入点右边的一个字符，按_____键可在插入状态下和改写状态间切换。

9．在 WPS 文字中进行段落排版时，若只对一个段落操作，则需在操作前将_____置于该段落中；若要对多个段落操作，则在操作前应当_____些段落。

10．输入 WPS 文字文档时，按 Enter 键产生一个_____，显示为_____；按 Shift+Enter 组合键，将产生一个_____，显示为_____。

11．WPS 文字提供了拼写和语法检查功能。默认情况下，拼写错误的单词下面会出现_____波浪线。

12．在 WPS 文字组件的文档编辑状态下，若要选定某一段落，只需在该段落左侧的选定区_____；若要选定整个文档，需在选定区的任意位置_____。选定一个矩形区域的操作是_____。

13．在 WPS 文字中，用户可根据需要在页面上设置文字或图片作为背景，这种特殊的效果称为_____。

14．WPS 文字组件的文档中注解一般有"脚注"和"尾注"两种，脚注出现在_____；而尾注则出现在_____。

15．在 WPS 文字中进行邮件合并时，除了需要主文档，还需要已经制作好的_____支持。

三、简答题

1．试阐述如何在 WPS 文字组件的文档中实现选定词、行、段落和整个文档。

2．请问段落有哪些对齐方式？

3．举例说明文本框的作用和用法。

4．简述在表格中插入行、删除行、合并单元格、拆分单元格的基本操作。

5．阐述邮件合并的过程。

6．请问文档中的图片有哪些布局方式？

第 4 章
WPS 表格办公软件

WPS 表格是 WPS 办公软件的一个主要组件，用于制作电子表格，如学生成绩表、销售报表、业绩报表、工资发放表等。本章主要介绍 WPS 表格的基本操作、数据编辑、格式设置、公式与函数、数据管理与分析、图表制作以及打印工作表等内容。

4.1　WPS 表格使用基础

▶▶▶ 4.1.1　WPS 表格基础知识

启动 WPS 表格后，系统会默认创建一个名为"工作簿 1"的文件，WPS 表格的工作界面如图 4-1 所示。与 WPS 文字的工作界面基本类似，WPS 表格的工作界面也由标题栏、功能区、状态栏等部分组成；WPS 表格所特有的元素有编辑栏、工作表编辑区、工作表标签等。

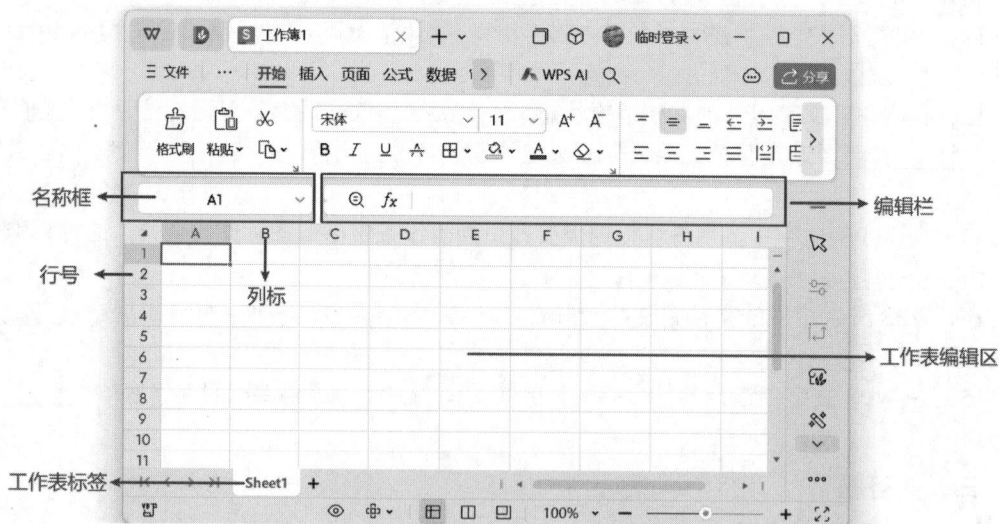

图 4-1　WPS 表格的工作界面

下面介绍 WPS 表格中的一些基础知识。

- 工作簿（book）：工作簿是 WPS 表格中用来存储并处理数据的文件。默认情况下，新建的工作簿以"工作簿 1"命名，工作簿的名称显示在标题栏的文档名处。工作簿由若干张工作表组成。

● 工作表（sheet）：工作表是一个二维表格，最多可支持 1048576（2^{20}）行和 16384（2^{14}）列，是用来显示和分析数据的工作场所，它被存储在工作簿中。默认情况下，一个工作簿只包含一张工作表，名称为 Sheet1。用户在工作簿中可根据需要进行工作表的增加和删除操作，每张工作表都有 1 个工作表标签，单击它可以实现工作表之间的切换。

● 单元格：行与列的交叉称为单元格。当前正在使用的单元格称为活动单元格，其周围有绿色框线突出显示，图 4-1 所示的 A1 即为活动单元格。

● 单元格地址：为方便计算，每个单元格都有唯一的地址，用列标和行号标识，如 A1 表示第 1 行第 A 列的单元格。引用同一工作簿下不同工作表中的单元格时，需要在单元格地址前加上工作表的名称，例如"Sheet1!B2"，表示 Sheet1 工作表中的 B2 单元格。有时为实现不同工作簿之间的计算，还会在单元格地址前加上工作簿的名称和工作表的名称，例如"[学生成绩.xlsx]综合测评! F5"，表示"学生成绩.xlsx"工作簿中"综合测评"工作表里的 F5 单元格。

● 单元格区域：由工作表中相邻的若干个单元格组成。引用单元格区域时用对角单元格的地址来表示，中间用冒号作为分隔符，例如 D4:G8，表示由 D4 到 G8 的连续单元格区域，共计 20 个单元格。

▶▶▶ 4.1.2 工作簿及其操作

1. 新建工作簿

WPS 表格文件也被称为工作簿。一个工作簿可包含多张工作表，工作表由若干个单元格组成。

新建工作簿的操作步骤如下。

（1）在"开始"菜单中选择"WPS Office"命令，启动 WPS。

（2）单击左侧导航栏中的"新建"按钮或单击标题栏中的"+"按钮，打开新建标签。

（3）单击"表格"按钮，打开"新建表格"窗口，单击"空白表格"按钮，创建一个空工作簿文件，如图 4-2 所示。

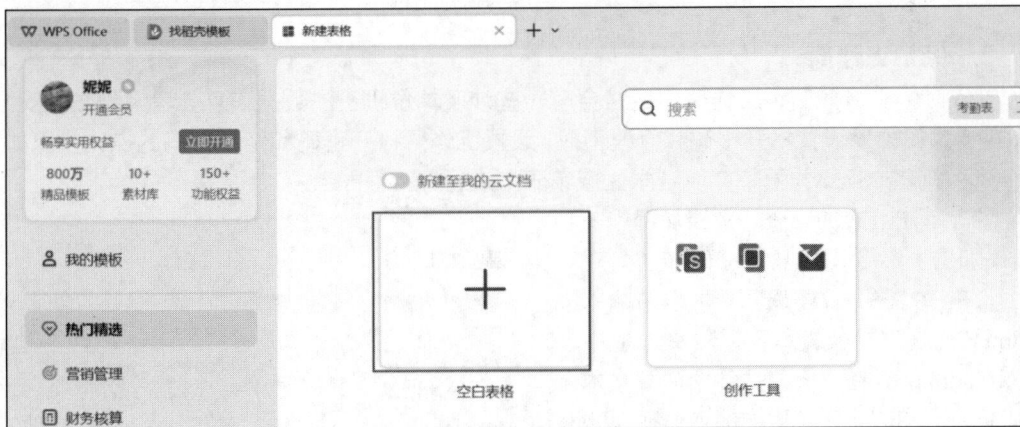

图 4-2　新建空白表格

2. 保存工作簿

编辑工作簿后，需要对工作簿进行保存操作。下面介绍 3 种保存方法。

● 对已有的工作簿文件进行修改后的保存。在这种情况下，直接单击快速访问工具栏上的"保存"按钮，或者按 Ctrl+S 组合键进行保存。

- 将已有的工作簿文件保存到其他路径。在这种情况下，选择"文件"→"另存为"命令，打开"另存为"对话框，通过单击"此电脑""我的桌面"等来选择文档的保存路径，并在"文件名称"框中设置文件的保存名称，完成后单击"保存"按钮即可。

- 对新建的工作簿文件进行保存。在这种情况下，可以直接单击快速访问工具栏中的"保存"按钮，也可以选择"文件"→"保存"命令，这时会打开"另存为"对话框，在"文件名称"框中设置文件的保存名称，在"文件类型"下拉列表框中设置文件的保存类型，完成后单击"保存"按钮，如图4-3所示。

> **注意**
>
> WPS表格默认保存的文件类型为"Microsoft Excel文件（*.xlsx）"，文件扩展名为.xlsx，这样的设计是为了与微软的Excel兼容。此外，还可以将文档保存为WPS表格文件（*.et）、WPS表格模板文件（*.ett）、PDF文件格式（*.pdf）等多种文件类型。

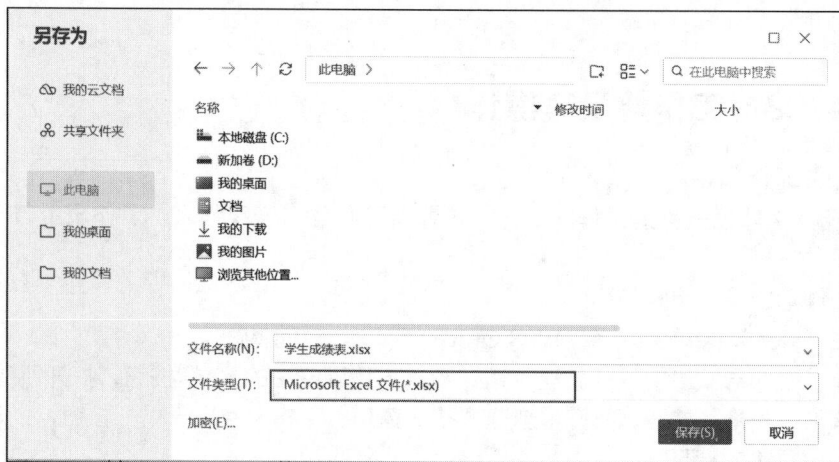

图4-3 "另存为"对话框

3. 保护工作簿

在实际办公场景下，工作簿中经常会有一些涉及单位机密的数据信息。考虑到数据安全问题，需要为工作簿设置打开密码和修改密码。设置工作簿打开密码和修改密码的操作步骤如下。

（1）新建一个工作簿，并以"学生成绩表"进行保存。

（2）单击"文件"→"文档加密"→"密码加密"命令，打开"密码加密"对话框，在"打开文件密码"文本框中输入"admin"，在"再次输入密码"文本框中输入"admin"，在"修改文件密码"文本框中输入"edit"，在"再次输入密码"文本框中输入"edit"，单击"应用"按钮，如图4-4所示。密码可以由用户自行设置，并且可以设置成与上面的密码不一样。

（3）重新打开"学生成绩表"工作簿时，先打开"文档已加密"对话框，在密码框中输入"admin"，单击"确定"按钮，如图4-5所示。

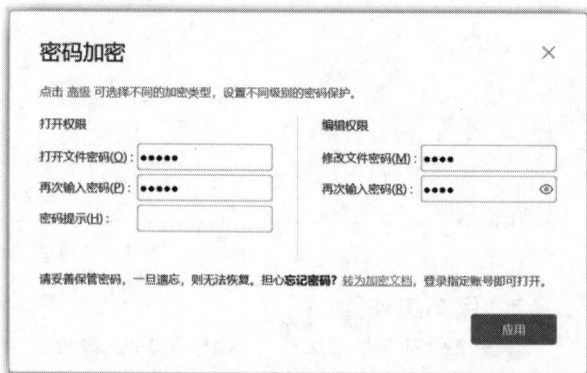

图4-4 "密码加密"对话框

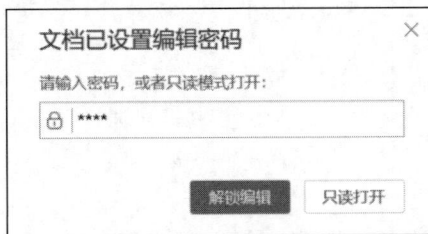

（4）在打开的"文档已设置编辑密码"对话框中，在密码框中输入"edit"，单击"解锁编辑"按钮，如图4-6所示，可正常编辑工作簿文件。

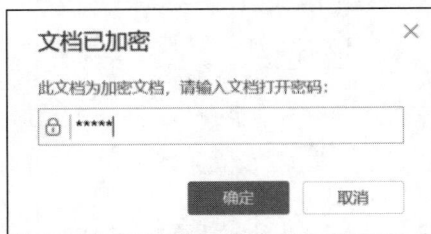

<table>
<tr><td>

文档已加密 ×

此文档为加密文档，请输入文档打开密码：

🔒 *****

确定　　取消

</td><td>

文档已设置编辑密码 ×

请输入密码，或者只读模式打开：

🔒 ****

解锁编辑　只读打开

</td></tr>
</table>

图4-5 "文档已加密"对话框　　　　图4-6 "文档已设置编辑密码"对话框

4. 输出工作簿

WPS可将工作簿输出为PDF或图片格式。

（1）输出为PDF格式

工作簿输出为PDF格式的操作步骤如下。

① 选择"文件"→"输出为PDF"命令，打开"输出为PDF"对话框，如图4-7所示。

图4-7 "输出为PDF"对话框

② 在文件列表框中选中要输出的文件，当前工作簿文件默认被选中。

③ 在"保存位置"下拉列表框中选择保存位置。

④ 单击"开始输出"按钮，执行输出操作。成功完成输出后，文件状态变为"输出成功"，此时可关闭对话框。

（2）输出为图片格式

工作簿输出为图片格式的操作步骤如下。

① 选择"文件"→"输出为图片"命令，打开"批量输出为图片"对话框，如图4-8所示。

② 在"水印设置"栏中选择无水印、自定义水印或默认水印。

③ 在"输出格式"下拉列表框中选择输出图片的文件格式。

④ 在"输出品质"下拉列表框中选择输出图片的品质。

⑤ 在"输出目录"输入框中输入图片的保存位置。

⑥ 单击"开始输出"按钮，执行输出操作。

图 4-8 "批量输出为图片"对话框

4.1.3　工作表及其操作

工作表是用于显示和分析数据的工作场所。工作表的基本操作主要是指对工作表进行选定、插入、删除、移动或复制、重命名、更改工作表标签的颜色、保护等操作。

1. 选定工作表

对工作表进行操作时必须遵守"先选定，后执行"的原则。WPS 表格中常用的工作表选定操作如表 4-1 所示。

表 4-1　WPS 表格中常用的工作表选定操作

选取范围	操作
一张工作表	单击相应的工作表标签
连续的多张工作表	选定一张工作表后按住 Shift 键，再选定另一张工作表标签
不连续的多张工作表	选定一张工作表后按住 Ctrl 键，再依次单击其他工作表标签
所有工作表	在工作表标签的任意位置上单击鼠标右键，在弹出的快捷菜单中选择"选定全部工作表"命令

2. 插入与删除工作表

默认情况下，工作簿中只包含了一张工作表。当现有的工作表不能满足用户需求时，用户可插入新工作表；当用户有作废的工作表不再使用时，用户可删除工作表。插入与删除工作表的操作方法如下。

● 通过"新建工作表"按钮插入。单击状态栏中的"新建工作表"按钮，如图 4-9 所示，插入的新工作表会自动被命名为"Sheet2"。

● 通过快捷菜单插入。在工作表标签上单击鼠标右键，在弹出的快捷菜单中选择"插入工作表"命令，打开"插入工作表"对话框，在其中可设置新插入的工作表的数目和位置，如图 4-10 所示。

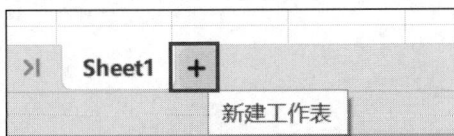

图 4-9 "新建工作表"按钮

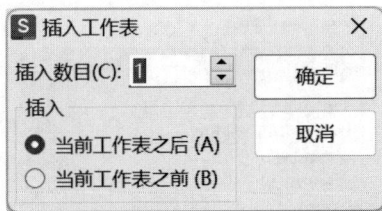

图 4-10 "插入工作表"对话框

- 通过快捷菜单删除。在需要删除的工作表标签上单击鼠标右键，在弹出的快捷菜单中选择"删除工作表"命令，删除该工作表。

> **注意**
>
> 在删除工作表时一定要慎重，一旦工作表被删除，将无法恢复。

3. 移动或复制工作表

WPS 表格允许将某个工作表在同一个（或多个）工作簿中移动或复制。

（1）如果是在同一个工作簿中操作，只需要单击该工作表标签，将它直接拖曳到目标位置以实现移动操作。在拖曳的同时按住 Ctrl 键可实现复制操作。

（2）如果是在多个工作簿间操作，首先应打开这些工作簿，然后用鼠标右键单击工作表标签，在弹出的快捷菜单中选择"移动"命令，打开图 4-11 所示的对话框。在"工作簿"下拉列表框中选择目标位置的工作簿，从"下列选定工作表之前"列表框中选择插入位置来实现移动。如果是进行复制操作，则还需选中对话框底部的"建立副本"复选框。

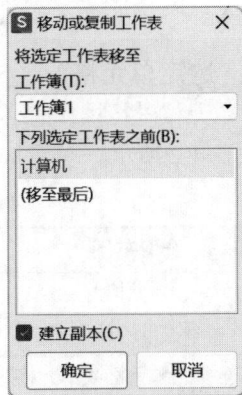

图 4-11 "移动或复制工作表"对话框

4. 设置工作表标签的颜色

如果工作簿中的工作表太多，为了更加清楚地区分工作表，用户可以利用快捷菜单中的相应命令设置工作表标签的颜色，以使其醒目显示。

设置工作表标签颜色的操作方法是：在工作表标签上单击鼠标右键，在弹出的快捷菜单中选择"工作表标签颜色"命令，在弹出的菜单的"主题颜色"栏中选择需要的颜色选项即可。

5. 工作表的保护

为防止他人在未经授权的情况下对工作表中的数据进行编辑或修改，用户需要为工作表设置密码。以为"学生成绩表.xlsx"工作簿中的工作表设置密码为例，具体操作步骤如下。

（1）打开"学生成绩表.xlsx"工作簿，选择要保护的"计算机基础成绩"工作表，单击"开始"选项卡中的"工作表"按钮，在弹出的下拉列表中选择"保护工作表"命令，打开"保护工作表"对话框，在"密码（可选）"文本框中输入"admin"，单击"确定"按钮，如图 4-12 所示。

（2）打开"确认密码"对话框后，在"重新输入密码"文本框中输入密码"admin"，单击"确定"按钮，如图 4-13 所示。

（3）在完成工作表的保护设置后，如果对工作表的内容进行编辑操作，则弹出"被保护单元格不支持此功能"的提示信息，表示无法对工作表进行编辑操作。只有撤销工作表保护后，才可对工作表的内容进行编辑操作。撤销工作表保护的操作方法是：单击"审阅"选项卡中的"撤销工作表保护"按钮，打开"撤销工作表保护"对话框，在"密码"文本框中输入"admin"，单击"确定"按钮，如图 4-14 所示。

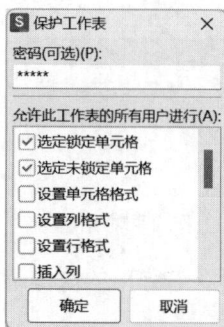

图 4-12 "保护工作表"对话框   图 4-13 "确认密码"对话框   图 4-14 "撤销工作表保护"对话框

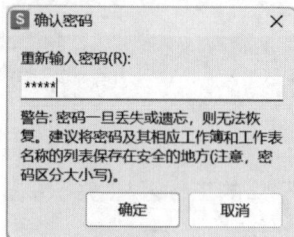

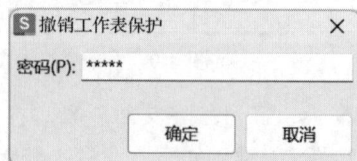

▶▶▶ 4.1.4 单元格及其操作

单元格是存储数据的最小单元，大量数据都存储在单元格中。WPS 表格中常用的单元格操作包括选定单元格、插入与删除单元格、合并与拆分单元格、清除单元格中的内容、调整单元格的行高和列宽等。下面分别进行介绍。

1. 选定单元格

对单元格进行操作时必须遵守"先选定，后执行"的原则。WPS 表格中常用的单元格选定操作如表 4-2 所示。

表 4-2　WPS 表格中常用的单元格选定操作

选取范围	操作
单元格	单击
多个连续的单元格	用鼠标拖曳或单击左上角的单元格，按住 Shift 键，单击右下角的单元格
多个不连续的单元格或单元格区域	按住 Ctrl 键，依次单击要选择的单元格或单元格区域
整行或整列	单击工作表对应的行号或列标
整个表格	单击工作表左上角行列交叉的按钮或按 Ctrl+A 组合键

2. 插入与删除单元格

在编辑工作表的过程中，有时候需要在已有工作表的中间某个位置上添加数据，就需要在对应的位置上插入单元格，再输入数据；对于多余的、不需要的单元格，用户可以将其删除。基本操作方法是：选定单元格或单元格区域，在"开始"选项卡中单击"行和列"下拉按钮，从弹出的下拉列表中选择"插入单元格"命令或"删除单元格"命令，如图 4-15 所示。

（1）插入操作

选择"插入单元格"命令时，会打开图 4-16 所示的对话框，根据需要选择相应的命令，单击"确定"按钮即可。选中"活动单元格右移"单选按钮或"活动单元格下移"单选按钮，可在选中单元格的左侧或上侧插入单元格。选中"整行"单选按钮或"整列"单选按钮，可在选中单元格上侧插入整行单元格或在左侧插入整列单元格。

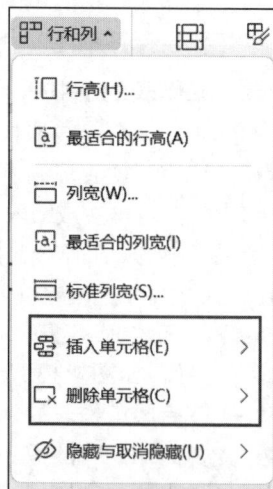

图 4-15　选择"插入单元格"命令或"删除单元格"命令

（2）删除操作

选择"删除单元格"命令时，会打开图 4-17 所示的对话框，根据需要选择相应的命令，单击"确定"按钮即可。选中"右侧单元格左移"单选按钮或"下方单元格上移"单选按钮，则右侧单元格的内容会代替所选单元格内容或下方单元格的内容会代替所选单元格内容。选择"整行"单选按钮或"整列"单选按钮，可删除整行或整列单元格。

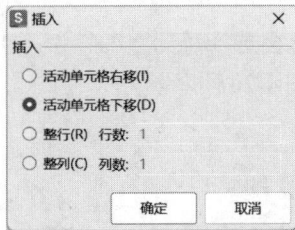

图 4-16 "插入"对话框 图 4-17 "删除"对话框

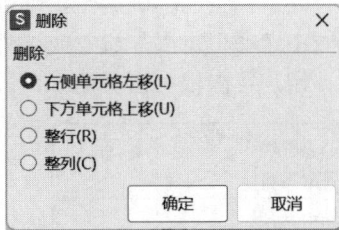

> ⚠️ **注意**
>
> 删除操作应谨慎使用，避免数据的丢失。

3. 合并与拆分单元格

在设计表格布局的过程中，为了满足表格布局的需要，用户可以将多个单元格合并成一个单元格，也可以将其拆分。

（1）合并单元格

选择需要合并的多个单元格，在"开始"选项卡中单击"合并"按钮，即可合并单元格，并使其中的内容居中显示。除此之外，单击"合并"下拉按钮，还可在弹出的下拉列表中选择"合并单元格""合并内容""按行合并""跨列居中"等命令。

（2）拆分单元格

拆分时需先选择合并后的单元格，然后单击"合并"下拉按钮，在弹出的下拉列表中选择"取消合并单元格"命令，或者单击鼠标右键，在弹出的快捷菜单中选择"设置单元格格式"命令，打开"单元格格式"对话框，在"对齐"选项卡中的"文本控制"栏中取消"合并单元格"复选框，然后单击"确定"按钮，即可拆分已合并的单元格。

4. 清除单元格中的内容

对单元格使用"清除"命令针对的对象是单元格中的数据（如格式、内容、批注等）。选择"清除"→"全部"命令（见图 4-18），单元格中所有数据都会被清除，但单元格本身依然保留。操作方法是：选定单元格或单元格区域，在"开始"选项卡中单击"字体设置"组的"清除"按钮，在弹出的下拉列表中选择"全部"命令，如图 4-18 所示。

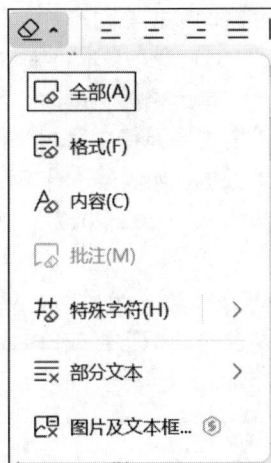

图 4-18 选择"全部"命令

> ⚠️ **注意**
>
> 清除单个单元格中的数据，也可以使用回格键（Backspace 键）和 Delete 键，但要同时清除多个单元格中的数据时，只能使用 Delete 键。

5. 调整单元格的行高和列宽

在向单元格输入文字或数据时，常常会出现单元格中的文字只显示一半或显示一串

"######"符号的情况，而在公式编辑栏中却能看到对应的单元格数据，其原因在于单元格的高度或宽度不够。因此，我们需要对单元格的行高和列宽进行适当的调整。

调整行高和列宽最快捷的方法是利用鼠标来完成。具体操作方法是：选中要改变列宽的列（或行高的行），将鼠标指针移动到列标（或行号）之间的分隔线上，当出现双向箭头时，拖动分隔线到指定的位置，如图 4-19 所示。

若要实现行高或列宽的精确调整，则可单击"开始"选项卡中的"行和列"下拉按钮，在弹出的下拉列表中选择"行高"命令或"列宽"命令，这里选择"列宽"命令，在打开的"列宽"对话框中，用户可以根据需要输入合适的数值，如图 4-20 所示。

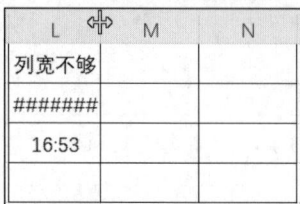

图 4-19　利用鼠标拖动调整列宽　　　　图 4-20　"列宽"对话框

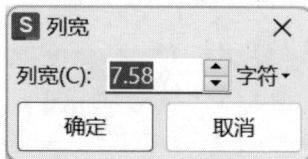

▶▶▶ 4.1.5　数据的输入与编辑

输入数据是制作表格的基础。对于有规律的数据序列，还可利用快速填充功能实现高效输入。

1. 在工作表中输入数据

（1）直接输入数据

选中某一单元格，用户就可以直接在编辑栏或单元格中输入数据，输入数据后按 Enter 键。输入的数据可以是文本、数值、日期和时间等类型，默认情况下文本数据左对齐，数值、日期和时间数据右对齐。

① 输入文本：文本包括汉字、英文字母、标点符号、数字、空格等。当输入的文本长度大于单元格的宽度时，若右侧的单元格中没有数据，则扩展到右边单元格，否则将截断显示。若要在单元格中另起一行输入数据，按 Alt+Enter 组合键输入一个换行符。对于数字形式的文本数据，如学号、身份证号码等，应在输入前加英文单引号（'）。例如，欲输入编号 20254017，应输入"'20254017"，按 Enter 键确定后，单元格左上角会出现绿色的标记 。

② 输入数值：数值包括数字 0～9、+、-、E、e、小数点（.）、千分位（,）、货币符号（如 $）等。输入分数时，应先输入"0"和一个空格，再输入分数。例如直接输入"4/7"，WPS 表格会自动把它当成日期处理，显示"4 月 7 日"；只有输入"04/7"时，其才会被识别为分数。当输入一个很长的数值时，WPS 表格会自动以科学记数法表示。

> **注意**
> 在输入数值时，%、$、千分位（,）等一般不直接输入，而是应用数字格式。数字格式的改变并不影响实际单元格中的数值。

③ 输入日期和时间：WPS 表格内置了许多日期和时间格式，常见的有"mm-dd-yyyy""yyyy-m-d""h:mm AM/PM"等，其中 AM/PM 与分钟之间应有空格。输入当前日期可以按 Ctrl+;组合键，输入当前时间可以按 Ctrl+Shift+;组合键。

（2）填充数据

在实际工作时，经常需要输入一系列连续、有规律的数据，如日期、月份或递进数列等。

为了保证输入的速度和准确性，利用 WPS 表格所提供的"填充"功能可以很方便地做到这一点，如图 4-21 所示。

| | | A | B | C | D | E | F | G | H | I |

表格内容：

相同数据		中国梦	中国梦	中国梦	中国梦	中国梦	中国梦	中国梦
序列数据	等差	1	2	3	4	5	6	7
	等比	2	4	8	16	32	64	128
系统预设		星期一	星期二	星期三	星期四	星期五	星期六	星期日
用户自定义		信息学院	管理学院	人文学院	外语学院	教育学院	设计学院	信息学院

图 4-21　填充示例

- 填充相同的数据。首先在一个单元格中输入数据，然后将鼠标指针移到单元格右下角，鼠标指针变成黑色填充柄➡时，按住 Ctrl 键，再按住鼠标左键向其他方向拖曳填充柄，即可在经过的单元格中填入相同的数据。

- 填充序列数据。在初始单元格中输入起始值，然后在"开始"选项卡下单击"填充"下拉按钮，在弹出的下拉列表中选择"序列"命令，打开"序列"对话框，如图 4-22 所示。例如要生成 2～256 之间公比为 2 的数列，即可以在单元格中输入起始值 2，然后在"序列"对话框中设置步长值和终止值；如果选定了区域，则不需要指定终止值。

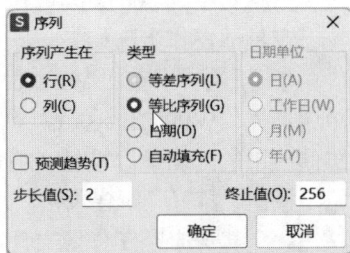

图 4-22　"序列"对话框

- 自定义填充序列。WPS 表格可以自动识别某些常用的数据序列，其原因是这些数据序列内置于 WPS 表格中。然而，有时候用户希望数据以自定义的特定顺序来排列，则可以创建自定义序列。

创建自定义序列的具体操作步骤如下。

① 添加新序列。选择"文件"→"选项"命令，打开"选项"对话框，选择该对话框左侧的"自定义序列"，在右侧的"输入序列"文本框中输入"信息学院 管理学院 人文学院 外语学院 教育学院 设计学院"（注意：每个学院输完后需换行），如图 4-23 所示，单击"添加"按钮。

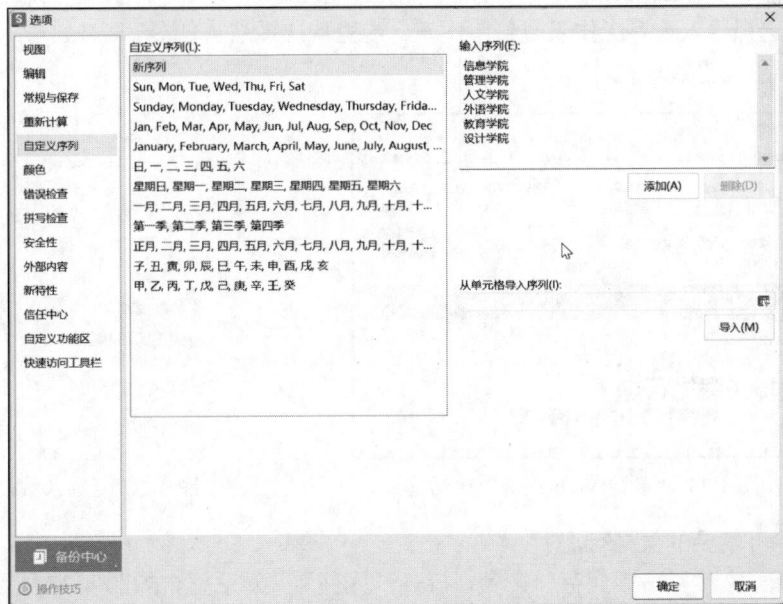

图 4-23　"选项"对话框

② 验证新序列是否添加成功。再次打开"选项"对话框，在中间的"自定义序列"列表框中若存在"信息学院,管理学院,人文学院,外语学院,教育学院,设计学院"，则表示新序列添加成功。

③ 使用新序列。在一个单元格中输入"信息学院"，然后将鼠标指针指向单元格右下角的黑色填充柄➡️上，按住鼠标左键向其他方向拖曳填充柄，即可在经过的单元格中输入新序列的内容。

（3）获取外部数据

选择"数据"选项卡下"获取外部数据"组中的相应命令，可以导入数据库、文本文件、XML 文件及网页等多种格式的数据。

【例 4-1】现有"2023 年《财富》中国 500 强排行榜.html"的网页，要求将其中的"2023 年《财富》中国 500 强排行榜"表格导入工作表《财富》中国 500 强"中，并将该文件以"2023 年《财富》中国 500 强排行榜.xlsx"为文件名进行保存。

其具体操作步骤如下。

① 新建一个空白 WPS 表格文件。在"开始"菜单中选择"WPS Office"命令，启动 WPS。单击左侧导航栏中的"新建"按钮，打开新建标签，单击"表格"按钮，打开"新建表格"窗口，单击"空白表格"按钮，创建一个空工作簿文件。

② 选中 Sheet1 工作表标签，并单击鼠标右键，在弹出的快捷菜单中选择"重命名"命令（见图 4-24），将工作表名称改为"《财富》中国 500 强"。

③ 在"数据"选项卡中单击"获取数据"下拉按钮，从弹出的下拉列表中选择"自网站连接"命令，打开"新建 Web 查询"对话框，在地址栏中输入网址，如"D:\2023 年《财富》中国 500 强排行榜.html"，单击"转到"按钮，如图 4-25 所示；单击"导入"按钮，打开"导入数据"对话框，如图 4-26 所示，可以选择导入现有工作表或新工作表，这里默认是从 A1 单元格开始导入，单击"确定"按钮，数据导入完成。

图 4-24 Sheet1 工作表标签的右键快捷菜单

图 4-25 "新建 Web 查询"对话框

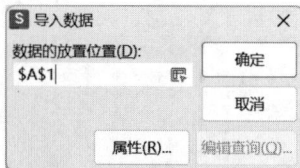

图 4-26 "导入数据"对话框

④ 删除不需要的数据行。

⑤ 选择"文件"→"保存"命令，打开"另存为"对话框，如图 4-27 所示，在"文件名称"框中输入"2023 年《财富》中国 500 强排行榜"，单击"保存"按钮。

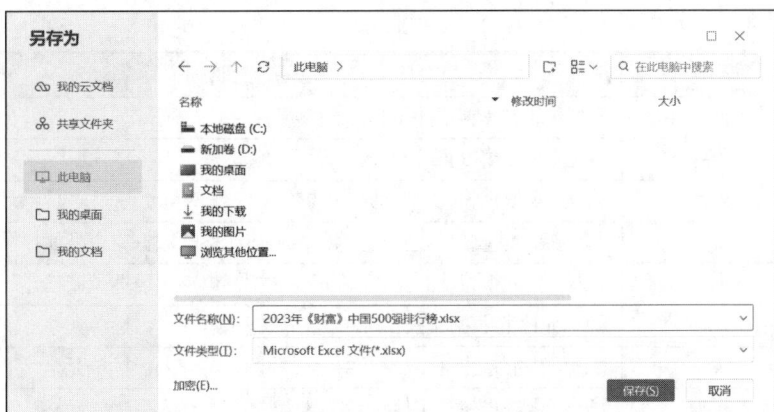

图 4-27 "另存为"对话框

2. 数据的编辑

在编辑表格的过程中,可以对已有的数据进行修改和删除、复制与移动、查找和替换、设置数据有效性等编辑操作。

(1)修改和删除数据

在表格中修改和删除数据主要有以下 3 种方法。

- 在单元格中直接修改或删除数据:双击需修改或删除数据的单元格,在单元格中定位文本插入点,修改或删除数据,然后按 Enter 键完成操作。
- 用按键删除或修改单元格数据:选择单元格后,按 Delete 键可删除所有数据,然后在单元格中输入需要的数据,再按 Enter 键可快速完成修改。
- 在编辑栏中修改或删除数据:选择单元格,将鼠标指针移到编辑栏中并单击,修改或删除数据后,按 Enter 键完成操作。

(2)复制与移动

WPS 表格中单元格的复制、移动操作与 WPS 文字中的类似,都可以用组合键或"剪贴板"组中的"剪切"按钮、"复制"按钮、"粘贴"按钮来实现。除了"粘贴"按钮之外,在 WPS 表格中提供了"选择性粘贴"命令,该命令可以实现复制单元格的全部信息,也可以实现只复制部分信息,还可以实现简单的计算和转置。具体的操作方法是:先选定数据,单击"复制"按钮,再单击目标单元格,并单击鼠标右键,在弹出的快捷菜单中选择"选择性粘贴"命令,打开"选择性粘贴"对话框,如图 4-28 所示。表 4-3 列出了"选择性粘贴"对话框中部分选项的说明。

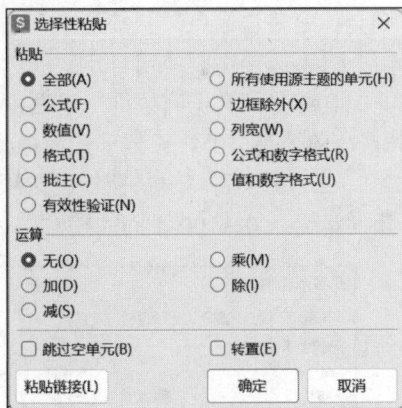

图 4-28 "选择性粘贴"对话框

表 4-3 "选择性粘贴"对话框中部分选项的说明

栏	选项	说明
"粘贴"栏	全部	其为默认设置,用于将源单元格所有属性都粘贴到目标区域中
	公式	只粘贴单元格公式,而不粘贴格式、批注等
	数值	只粘贴单元格中显示的内容,而不粘贴其他属性
	格式	只粘贴单元格的格式,而不粘贴单元格内的实际内容
	批注	只粘贴单元格的批注,而不粘贴单元格内的实际内容

栏	选项	说明
"粘贴"栏	有效性验证	只粘贴源区域中数据的有效性规则
	边框除外	只粘贴单元格的值和格式，而不粘贴边框
	列宽	将某一列的列宽复制到另一列中
"运算"栏	无	其为默认设置，不进行运算，用源单元格的数据完全替换目标区域中的数据
	加	源单元格的数据加上目标单元格数据，再存入目标单元格
	减	源单元格的数据减去目标单元格数据，再存入目标单元格
	乘	源单元格的数据乘以目标单元格数据，再存入目标单元格
	除	源单元格的数据除以目标单元格数据，再存入目标单元格
	跳过空单元格	源区域的空白单元格不被粘贴
	转置	将源区域的数据进行行列互换后粘贴到目标区域，可以实现矩阵转置

（3）查找和替换数据

当表格中的数据量很大时，在其中直接查找数据就会非常困难，此时通过 WPS 提供的查找和替换功能可快速查找符合条件的单元格，还可快速对这些单元格进行统一替换，从而提高编辑效率。WPS 表格中查找和替换的操作与 WPS 文字中的类似，这里不再赘述。

（4）设置数据有效性

设置数据有效性可对单元格或单元格区域输入的数据从内容到范围进行限制。对于符合条件的数据，允许输入；对于不符合条件的数据，则禁止输入，以防止输入无效的数据。

教师在表格中输入学生成绩时，为了降低输入的错误率，可以在输入成绩的区域设置数据验证，例如只允许输入 0～100 之间的整数。如果教师在这个区域中输入了设置以外的内容，则会弹出警告信息，并禁止输入这些非法数据。其具体操作步骤如下。

（1）选中需要应用自定义序列的单元格区域，在"数据"选项卡中单击"有效性"按钮，此时会打开"数据有效性"对话框，设置"允许"为"整数"，设置"数据"为"介于"，设置"最小值"为"0"，设置"最大值"为"100"，如图 4-29 所示。

（2）切换到"出错警告"选项卡，设置标题为"输入的数据为非法数据"，设置错误信息为"请输入 0～100 之间的整数！"，如图 4-30 所示，单击"确定"按钮。

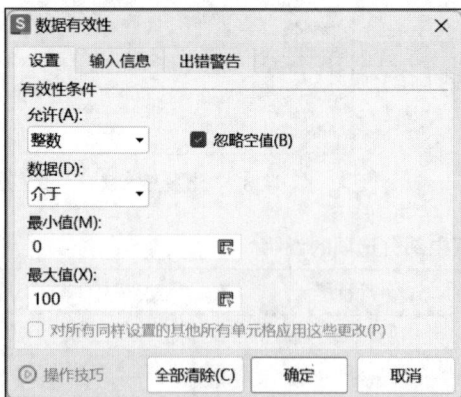

图 4-29 "数据有效性"对话框

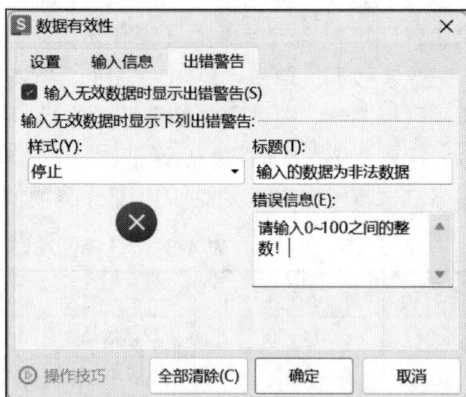

图 4-30 "出错警告"选项卡

（3）此时，如果教师输入了不符合要求的成绩则会弹出警告信息，如图 4-31 所示。单击"×"按钮可以取消本次输入并恢复到之前的数据。

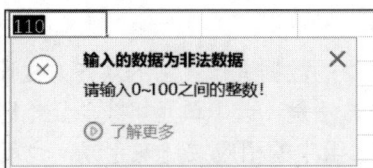

图 4-31　警告信息

4.2　美化工作表

格式化工作表的过程就是对工作表进行修饰、设置格式的过程。这一环节是为了使工作表更加易读，获得版面整齐、主题鲜明和画面美观的效果。

工作表的格式化主要包含格式化数据（设置对齐方式、设置边框和底纹）、使用条件格式及套用表格格式等。

▶▶▶ 4.2.1　格式化数据

1．设置数据格式

WPS 表格中提供了很多选项可以将数字显示为百分比、货币、日期等形式，如 3141.59 可以表示为小数点形式 3141.5900、百分号形式 314159%、货币符号形式 ¥3141.59、带千分位分隔符形式 3,141.59 等。这时单元格中呈现的是格式化后的数字，编辑栏显示的是系统实际存储的数据。

根据数据格式不同，WPS 表格将它们分成"常规""数值""货币""会计专用""日期""时间""百分比""分数""科学记数""特殊""自定义"等类别，其中"常规"是系统默认格式，用户可以根据需要自定义数字格式。表 4-4 列出了 WPS 表格中常用的自定义数字格式说明。

设置数据格式的方法是：单击"开始"选项卡中的"数字格式"下拉按钮，在弹出的下拉列表中选择"其他数字格式"命令，或者单击鼠标右键，从弹出的快捷菜单中选择"设置单元格格式"命令，打开"单元格格式"对话框，在"数字"选项卡中可设置所需的数字格式，如图 4-32 所示。

表 4-4　WPS 表格中常用的自定义数字格式说明

分类	示例数据	自定义数字格式	显示效果
数值	3141.59	#,##0.0	3,141.6
货币	3141.59	¥#,##0.00	¥3,141.59
会计专用	3141.59	¥* #,##0.00	¥3,141.59
日期	2025/12/21	yyyy"年"m"月"d"日"	2025 年 12 月 21 日
时间	11:40	h:mm AM/PM	11:40 AM
百分比	3141.59	0.00%	314159.00%
分数	0.125	# ??/??	1/8
科学记数	3141.59	0.00E+00	3.14E+03
特殊	3141.59	中文大写数字	叁仟壹佰肆拾壹.伍玖

2. 设置对齐方式

用户可以根据需要对单元格中的数据进行灵活的对齐方式设置，图 4-33 列举了一些对齐的示例。设置对齐方式的具体操作方法是：选中单元格或单元格区域后，设置对齐方式可以通过"开始"选项卡下"单元格格式"组中的相应按钮来完成，也可以通过打开"单元格格式"对话框中的"对齐"选项卡进行设置，如图 4-34 所示。

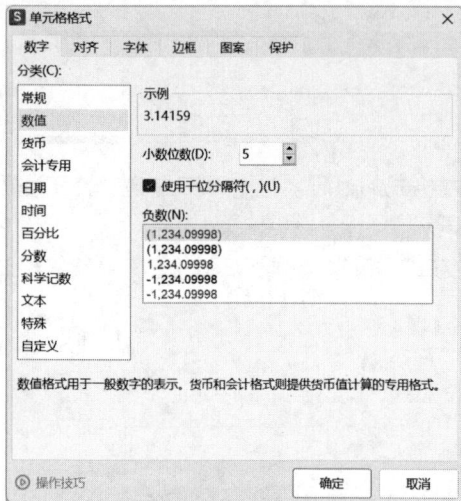

图 4-32 "数字"选项卡

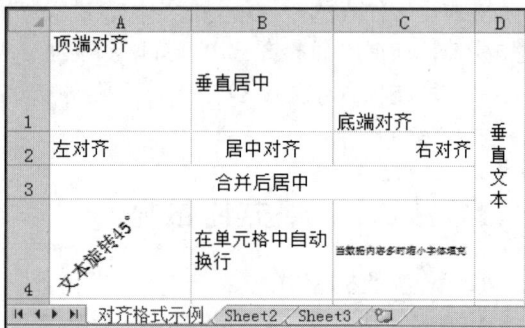

图 4-33 对齐示例

3. 设置边框和底纹

为了达到美化工作表的目的，用户经常还为单元格或单元格区域设置边框和底纹。设置边框的具体操作方法是：选中单元格或单元格区域后，设置边框可以通过"开始"选项卡下"字体设置"组中的"边框"下拉按钮来完成，也可以通过打开"单元格格式"对话框中的"边框"选项卡进行设置。在设置边框时，可以设置线条的颜色和样式，为选择的区域添加外部框线和内部框线，如图 4-35 所示。

除了为工作表添加边框外，还可以为工作表添加背景颜色或图案，即底纹。这一操作可以通过"单元格格式"对话框中的"图案"选项卡来完成。

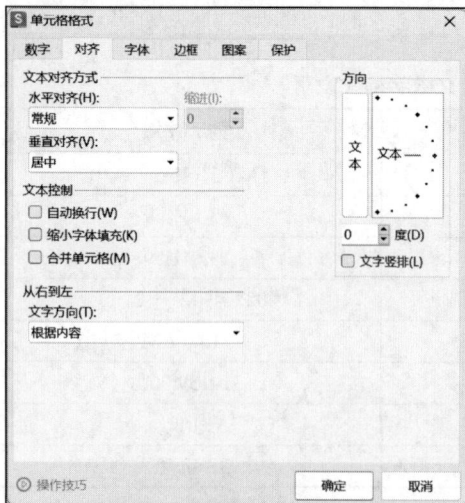

图 4-34 "对齐"选项卡

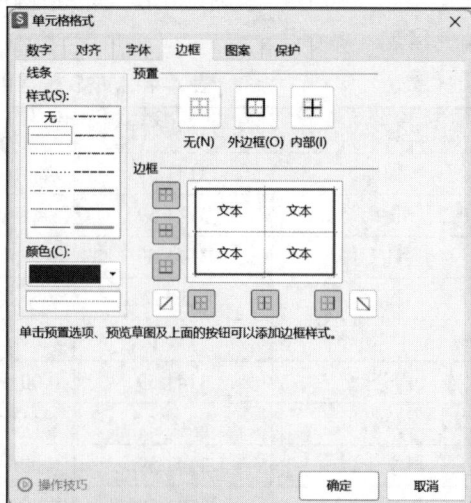

图 4-35 "边框"选项卡

4.2.2 使用条件格式

当处理数据时，经常需要将符合某些特定条件的数据醒目地显示出来，以方便查看。使用条件格式可以使数据在满足不同的条件时，显示不同的格式。

设置条件格式的具体操作方法是：选中单元格或单元格区域后，在“开始”选项卡中单击“条件格式”按钮，在弹出的下拉列表中选择所需规则，若所有的规则都不能满足用户的需求，则可以选择“新建规则”命令，如图 4-36 所示。

图 4-36 设置“条件格式”

【例 4-2】本例综合运用前面所学知识，对“计算机基础成绩”工作表完成编辑和美化任务，效果如图 4-37 所示。

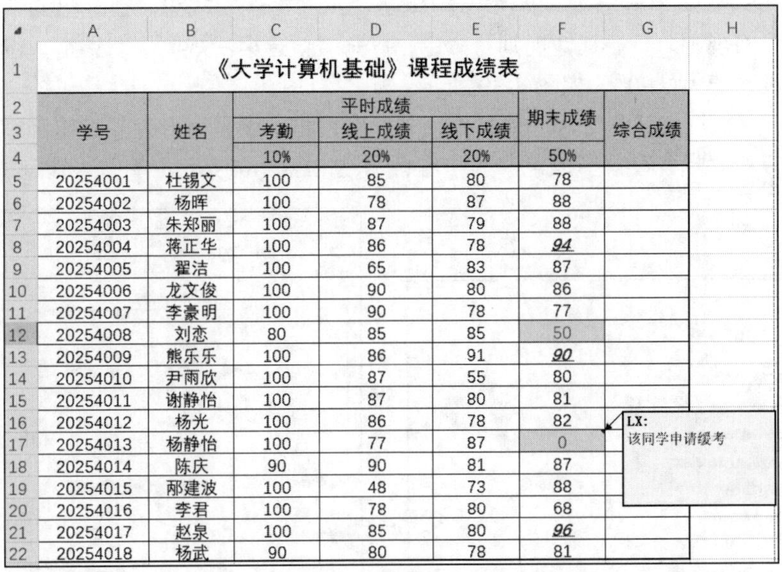

	A	B	C	D	E	F	G
1	《大学计算机基础》课程成绩表						
2	学号	姓名	平时成绩			期末成绩	综合成绩
3			考勤	线上成绩	线下成绩		
4			10%	20%	20%	50%	
5	20254001	杜锡文	100	85	80	78	
6	20254002	杨晖	100	78	87	88	
7	20254003	朱郑丽	100	87	79	88	
8	20254004	蒋正华	100	86	78	94	
9	20254005	翟洁	100	65	83	87	
10	20254006	龙文俊	100	90	80	86	
11	20254007	李豪明	100	90	78	77	
12	20254008	刘态	80	85	85	50	
13	20254009	熊乐乐	100	86	91	90	
14	20254010	尹雨欣	100	87	55	80	
15	20254011	谢静怡	100	87	80	81	
16	20254012	杨光	100	86	78	82	
17	20254013	杨静怡	100	77	87	0	
18	20254014	陈庆	90	90	81	87	
19	20254015	邴建波	100	48	73	88	
20	20254016	李君	100	78	80	68	
21	20254017	赵泉	100	85	80	96	
22	20254018	杨武	90	80	78	81	

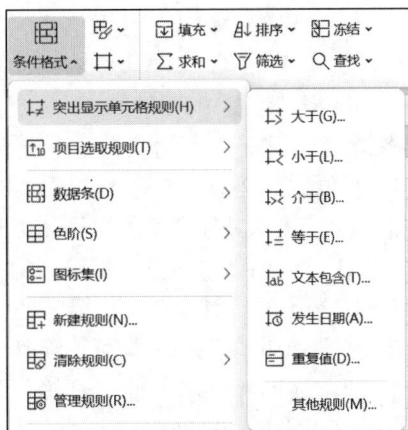

图 4-37 “计算机基础成绩”工作表的效果

其具体操作步骤如下。

（1）设置标题行效果

① 插入行。选定第 1 行，单击鼠标右键，从弹出的快捷菜单中选择“在上方插入行：1”，在 A1 单元格中输入“《大学计算机基础》课程成绩表”。

② 合并居中。选定 A1:G1，单击“开始”选项卡中的“合并”下拉按钮，从弹出的下拉列表中选择“合并居中”命令。

③ 设置字体格式和调整行高。在“开始”选项卡中设置字体为“黑体”、字号为“14”磅。选定第 1 行，单击鼠标右键，从弹出的快捷菜单中选择“行高”命令，打开“行高”对话框，在“行高”文本框中输入“33”，单击“确定”按钮。

（2）设置 A2:G4 合并居中效果

① 设置 A2:A4 合并居中效果。选定 A2:A4，单击“开始”选项卡中的“合并”下拉按钮，从弹出的下拉列表中选择“合并居中”命令。

② 参照第①步的方法完成其他单元格的合并任务。

（3）设置 C4:F4 的数据格式

选定 C4:F4，单击鼠标右键，从弹出的快捷菜单中选择"设置单元格格式"命令，打开"单元格格式"对话框，在"分类"栏中选择"百分比"，在"小数位数"文本框中输入"0"，如图 4-38 所示。

（4）输入其他学生的学号和更改对齐方式

① 选定 A5 单元格，将鼠标指针移到单元格右下角，当鼠标指针变成黑色填充柄➕时，按住鼠标左键向下拖曳填充柄，即可填充其他学生的学号。

图 4-38 "数字"选项卡

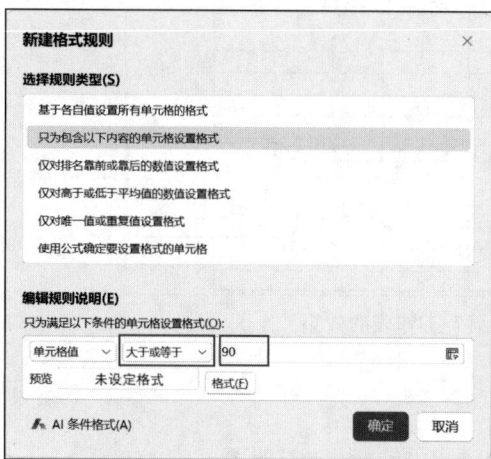

② 选定 A5:G22，在"开始"选项卡中单击"水平居中"按钮和"垂直居中"按钮。

（5）设置条件格式

将期末成绩大于或等于 90 分的单元格设置成"红色、加粗 倾斜、单下画线"效果，将期末成绩小于 60 分的单元格设置成"黄填充色深黄色文本"效果。

① 选定 F5:F22，在"开始"选项卡中单击"条件格式"按钮，在弹出的下拉列表中选择"突出显示单元格规则"→"其他规则"命令，打开"新建格式规则"对话框，设置条件为"大于或等于"，设置值为"90"，如图 4-39 所示。

② 单击"格式"按钮，打开"单元格格式"对话框，设置字形为"加粗 倾斜"，设置"下画线"为"单下画线"，设置"颜色"为"红色"，如图 4-40 所示，单击"确定"按钮。

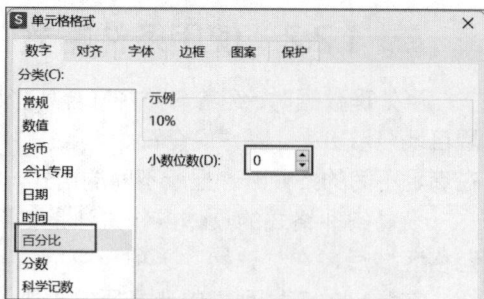

图 4-39 "新建格式规则"对话框 　　　　图 4-40 "单元格格式"对话框的"字体"选项卡

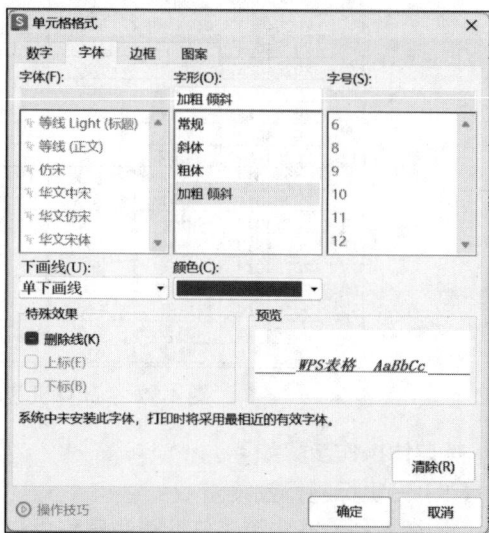

③ 选定 F5:F22，在"开始"选项卡中单击"条件格式"按钮，在弹出的下拉列表中选择"突出显示单元格规则"→"小于"命令，弹出"小于"对话框，第一个文本框中输入 60，"设置为"文本框中选择"黄填充色深黄色文本"，单击"确定"按钮。

（6）添加边框和底纹

① 设置边框效果。选定 A2:G22，单击鼠标右键，从弹出的快捷菜单中选择"设置单元格格式"命令，打开"单元格格式"对话框，切换到"边框"选项卡，在"样式"栏中选择第 7 行第 1 列的线条样式，在"预置"栏中选择"内部"；在"样式"栏中选择第 6 行第 2 列的线条样式，在"预置"栏中选择"外边框"，单击"确定"按钮，如图 4-41 所示。

② 设置粗下框线和底纹效果。选定 A2:G4，采用第①步的方法，切换到"边框"选项卡，在"样式"栏中选择第 6 行第 2 列的线条样式，在"边框"栏中单击下框线，即可完成粗下框线的效果设置。切换到"图案"选项卡，在"颜色"栏中选择第 3 行第 1 列的颜色，单击"确定"按钮，如图 4-42 所示。

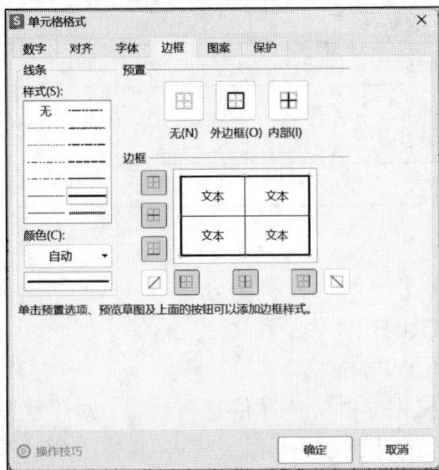

| 图 4-41 "边框"选项卡 | 图 4-42 "图案"选项卡 |

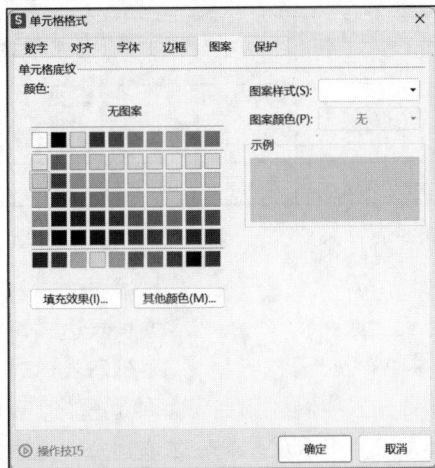

（7）插入批注

选定 F17 单元格，在"审阅"选项卡中单击"新建批注"按钮，弹出批注框，输入"该同学申请缓考"，即可成功插入批注。

▶▶▶ 4.2.3 套用表格格式

WPS 表格的套用表格格式功能可以根据预设的格式，将制作的报表格式化，制出美观的报表效果，从而节省格式化报表的时间。

应用单元格样式的方法是：在工作表中选择需要应用样式的单元格，单击"开始"选项卡中的"单元格样式"按钮，在弹出的子列表中选择相应选项即可。

套用表格格式的方法是：将鼠标指针定位到数据区域中的任意单元格中，单击"开始"选项卡中的"表格样式"按钮，在弹出的下拉列表中选择需要的样式选项，打开"套用表格样式"对话框，在"表数据的来源"文本框中显示了选择的表格区域，如数据来源不正确，可以通过 🔢 按钮重新指定区域，如图 4-43 所示；确认无误后，单击"确定"按钮即可。

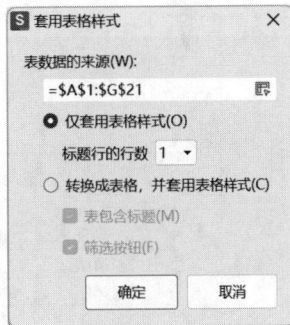

图 4-43 "套用表格样式"对话框

4.3 公式与函数

▶▶▶ 4.3.1 公式的使用

WPS 表格的主要功能不仅在于它能输入、显示和存储数据，更重要的是对数据的计算、统计、分析。使用公式计算的结果会自动更新，这是手工计算无法比拟的。

公式是以“=”开头的，由常量、单元格地址、函数及运算符所组成的有意义的式子，类似于数学中的表达式。

公式中常用的运算符有 3 种，如表 4-5 所示。

表 4-5　公式中常用的运算符

运算符名称	表示形式
算术运算符	+(加)、−(减)、*(乘)、/(除)、%(百分比)、^(乘方)
关系运算符	>（大于）、=（等于）、<（小于）、 <=（小于或等于）、<>（不等于）、>=（大于或等于）
文本运算符	&（文本的连接）

以下为几个输入公式的示例。

=3^2　　　　　　　　算术表达式，结果为 9

=3>2　　　　　　　　关系表达式，结果为 TRUE

="WPS" & "表格"　　　字符串表达式，结果为 WPS 表格

如果公式中同时用到了多种运算符，WPS 表格按相应的优先顺序进行计算；对于优先级相同的运算符，可以从左到右依次运算；注意圆括号内的计算最先计算。WPS 表格中的计算优先顺序为百分比→乘方→乘除→加减→连接→关系运算。

【例 4-3】使用公式计算“计算机基础成绩”工作表中每名学生的综合成绩。

其具体操作步骤如下。

① 选定第 1 名学生的“综合成绩”单元格 G5，使其成为活动单元格。

② 在编辑栏或单元格中直接输入公式“=C5*0.1+D5*0.2+E5*0.2+F5*0.5”，此时计算的结果显示在单元格 G5 中，编辑栏中显示公式的内容。引用单元格更为简便的方法是：输入“=”后用鼠标依次单击要引用的单元格，中间用运算符连接，如图 4-44 所示，按 Enter 键就可以得到计算结果。

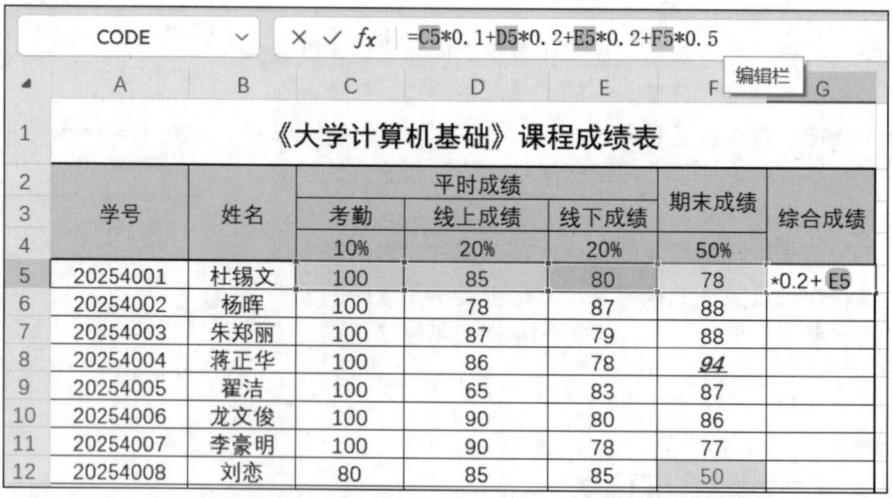

《大学计算机基础》课程成绩表

学号	姓名	平时成绩			期末成绩	综合成绩
		考勤	线上成绩	线下成绩		
		10%	20%	20%	50%	
20254001	杜锡文	100	85	80	78	*0.2+E5
20254002	杨晖	100	78	87	88	
20254003	朱郑丽	100	87	79	88	
20254004	蒋正华	100	86	78	94	
20254005	翟洁	100	65	83	87	
20254006	龙文俊	100	90	80	86	
20254007	李豪明	100	90	78	77	
20254008	刘恋	80	85	85	50	

图 4-44　使用公式计算学生“杜锡文”的综合成绩

③ 其他学生的综合成绩可以利用公式的自动填充功能快速完成，将鼠标指针移到单元格 G5 右下角的填充句柄处，当鼠标指针变成“**+**”时，拖动鼠标至 G22，公式自动填充完毕，如图 4-45 所示。

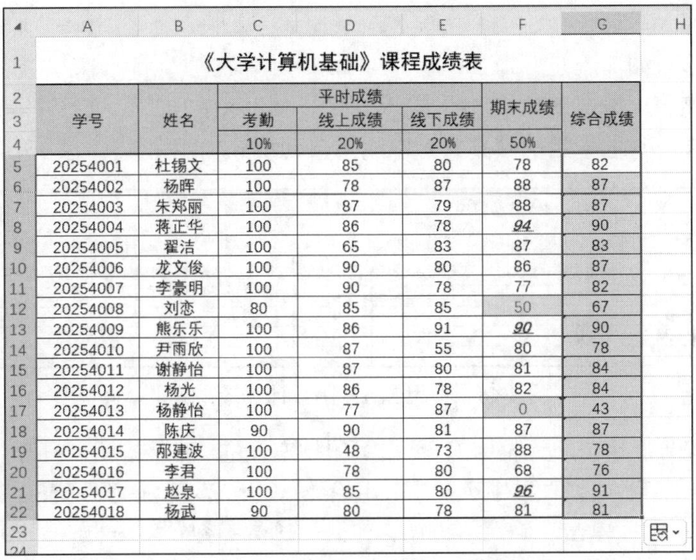

学号	姓名	平时成绩			期末成绩	综合成绩
		考勤	线上成绩	线下成绩		
		10%	20%	20%	50%	
20254001	杜锡文	100	85	80	78	82
20254002	杨晖	100	78	87	88	87
20254003	朱郑丽	100	87	79	88	87
20254004	蒋正华	100	86	78	94	90
20254005	翟洁	100	65	83	87	83
20254006	龙文俊	100	90	80	86	87
20254007	李豪明	100	90	78	77	82
20254008	刘恋	80	85	85	50	67
20254009	熊乐乐	100	86	91	90	90
20254010	尹雨欣	100	87	55	80	78
20254011	谢静怡	100	87	80	81	84
20254012	杨光	100	86	78	82	84
20254013	杨静怡	100	77	87	0	43
20254014	陈庆	90	90	81	87	87
20254015	邢建波	100	48	73	88	78
20254016	李君	100	78	80	68	76
20254017	赵泉	100	85	80	96	91
20254018	杨武	90	80	78	81	81

图 4-45　使用填充功能计算其他学生的综合成绩

在运用公式进行计算时，经常会出现一些异常信息，通常以符号"#"开头，以感叹号（或问号）结尾。公式中的错误值及其对应的可能的出错原因、解决方法如表 4-6 所示。

表 4-6　公式中的错误值及其对应的可能的出错原因、解决方法

错误值	可能的出错原因	解决方法
####	单元格中所含的数字、日期、时间超过单元格宽度或单元格的日期、时间产生了一个负值	增加单元格列宽、应用不同的数字格式、保证日期与时间的正确性
#VALUE!	使用的参数或操作数类型错误	确认公式所需的运算符或函数所需的参数是否正确、公式引用的单元格中是否包含有效的数值
#N/A	公式中没有可用数值	输入数值或参数
#REF!	单元格引用无效	修改为正确的单元格引用
#NUM!	在公式或函数中使用了无效数值	确认函数中使用的参数是否正确或修改公式

4.3.2　函数的使用

WPS 表格为用户提供了丰富的函数功能，为数据的计算和分析带来极大的便利，涉及财务、逻辑、文本、日期和时间、查找与引用、数学与三角函数、统计、多维数据集、信息等多个方面。

1. 常用函数的应用

函数的语法格式如下。

函数名（参数 1,参数 2,……）

其中，参数 1 和参数 2 等可以是常量、单元格、单元格区域或函数。

WPS 表格中最常用的几个函数是 SUM（求和）、AVERAGE（求平均值）、COUNT（计数）、MAX（求最大值）、MIN（求最小值）、IF（条件函数），其他函数功能会在 4.3.3 小节介绍。下面举例说明几个常用函数的用法。

【例 4-4】使用函数计算"第一学期各科成绩"工作表中每名同学的最高分、平均分和评价。其中，评价的标准是：平均分大于等于 85 为"优秀"，大于等于 60、小于 85 为"合格"，小于

60 为"不合格"。

其具体操作步骤如下。

（1）计算最高分。单击单元格 J2，输入公式"=MAX(E2:I2)"，如图 4-46 所示，按 Enter 键即可显示出结果。其他学生的最高分可以利用自动填充功能完成。

	AVERAGE	∨	× ✓ *fx*	=MAX(E2:I2)						
	A	B	C	D	E	F	G	H	I	J	K
1	学号	姓名	专业	性别	心理健康教育	高等数学	C语言程序设计	大学体育A	计算机基础	最高分	平均分
2	20254001	杜锡文	计算机	女	94	88	88	90		=MAX(E2:I2)	
3	20254002	杨晖	物理	女	92	92	88	87	87		
4	20254003	朱郑丽	人工智能	女	93	93	78	90	87		
5	20254004	蒋正华	计算机	男	82	85	75	84	90		

图 4-46　使用 MAX 函数计算最高分

（2）计算平均分。单击单元格 K2，单击编辑栏左侧的"*fx*"按钮，打开"插入函数"对话框，从"或选择类别"下拉列表框中选择"常用函数"，从"选择函数"列表框中选择 AVERAGE 函数，如图 4-47 所示；单击"确定"按钮，打开"函数参数"对话框，如图 4-48 所示；单击"数值 1"文本框右侧的指定区域按钮，选择正确的单元格区域"E2:I2"，单击"确定"按钮，然后使用自动填充完成其他学生的平均分计算。

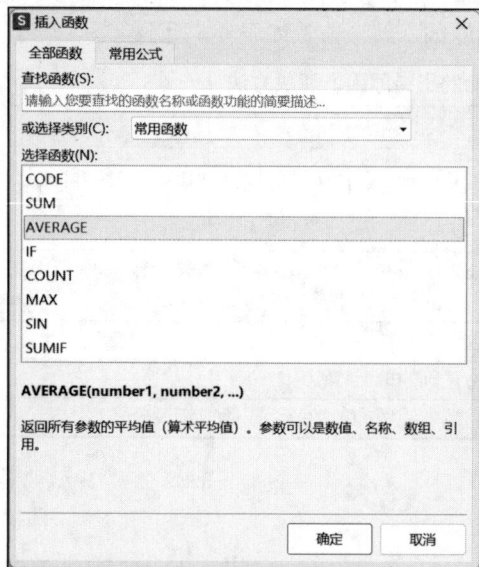

图 4-47　"插入函数"对话框

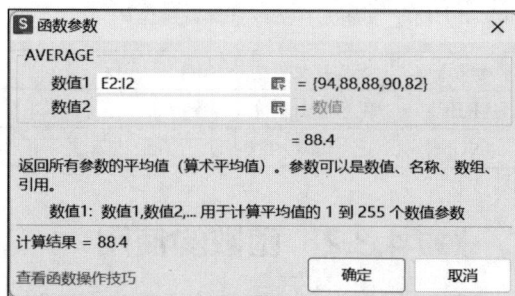

图 4-48　"函数参数"对话框

（3）计算评价。单击单元格 L2，输入公式"=IF(K2>=85,"优秀",IF(K2>=60,"合格","不合格"))"，如图 4-49 所示，按 Enter 键即可显示出结果。其他学生的成绩评价可以利用自动填充功能完成。

	AVERAGE	∨	× ✓ *fx*	=IF(K2>=85,"优秀",IF(K2>=60,"合格","不合格"))							
	A	B			F	G	H	I	J	K	L	M	N
1	学号	姓名	心理健康教育	高等数学	C语言程序设计	大学体育A	计算机基础	最高分	平均分	评价		
2	20254001	杜锡文	94	88	88	90	82		=IF(K2>=85,"优秀",IF(K2>=60,"合格","不合格"))			
3	20254002	杨晖	92	92	88	87	87	92	89.2			
4	20254003	朱郑丽	93	93	78	90	87	93	88.2			
5	20254004	蒋正华	82	85	75	84	90	90	83.2			
6	20254005	翟洁	91	89	94	86	83	94	88.6			

图 4-49　使用 IF 函数计算学生成绩评价

2. 在公式和函数中引用单元格地址

使用公式和函数计算数据非常简单，只要计算出第一个数据，其他的都可以利用公式的自动填充功能完成。公式的自动填充功能实质就是复制公式，为什么同一个公式复制到不同单元格中会有不同的结果呢？究其原因是相对地址在起作用。

单元格引用有以下 3 种方式。

相对引用：单元格引用默认为相对引用，如 A1、B2、C3:E5 等。相对引用是指公式在被复制时会根据移动的位置自动调节公式中引用单元格的地址。

绝对引用：在行号和列标前加 "$" 符号，如 $A$2、$C$2:$C$5。绝对引用是指公式在被复制时始终引用原单元格的地址，不会随着位置的变化而变化。

混合引用：混合引用是相对引用与绝对引用两者相结合的方式，只在行号或列标前加 "$" 符号，如 A$3、$B4。混合引用是指公式在被复制时只会在列或行上根据移动的位置来改变引用的单元格地址。

【例 4-5】绝对引用地址示例。在例 4-4 的工作表中添加一个 "排名" 列，计算每名学生的排名，如图 4-50 所示。

	A	B	E	F	G	H	I	J	K	L	M
1	学号	姓名	心理健康教育	高等数学	C语言程序设计	大学体育A	计算机基础	最高分	平均分	评价	排名
2	20254001	杜锡文	94	88	88	90	82	94	88.4	优秀	3
3	20254002	杨晖	92	92	88	87	87	92	89.2	优秀	1
4	20254003	朱郑丽	93	93	78	90	87	93	88.2	优秀	4
5	20254004	蒋正华	82	85	75	84	90	90	83.2	合格	7
6	20254005	翟洁	91	89	94	86	83	94	88.6	优秀	2
7	20254006	龙文俊	87	76	91	86	87	91	85.4	优秀	5
8	20254007	李豪明	79	74	63	85	82	85	76.6	合格	15
9	20254008	刘恋	78	80	80	88	67	88	78.6	合格	11
10	20254009	熊乐乐	83	85	66	89	90	90	82.6	合格	8
11	20254010	尹雨欣	94	74	86	89	78	94	84.2	合格	6
12	20254011	谢静怡	78	55	88	88	84	88	78	合格	13
13	20254012	杨光	85	80	65	87	84	87	80.2	合格	9
14	20254013	杨静怡	91	81	65	88	43	91	73.6	合格	18
15	20254014	陈庆	78	71	64	88	87	88	77.6	合格	14
16	20254015	郏建波	80	64	83	86	78	86	78.2	合格	12
17	20254016	李君	78	87	49	83	76	87	74.6	合格	17
18	20254017	赵泉	87	67	64	85	91	91	78.8	合格	10
19	20254018	杨武	81	66	62	85	81	85	75	合格	16

图 4-50　绝对引用地址示例

其具体操作步骤如下。

（1）单击 M1 单元格，输入文字 "排名"。

（2）单击 M2 单元格，输入 "=RANK(K2,K2:K19)"，按 Enter 键确认。RANK() 是一个统计函数，它用于求某一列数值的排名情况，如使用公式 "=RANK(K2,K2:K19)" 就代表 K2 单元格在 K2:K19 单元格中的排名情况。使用自动填充功能拖曳数据时，发现 M3 内的公式变为 "=RANK(K3,K3:K20)"，K3:K20 超出了预期范围，比较的数据区域始终应该是 K2:K19，不能发生变化，因此需要采用绝对引用地址的方式，M2 中输入的公式应该为 "=RANK(K2,$K$2:$K$19)"。

3. 快速计算与自动求和

WPS 表格的计算功能非常人性化，用户既可以选择公式函数来进行计算，又可以直接选择某个单元格区域查看其求和、求平均值等的结果。

（1）快速计算。选择需要计算单元格之和或单元格平均值的区域，在 WPS 工作界面的状态栏中可以直接查看计算结果，包括平均值、计算（单元格个数）、求和等，如图 4-51 所示。

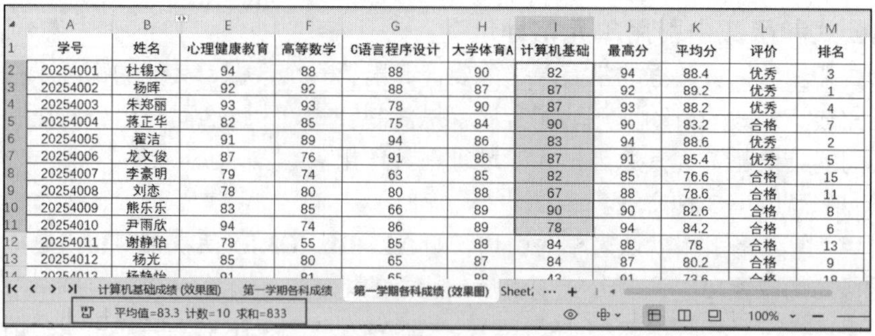

图 4-51　快速计算

（2）自动求和。求和函数主要用于计算某一单元格区域中所有数值之和。求和方法是：选择需要求和的单元格，在"公式"选项卡中单击"求和"按钮，此时，即可在当前单元格中插入求和函数"SUM"，同时 WPS 表格将自动识别函数参数，单击编辑栏中的"输入"按钮或按Enter 键，完成求和计算。

▶▶▶ 4.3.3　常用函数

1. 数学函数

数学函数及其功能说明如表 4-7 所示。

表 4-7　数学函数及其功能说明

函数	功能说明	举例	结果
INT(number)	将数字向下舍入到最接近的整数	= INT(7.8) = INT(-7.8)	7 -8
MOD(number, divisor)	返回两数相除的余数（小数点后结果与 divisor 同号，且绝对值小于 divisor 的绝对值）	=MOD(24, 7) =MOD(24, -7) =MOD(-24, 7)	3 -4 4
PI( )	返回圆周率的值，精确到小数点后14 位	=PI( )	3.14159265358979
ROUND(number, num_digits)	按指定位数进行四舍五入	=ROUND(78.567,2)	78.57
SQRT(number)	返回数值的平方根	= SQRT(16)	4
RAND( )	返回一个[0,1]的随机数	=RAND( )	
RANDBETWEEN(bottom,top)	返回一个介于指定数字之间的随机整数	=RANDBETWEEN(20, 200)	
SUM(num1,num2,…)	返回单元格区域中所有数值的和	=SUM(A2:E2)	
SUMIFS(sum_range,criteria_range,criteria,…)	按给定条件对指定单元格求和，例如公式=SUMIFS(A1:A20，B1:B20，">0"，C1:C20，"<10")表示对区域 A1:A20 中符合以下两个条件的单元格的数值求和，B1:B20 中的相应数值大于 0 且 C1:C20 中的相应数值小于 10		

2. 日期和时间函数

日期和时间函数及其功能说明如表 4-8 所示。

表 4-8　日期和时间函数及其功能说明

函数	功能说明	举例	结果
TODAY()	返回当前日期	=TODAY()	2024/4/25
NOW()	返回当前日期和时间	=NOW()	2024/4/25 11:05
YEAR()	返回日期的年份	=YEAR(TODAY())	2024

函数	功能说明	举例	结果
MONTH()	返回日期的月份	=MONTH(TODAY())	4
DAY()	返回当前日期的天数	=DAY(TODAY())	25
DATE(year,month,day)	返回指定日期的数值	=DATE(2024,4,25)	2024/4/25
TIME(hour,minute,second)	返回特定时间的序列数	=TIME(11,05,15)	11:05 AM
WEEKDAY	返回日期在一周中是第几天，返回值是一个 1~7 之间的整数	=WEEKDAY(TODAY())	5

3. 文本函数

文本函数及其功能说明如表 4-9 所示。

表 4-9　文本函数及其功能说明

函数	功能说明	举例	结果
LEFT(text,num_chars)	从文本字符串的第一个字符开始返回指定个数的字符	=LEFT("长江大学文理学院",2)	长江
MID(text,start_num,num_chars)	从文本字符串中指定的起始位置起返回指定长度的字符	=MID("长江大学文理学院",5,2)	文理
RIGHT(text,num_chars)	从文本字符串的最后一个字符开始返回指定个数的字符	=RIGHT("长江大学文理学院",4)	文理学院
LEN(text)	返回文本字符串的字符个数	=LEN("长江大学文理学院")	8
TEXT(value,format_text)	根据指定的数值格式将数字转换为文本	=TEXT(114,"0.0")	"114.0"
VALUE(text)	将文本字符串转换为数值	=VALUE("114")	114
TRIM(text)	删除字符串中首尾多余的空格，但会保留词与词之间分隔的空格	=TRIM("　长江　　大学　")	长江 大学

4. 逻辑函数

逻辑函数及其功能说明如表 4-10 所示。

表 4-10　逻辑函数及其功能说明

函数	功能说明	举例	结果
AND (logical1, logical2,…)	当所有参数的逻辑值都为 TRUE 时,返回 TRUE,否则返回 FALSE	=AND(8>=5,5+3=8) =AND(TRUE,5>8) =AND(FALSE,"c">"d")	TRUE FALSE FALSE
OR (logical1, logical2,…)	当所有参数的逻辑值都为 FALSE 时,返回 FALSE,否则返回 TRUE	=OR(8>=5,2<8) =OR(FALSE,5<8) =OR(5>8,"a">"b")	TRUE TRUE FALSE
NOT (logical)	当参数的逻辑值为 TRUE 时返回 FALSE, 为 FALSE 时返回 TRUE	=NOT(5>3) =NOT(FALSE)	FALSE TRUE
IF(logical_test,value_if_true, value_if_false)	判断条件是否满足，如果满足则返回一个值，如果不满足则返回另一个值	=IF(G2>=90, "通过","未通过") 假设 G2 的值为 95 假设 G2 的值为 80	通过 未通过

5. 统计函数

统计函数及其功能说明如表 4-11 所示。

表 4-11　统计函数及其功能说明

函数	功能说明
AVERAGE(number1,number2,…)	返回参数中数值的平均值
COUNTA(value1,value2,…)	返回非空白单元格的个数
COUNT(number1,number2,…)	返回参数中数值数据的个数
COUNTIF(range,criteria)	返回区域 range 中符合条件 criteria 的个数
MAX(number1,number2,…)	返回参数中数值的最大值
MIN(number1,number2,…)	返回参数中数值的最小值
FREQUENCY(data_array,bin_array)	以一列垂直数组返回某个区域中数据的频率分布

6. 财务函数

财务函数及其功能说明如表 4-12 所示。

表 4-12　财务函数及其功能说明

函数	功能说明	举例	结果
PMT(rate,nper,pmt)	计算在固定利率下，贷款的等额分期偿还额。其中 rate 为利率，nper 为贷款的付款总期数（总年数或还租期数），pmt 为贷款金额	某业主贷款买房，贷款 200 万元，银行利率为 4.5%，计划 20 年还清 =PMT(0.045,20,2000000)	该业主每年向银行还款 153,752.29 元
PV(rate,nper,pmt)	可贷款函数	某企业向银行贷款，偿还力为每月 10 万元，贷款利率为 5.5%，计划 5 年还清 =PV(0.055,60,100000)	该企业可以向银行贷款 1,744,985.42 元

4.4　数据管理与分析

WPS 表格不仅具备对表格数据的计算处理能力，还具备数据库管理的一些功能。它可以方便、快捷地对数据进行排序、筛选、分类汇总、创建数据透视表等操作，从而使不精通编程的人员也可以根据需要对数据进行统计、分析，因此其受到广大用户的喜爱。

4.4.1　数据清单

数据清单（又称为数据列表）是由工作表中行、列交叉构成的矩形区域，即一张二维表。与前面介绍的工作表中的数据有所不同，数据清单的特点如下。

（1）数据清单包括两个部分：表结构和表记录。表结构是数据清单中的第 1 行，即列标题（又称为"字段名"）。列标题下面的每一行包括一组相关的数据，称为表记录。

（2）每一列应包含性质相同、类型相同的数据，如字段名是"部门"，则该列存放的必须全部是部门；字段名不能重复。

（3）不能有完全相同的两行记录。

（4）避免在一个工作表上建立多个数据清单。

（5）中间不允许出现空白行或空白列。

▶▶▶ 4.4.2 数据排序

在实际的应用中，为方便、合理地管理数据，通常会根据字段内容对记录进行排序。其中，数值往往按大小排序；日期、时间按先后排序；英文字符按字母顺序排序；汉字按拼音首字母排序或按笔画排序。排序的字段称为"关键字"，用户可以将关键字按照升序或降序的方式进行排序。

1. 单字段排序

单字段排序是指用一个关键字进行升序或降序排列。具体操作方法是：选择排序字段的任意单元格，单击"数据"选项卡中的"排序"下拉按钮，从弹出的下拉列表中选择"升序"命令或"降序"命令，即可实现数据的升序或降序排列。图 4-52 为按学生的"平均分"字段降序排列的结果。

	A	B	E	F	G	H	I	J	K	L	M
1	学号	姓名	心理健康教育	高等数学	C语言程序设计	大学体育A	计算机基础	最高分	平均分	评价	排名
2	20254002	杨晖	92	92	88	87	87	92	89.2	优秀	1
3	20254005	翟洁	91	89	94	86	83	94	88.6	优秀	2
4	20254001	杜锡文	94	88	88	90	82	94	88.4	优秀	3
5	20254003	朱郑丽	93	93	78	90	87	93	88.2	优秀	4
6	20254006	龙文俊	87	76	91	86	87	91	85.4	优秀	5
7	20254010	尹雨欣	94	74	86	89	78	94	84.2	合格	6
8	20254004	蒋正华	82	85	75	84	90	90	83.2	合格	7
9	20254009	熊乐乐	83	85	66	89	90	90	82.6	合格	8
10	20254012	杨光	85	80	65	87	84	87	80.2	合格	9
11	20254017	赵泉	87	67	64	85	91	91	78.8	合格	10
12	20254008	刘态	78	80	80	88	67	88	78.6	合格	11
13	20254015	郧建波	80	64	83	86	78	86	78.2	合格	12
14	20254011	谢静怡	78	55	85	88	84	88	78	合格	13
15	20254014	陈庆	78	71	64	88	87	88	77.6	合格	14
16	20254007	李豪明	79	74	63	85	82	85	76.6	合格	15
17	20254018	杨武	81	66	62	85	81	85	75	合格	16
18	20254016	李君	78	87	49	83	76	87	74.6	合格	17
19	20254013	杨静怡	91	81	65	88	43	91	73.6	合格	18

图 4-52　按学生的"平均分"字段降序排列的结果

2. 多字段排序

多字段排序是指用多个关键字进行升序或降序排列。当排序的字段值相同时，可按另一个关键字继续排序。具体操作方法是：选择需要排序的数据区域，单击"数据"选项卡中的"排序"下拉按钮，从弹出的下拉列表中选择"自定义排序"命令。

【例 4-6】对"第一学期各科成绩"工作表进行排序：按主要关键字"性别"升序排列；性别相同时，按次要关键字"专业"降序排列；性别和专业都相同时，按第三关键字"平均分"降序排列。多字段排序结果如图 4-53 所示。

	A	B	C	D	G	H	I	J	K	L	M
1	学号	姓名	专业	性别	C语言程序设计	大学体育A	计算机基础	最高分	平均分	评价	排名
2	20254005	翟洁	物理	男	94	86	83	94	88.6	优秀	2
3	20254006	龙文俊	物理	男	91	86	87	91	85.4	优秀	5
4	20254012	杨光	物理	男	65	87	84	87	80.2	合格	9
5	20254008	刘态	物理	男	80	88	67	88	78.6	合格	11
6	20254013	杨静怡	物理	男	65	88	43	91	73.6	合格	18
7	20254010	尹雨欣	通信工程	男	86	89	78	94	84.2	合格	6
8	20254007	李豪明	人工智能	男	63	85	82	85	76.6	合格	15
9	20254004	蒋正华	计算机	男	75	84	90	90	83.2	合格	7
10	20254018	杨武	计算机	男	62	85	81	85	75	合格	16
11	20254016	李君	计算机	男	49	83	76	87	74.6	合格	17
12	20254002	杨晖	物理	女	88	87	87	92	89.2	优秀	1
13	20254015	郧建波	通信工程	女	83	86	78	86	78.2	合格	12
14	20254003	朱郑丽	人工智能	女	78	90	87	93	88.2	优秀	4
15	20254014	陈庆	人工智能	女	64	88	87	88	77.6	合格	14
16	20254001	杜锡文	计算机	女	88	90	82	94	88.4	优秀	3
17	20254009	熊乐乐	计算机	女	66	89	90	90	82.6	合格	8
18	20254017	赵泉	计算机	女	64	85	91	91	78.8	合格	10
19	20254011	谢静怡	计算机	女	85	88	84	88	78	合格	13

图 4-53　多字段排序结果

其具体操作步骤如下。

（1）选择数据清单中的任意单元格，单击"数据"选项卡中的"排序"下拉按钮，从弹出的下拉列表中选择"自定义排序"命令，打开"排序"对话框，选择主要关键字为"性别"、排序依据为"数值"、次序为"升序"。

（2）单击"添加条件"按钮，选择次要关键字为"专业"、排序依据为"数值"、次序为"降序"，如图 4-54 所示。

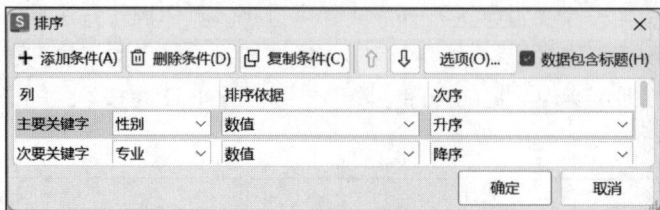

图 4-54 "排序"对话框

（3）单击"添加条件"按钮，选择次要关键字为"平均分"、排序依据为"数值"、次序为"降序"，单击"确定"按钮。在该对话框中，"数据包含标题"复选框是为了避免字段名也成为排序对象；"选项"按钮用来打开"排序选项"对话框，进行排序的相关设置，如区分大小写、改变排序方向（行或列）、汉字按字母或笔画排序等。

3. 自定义序列排序

如果需要将数据按照除升序和降序以外的其他次序进行排列，那么就需要设置自定义序列排序。

【例 4-7】对"第一学期各科成绩"工作表按照"专业"排序，专业次序为"计算机→人工智能→通信工程→物理"，具体操作步骤如下。

（1）设置自定义序列。选择"文件"→"选项"命令，打开"选项"对话框，选择该对话框左侧的"自定义序列"，在右侧的"输入序列："文本框中输入"计算机 人工智能 通信工程 物理"（注意：每个专业输完后需换行），如图 4-55 所示，单击"添加"按钮。

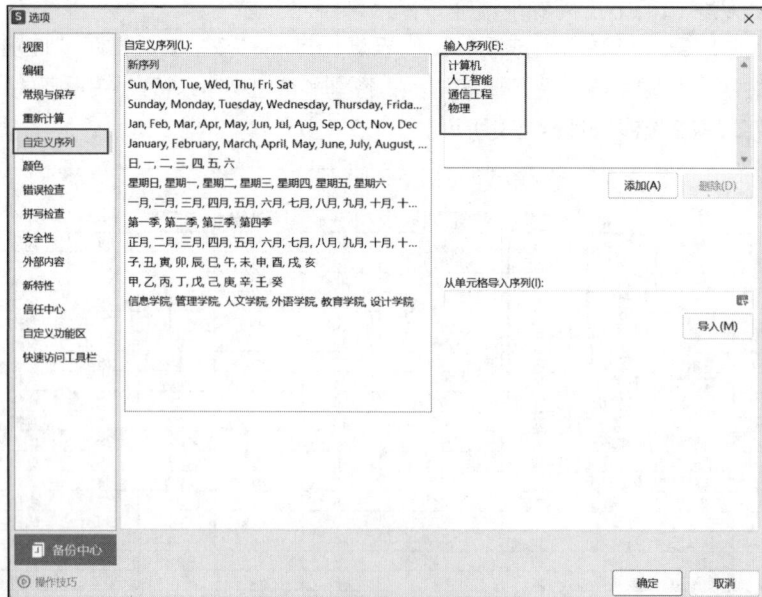

图 4-55 添加自定义序列

（2）选择数据区域中的任意一个单元格，单击"数据"选项卡中的"排序"下拉按钮，在弹出的下拉列表中选择"自定义排序"命令，打开"排序"对话框。

（3）在"主要关键字"下拉列表框中选择"专业"选项，在"排序依据"下拉列表框中选择"数值"选项，在"次序"下拉列表框中选择"自定义序列"选项，打开"自定义序列"对话框，在"自定义序列"列表框中选择"计算机，人工智能，通信工程，物理"选项，单击"确定"按钮，如图 4-56 所示。

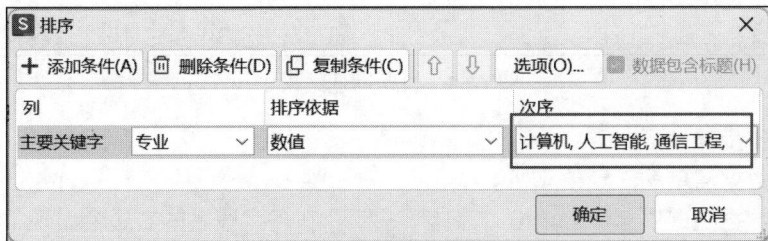

图 4-56　设置自定义次序

（4）单击"确定"按钮，完成排序，返回 WPS 表格的工作界面，即可看到按照自定义序列排序后的效果，如图 4-57 所示。

	A	B	C	D	G	H	I	J	K	L	M
1	学号	姓名	专业	性别	C语言程序设计	大学体育	计算机基础	最高分	平均分	评价	排名
2	20254001	杜锡文	计算机	女	88	90	82	94	88.4	优秀	3
3	20254009	熊乐乐	计算机	女	66	89	90	90	82.6	合格	8
4	20254017	赵泉	计算机	女	64	85	91	91	78.8	合格	10
5	20254011	谢静怡	计算机	女	85	88	84	88	78	合格	13
6	20254004	蒋正华	计算机	男	75	84	90	90	83.2	合格	7
7	20254018	杨武	计算机	男	62	85	81	85	75	合格	16
8	20254016	李君	计算机	男	49	83	76	87	74.6	合格	17
9	20254003	朱郑丽	人工智能	女	78	90	87	93	88.2	优秀	4
10	20254014	陈庆	人工智能	女	64	88	87	88	77.6	合格	14
11	20254007	李豪明	人工智能	男	63	85	82	85	76.6	合格	15
12	20254015	邴建波	通信工程	男	83	86	78	86	78.2	合格	12
13	20254010	尹雨欣	通信工程	男	86	89	78	94	84.2	合格	6
14	20254002	杨晖	物理	女	88	87	87	92	89.2	优秀	1
15	20254005	翟洁	物理	男	94	86	83	94	88.6	优秀	2
16	20254006	龙文俊	物理	男	91	86	87	91	85.4	优秀	5
17	20254012	杨光	物理	男	65	87	84	87	80.2	合格	9
18	20254008	刘态	物理	男	80	88	67	88	78.6	合格	11
19	20254013	杨静怡	物理	男	65	88	43	91	73.6	合格	18

图 4-57　查看自定义序列排序的效果

▶▶▶ 4.4.3　数据筛选

数据筛选是指从一个工作表中筛选出符合一定条件的记录将其显示，而将不满足条件的记录隐藏。当筛选条件被删除时，隐藏的数据便又恢复显示。

WPS 表格提供了两种数据筛选的方法：自动筛选和高级筛选。自动筛选可以实现单个字段筛选及多个字段筛选的"逻辑与"关系，操作方便，能满足大部分应用；高级筛选除了能实现自动筛选的功能，还能实现多个字段筛选的"逻辑或"关系，注意需要在数据清单以外建立条件区域。

1. 自动筛选

自动筛选可以通过"数据"选项卡中的"筛选"按钮 ▽ 来实现。在所需筛选的字段名下拉列表中选择符合的条件，若没有，则可以根据不同的字段类别选择"文本筛选""数字筛选""日期筛选"，在子列表中选择"自定义筛选"命令，用户可以根据需要在打开的"自定义自动筛选方式"对话框中输入条件。如果要使数据恢复显示，则可以单击"全部显示"按钮。如果要取消自动筛选功能，则可以再次单击"筛选"按钮。

【例 4-8】在"第一学期各科成绩"工作表中，筛选出"专业"为计算机或人工智能，且"大学体育 A"成绩大于 85 分的学生信息，其结果如图 4-58 所示。

	A	B	C	D	G	H	I	J	K	L	M
1	学号	姓名	专业	性别	C语言程序设计	大学体育A	计算机基础	最高分	平均分	评价	排名
2	20254001	杜锡文	计算机	女	88	90	82	94	88.4	优秀	3
3	20254009	熊乐乐	计算机	女	66	89	90	90	82.6	合格	8
5	20254011	谢静怡	计算机	女	85	88	84	88	78	合格	13
9	20254003	朱郑丽	人工智能	女	78	90	87	93	88.2	优秀	4
10	20254014	陈庆	人工智能	女	64	88	87	88	77.6	合格	14

图 4-58　自动筛选结果

其具体操作步骤如下。

（1）选择数据清单的任意单元格。

（2）在"数据"选项卡中，单击"筛选"按钮，在各字段名的右边会出现"自动筛选"下拉按钮。单击"专业"列的"自动筛选"下拉按钮，勾选"计算机"复选框和"人工智能"复选框，单击"确定"按钮。

（3）在单击"大学体育 A"列的"筛选"按钮后，单击"数字筛选"按钮，从弹出的下拉列表中选择"大于"命令，打开"自定义自动筛选方式"对话框，设置"大于""85"，如图 4-59 所示，单击"确定"按钮。

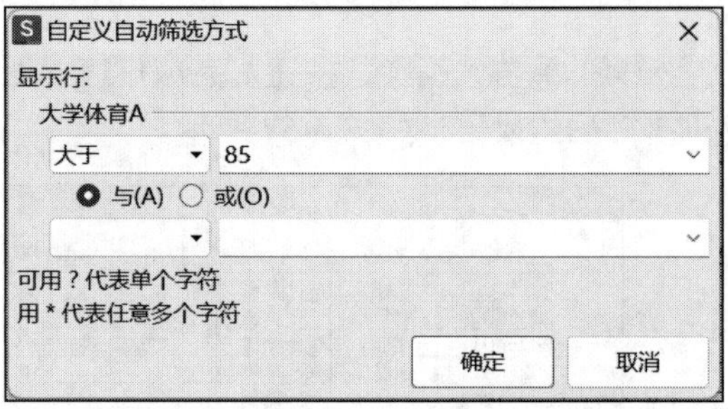

2. 高级筛选

当筛选的条件较为复杂，且出现多字段间的"逻辑或"关系时，可以通过单击"数据"选项卡中的"筛选"下拉按钮，在弹出的下拉列表中选择"高级筛选"命令来实现筛选。

图 4-59　"自定义自动筛选方式"对话框

在进行高级筛选时需要在数据清单以外的位置建立条件区域，条件区域至少占两行，且首行为与数据清单精确匹配的字段。在第 2 行输入筛选条件，在同一行上的条件关系为"逻辑与"，不同行之间的条件关系为"逻辑或"。筛选的结果可以在原数据清单中显示，也可以在数据清单以外的位置显示。

【例 4-9】在"第一学期各科成绩"工作表中，筛选出专业为"计算机"、C 语言程序设计成绩大于或等于 85，抑或专业为"物理"、平均分大于 80 分的学生信息，将筛选的结果在原有区域显示。高级筛选效果如图 4-60 所示。

	A	B	C	D	G	H	I	J	K	L	M
1	学号	姓名	专业	性别	C语言程序设计	大学体育A	计算机基础	最高分	平均分	评价	排名
2	20254001	杜锡文	计算机	女	88	90	82	94	88.4	优秀	3
5	20254011	谢静怡	计算机	女	85	88	84	88	78	合格	13
14	20254002	杨晖	物理	女	88	87	87	92	89.2	优秀	1
15	20254005	翟洁	物理	男	94	86	83	94	88.6	优秀	2
16	20254006	龙文俊	物理	男	91	86	87	91	85.4	优秀	5
17	20254012	杨光	物理	男	65	87	84	87	80.2	合格	9
20											
22			专业		C语言程序设计	平均分					
23			计算机		>=85						
24			物理			>80					

→ 条件区域

图 4-60　高级筛选效果

其具体操作步骤如下。

（1）在数据清单以外的区域建立条件区域。

（2）选定数据清单中的任意一个单元格，单击"数据"选项卡中的"筛选"下拉按钮，在弹出的下拉列表中选择"高级筛选"命令，打开"高级筛选"对话框，设置方式为"在原有区域显示筛选结果"，设置列表区域（'第一学期各科成绩'!$A$1:$M$19）和条件区域（'第一学期各科成绩'!$D$22:$H$24）（可使用 按钮进行框选），如图 4-61 所示。单击"确定"按钮，即可在原位置显示高级筛选的结果，完成高级筛选任务。

图 4-61 "高级筛选"对话框

▶▶▶ 4.4.4 分类汇总

在实际应用中，经常需要将某些属性相同的数据放在一起，对其进行求最大值、求最小值、求平均值、求和、计数等操作。为此，WPS 表格提供了分类汇总功能。需要注意的是，在分类汇总之前，必须先对分类的字段进行排序，否则将得不到正确的分类汇总结果。

【例 4-10】在"第一学期各科成绩"工作表中，按学生的"性别"统计"计算机基础"及"平均分"的最高分。按性别进行分类汇总的结果如图 4-62 所示。

	A	B	C	D	G	H	I	J	K	L	M
1	学号	姓名	专业	性别	C语言程序设计	大学体育A	计算机基础	最高分	平均分	评价	排名
2	20254004	蒋正华	计算机	男	75	84	90	90	83.2	合格	8
3	20254018	杨武	计算机	男	62	85	81	85	75	合格	17
4	20254016	李君	计算机	男	49	83	76	87	74.6	合格	18
5	20254007	李豪明	人工智能	男	63	85	82	85	76.6	合格	16
6	20254010	尹雨欣	通信工程	男	86	89	78	94	84.2	合格	7
7	20254005	翟洁	物理	男	94	86	83	94	88.6	优秀	3
8	20254006	龙文俊	物理	男	91	86	87	91	85.4	优秀	6
9	20254012	杨光	物理	男	65	87	84	87	80.2	合格	10
10	20254008	刘恋	物理	男	80	88	67	88	78.6	合格	12
11	20254013	杨静怡	物理	男	65	88	43	91	73.6	合格	19
12				男 最大值			90		88.6		19
13	20254001	杜锡文	计算机	女	88	90	82	94	88.4	优秀	4
14	20254009	熊乐乐	计算机	女	66	89	90	90	82.6	合格	9
15	20254017	赵泉	计算机	女	64	85	91	91	78.8	合格	11
16	20254011	谢舒怡	计算机	女	85	88	84	88	78	合格	14
17	20254003	朱郑丽	人工智能	女	78	90	87	93	88.2	优秀	5
18	20254014	陈庆	人工智能	女	64	88	87	88	77.6	合格	15
19	20254015	郑建波	通信工程	女	83	86	78	86	78.2	合格	13
20	20254002	杨晖	物理	女	88	88	87	92	89.2	优秀	1
21				女 最大值			91		89.2		15
22				总 最大值			91		89.2		19

图 4-62 按性别进行分类汇总的结果

其具体操作步骤如下。

（1）选择"性别"列的任意一个单元格，单击"数据"选项卡中的"排序"下拉按钮，从弹出的下拉列表中选择"升序"命令，即可实现按性别进行升序排列。

（2）选择数据清单中的任意单元格，在"数据"选项卡中单击"分类汇总"按钮，打开"分类汇总"对话框。在"分类字段"下拉列表框中选择"性别"，在"汇总方式"下拉列表框中选择"最大值"，在"选定汇总项"列表框中先去掉默认的勾选"排名"，再勾选"计算机基础"和"平均分"，其设置如图 4-63 所示，单击"确定"按钮。

（3）分类汇总后，数据会分为 3 级显示，通过单击工作表左边的分类层次 1、2、3 就可以查看总计、汇总和明细等相关信息。

若要取消分类汇总，在"分类汇总"对话框中单击"全部删除"按钮即可。

图 4-63 "分类汇总"对话框

▶▶▶ 4.4.5 数据透视表

分类汇总只能按一个字段进行分类统计。如果要按多个字段分类并汇总，就需要利用数据透视表来解决这个问题。

1.数据透视表的创建

【例 4-11】在"第一学期各科成绩"工作表中，按专业统计男、女生的人数。其结果如图 4-64 所示。

计数项:学号	专业					
性别	计算机	人工智能	通信工程	物理		总计
男	3	1	1	5		10
女	4	2	1	1		8
总计	7	3	2	6		18

图 4-64　数据透视表的统计结果

其具体操作步骤如下。

（1）选择数据清单中的任意单元格。

（2）创建数据透视表。单击"插入"选项卡中的"数据透视表"按钮，打开"创建数据透视表"对话框。选择要分析的数据（如果系统给出的默认数据区域不正确，用户可以自己重新给定）及数据透视表的位置（可以放在新工作表中也可以放在现有工作表），然后单击"确定"按钮，如图 4-65 所示。

（3）设置数据透视表的标签。在出现的"字段列表"中，将要分类的字段拖入"行"标签和"列"标签区域，将汇总的字段拖入"值"区域。本例中将"专业"作为列标签，将"性别"作为行标签，将"学号"作为数值进行汇总，如图 4-66 所示。

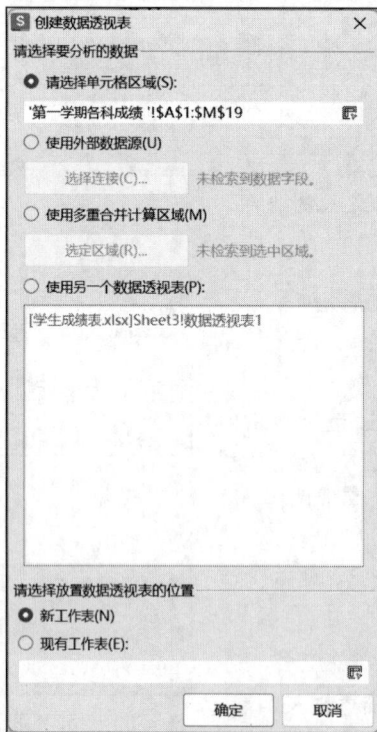

图 4-65　"创建数据透视表"对话框　　　　图 4-66　"字段列表"任务窗格

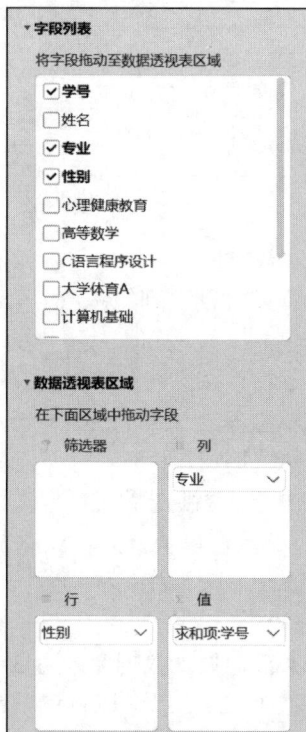

（4）更改默认值字段汇总方式。由于"学号"默认汇总方式为求和，根据本例需求，需要更改为"计数"。操作方法是：单击"值"区域中的"求和项:学号"下拉按钮，选择"值字段设置"命令，打开"值字段设置"对话框，设置"值字段汇总方式"为计数，如图 4-67 所示，单击"确定"按钮。

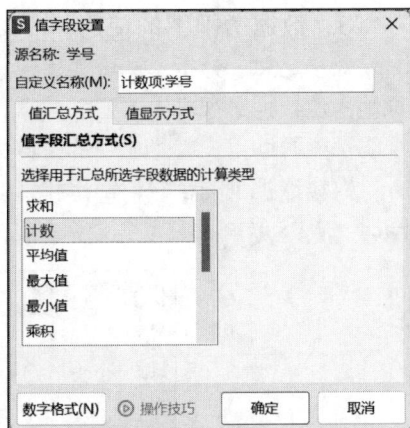

对于已建立的数据透视表，用户可以拖动数据字段和数据项来重新组织数据，但不能直接删除其中的数据，只能删除整个数据透视表。

图 4-67 "值字段设置"对话框

2. 切片器的使用

WPS 表格提供的切片器功能丰富了数据透视表的查看方式，能实现对数据进行动态分割和筛选操作。当使用常规的数据透视表筛选器来筛选多个项目时，筛选器仅指示筛选了多个项目，用户必须打开下拉列表才能找到有关筛选的详细信息。切片器则可以清晰地标记已应用的筛选器，并提供详细信息，以便用户能够轻松地了解显示在已筛选数据透视表的数据。

（1）插入切片器。插入切片器通常是在现有的数据透视表中进行的，并且在同一工作表中创建多个切片器后，切片器将与数据透视表一起显示在工作表中。插入切片器的具体操作步骤如下。

① 在数据透视表工作表中，单击数据透视表中的任意一个单元格，激活数据透视表工具。

② 单击"分析"选项卡中的"插入切片器"按钮，弹出"插入切片器"对话框，如图 4-68 所示。

③ 在"插入切片器"对话框中，勾选需要创建切片器的一个或多个字段所对应的复选框。此时，工作表会显示相应的切片器。

④ 例如，在图 4-68 中选择"性别"和"评价"两个字段（或称为两个切片器），两个切片器之间是"与"的关系，也就是说，图 4-69 显示的是每个专业中性别为"男"且评价为"合格"的学生统计情况。单击切片器右上角的"清除筛选器"按钮，可取消筛选，显示全部内容。此外，还可以利用"选项"选项卡更改切片器样式。

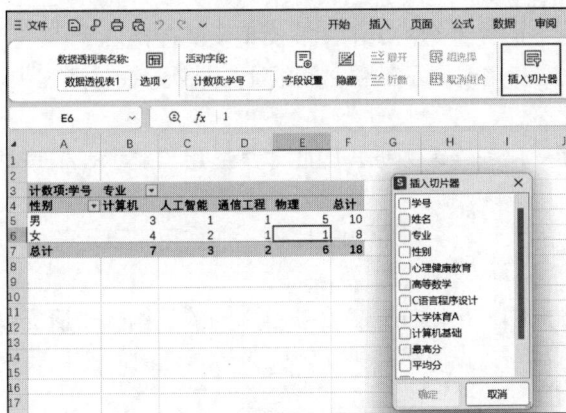

图 4-68 切片器的使用

图 4-69 切片器筛选

（2）删除切片器。用鼠标右键单击需要删除的切片器，在弹出的快捷菜单中选择"删除"命令即可。

3. 数据透视图的使用

对于汇总、分析、浏览和呈现总数据来说，数据透视表非常有用。数据透视图则有助于形象地呈现数据透视表中的汇总数据，以便用户轻松查看、比较这些数据。数据透视表和数据透视图都能帮助用户就企业中的关键数据做出明智决策。

数据透视图的创建、使用和修改方法与数据透视表类似，所不同的是在创建数据透视图的同时，WPS 表格会自动创建数据透视表，如图 4-70 所示。

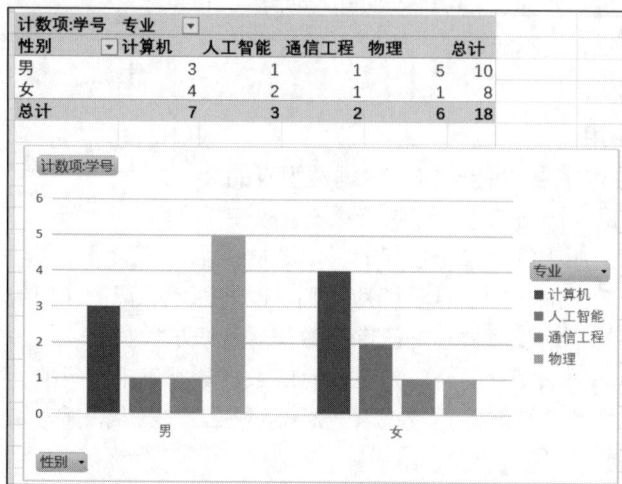

图 4-70　数据透视图示例

4.5　图表制作

在工作和生活中，为了更加直观、清晰地反映数据，往往需要用图形的方式来表达。WPS 表格中提供的图表可以准确地反映数据之间的关系、数据的变化规律和发展趋势，为用户进行数据分析提供帮助。当工作表中的数据发生改变时，图表会相应改变，不需要重新创建。

WPS 表格中提供了丰富的图表类型，包括柱形图、折线图、饼图、条形图、面积图、XY（散点图）、股价图、雷达图等多种图表类型。下面先介绍常见的图表类型及其应用。

柱形图：柱形图用于显示一段时间内的数据变化或显示各项之间的比较情况。在柱形图中，通常水平轴 X 表示类别，而垂直轴 Y 表示数值。

折线图：折线图可以显示随时间的变化而变化的连续数据，因此非常适用于显示在相等时间间隔下数据的变化趋势。

饼图：饼图可以显示一个数据系列中各项的大小与各项总和的比例，往往用来表示整体与个体之间的关系。

条形图：条形图可以被看成横着放置的柱形图，用以描绘各个项目之间的数据比较情况。

面积图：面积图用于显示某个时间阶段总数与数据系列的关系，强调数量随时间变化而变化的程度。

XY（散点图）：XY（散点图）用于显示若干数据系列中各数值之间的关系，散点图可以绘制函数曲线。

股价图：顾名思义，股价图经常用来显示股价的波动。

雷达图：雷达图主要应用于企业经营状况的评价；通过它，用户可以一目了然地了解企业各项财务指标的变动情况及其好坏趋向。

▶▶▶ 4.5.1 创建图表

1. 图表结构

图表是由多个图表元素组成的，图 4-71 显示了计算机专业成绩图表。

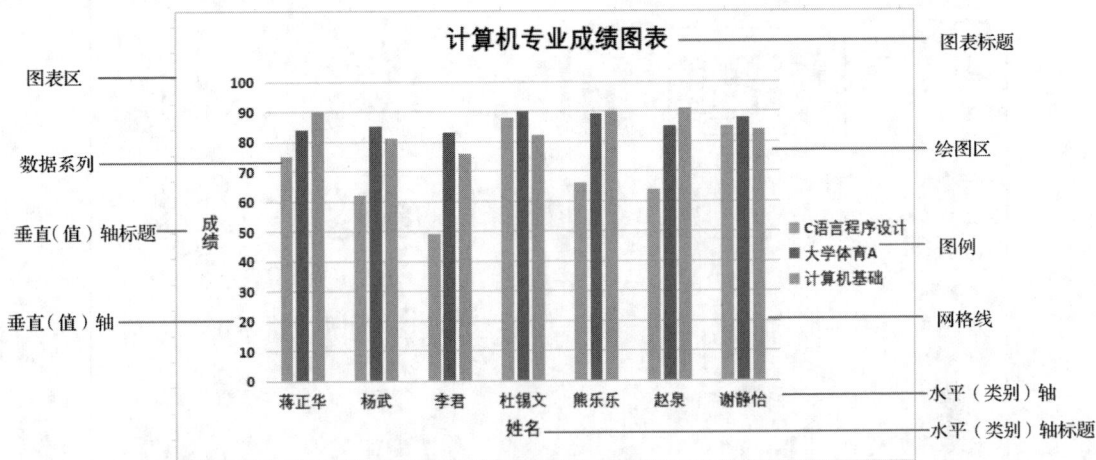

图 4-71　图表示例

图表中常见的元素介绍如下。

- 图表区：整个图表及内部所包含的元素。
- 绘图区：以坐标轴为界并包含全部数据系列的区域。
- 图表标题：图表的文本标题，用户可以根据需要为其设置左对齐、居中、右对齐等对齐方式。
- 数据系列：图表中的数据点，来源于选定的数据区域，结果与单元格数据相关联，用户可以根据需要灵活地对其进行添加、删除。有多个数据系列时，可以用不同的颜色或图案进行标识。
- 数据标签：根据不同的图表类型，数据标签可以表示数据值、数据系列名称、百分比等。
- 图例：用于区分图表中的数据系列。
- 坐标轴：为图表提供计量和比较的参考线，一般包括水平 X 轴和垂直 Y 轴。
- 网格线：坐标轴上刻度线的延伸、方便查看和计算数据的线条。
- 刻度线：坐标轴上的刻度标志，用于区分图表中的数据系列或数据值。

2. 创建图表

在 WPS 表格中，创建图表快速、简便，只需要选择数据源，然后单击"插入"选项卡中的"全部图表"按钮，从打开的"图表"对话框中选择对应的图表类型即可。

【例 4-12】在"第一学期各科成绩"工作表中，根据"计算机专业"学生的姓名、C 语言程序设计、大学体育 A、计算机基础成绩产生一个簇状柱形图。

其具体操作步骤如下。

（1）按专业排序。按照之前讲的"自定义序列排序"方法进行排序。

（2）选择创建图表的数据。本例中用于创建图表的数据区域不连续，因此选定"姓名"列（C1:C8），按住 Ctrl 键再选定"C 语言程序设计"列、"大学体育 A"列、"计算机基础"列（G1:I8）。

（3）选择图表类型。单击"插入"选项卡中的"全部图表"按钮，打开"图表"对话框，在左侧栏中选择"柱形图"，在右侧中选择"簇状"选项卡中的"插入预设图表"，如图 4-72 所示。

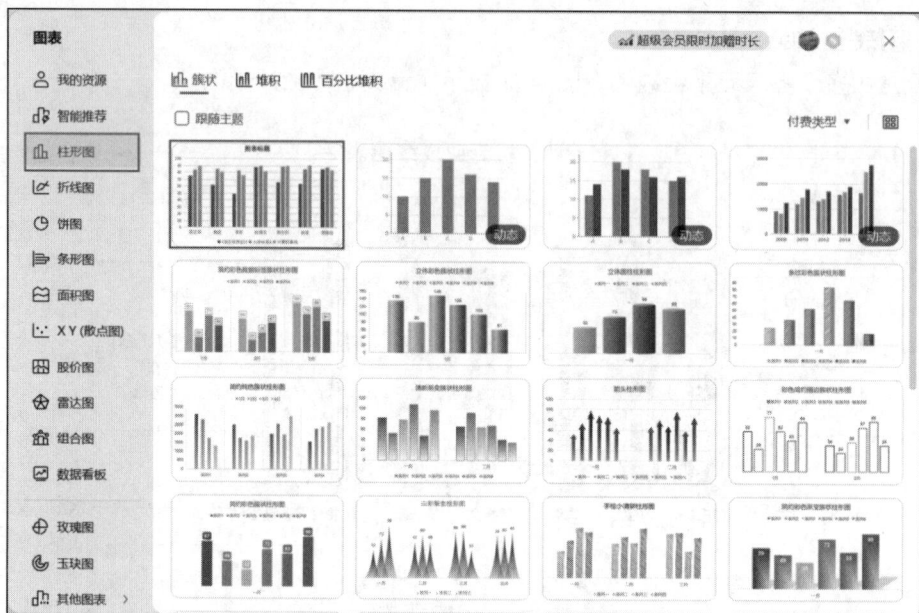

图 4-72 "图表"对话框

（4）此时，在工作表中插入一个图表，如图 4-73 所示。

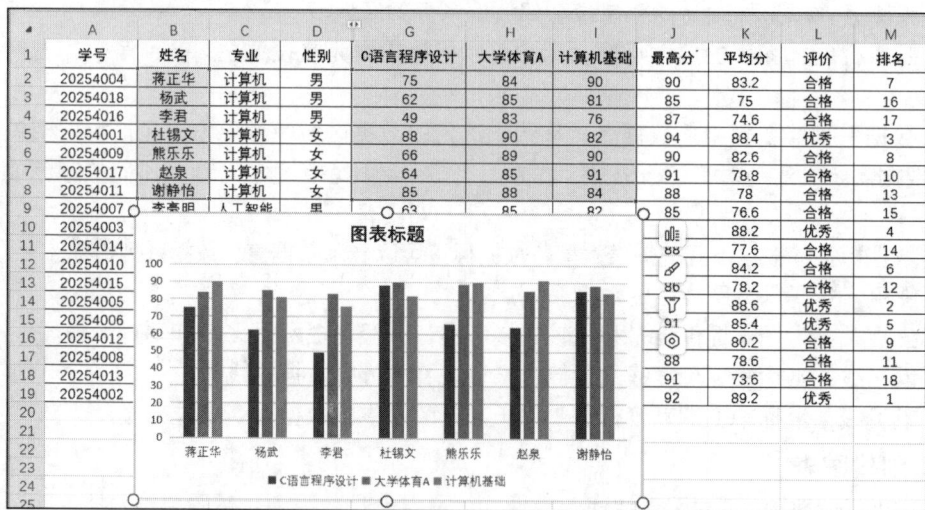

图 4-73 插入图表后的效果

▶▶▶ 4.5.2 图表编辑及美化

在创建图表之后，还可以对图表进行编辑，包括更改图表类型、修改数据源、修改图表布局、修改图表样式等。选中图表后，可以通过"图表工具""文本工具""绘图工具"选项卡中相应的功能来实现对图表进行编辑。

在"图表工具"选项卡中可以完成如下操作。

- 更改类型：重新选择其他的图表类型。
- 切换行列：将数据按行方式查看或按列方式查看。
- 选择数据：更改图表中的数据源，打开"编辑数据源"对话框，如图 4-74 所示。在其中可以修改图表数据区域、编辑图例项、编辑轴标签等。
- 添加元素：添加或删除图表标题、坐标轴标题、图例、数据标签、数据表等。
- 快速布局：WPS 表格根据不同的图表类型内置了多种图表布局以供用户使用，用户只需根据需要通过下拉列表进行选择即可。
- 图表样式：与图表布局一样，WPS 内置了多种图表样式。
- 移动图表：创建的图表可以放于工作表中，也可以单独以工作表的形式进行存放，二者之间可以转换。单击"移动图表"按钮，打开"移动图表"对话框，如图 4-75 所示。无论是哪种形式的图表都与创建它们的工作表紧密相连，当修改工作表中的数据时，图表都会自动更新。

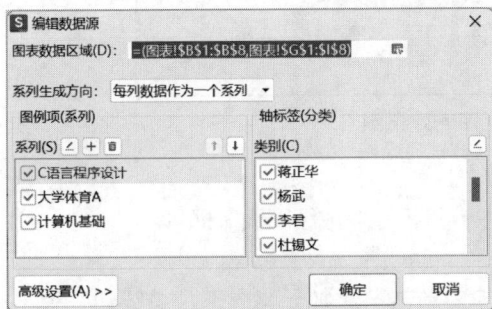

图 4-74 "编辑数据源"对话框   图 4-75 "移动图表"对话框

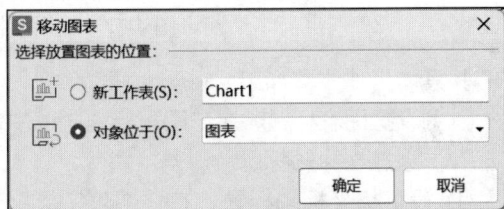

- 设置格式：可以根据所选不同图表元素精确调整其格式。如选择图表区，单击"设置格式"按钮，此时右侧弹出"图表选项"任务窗格，可以从填充与线条、效果、大小与属性等多个方面对图表区进行调整，如图 4-76 所示。选择不同图表元素并使用该命令时弹出的任务窗格会略有不同，这里不再进行赘述。

在"绘图工具"选项卡中可以完成如下操作。

- 插入形状、文本框：即在图表中直接插入形状、文本框等。
- 设置形状样式：快速套用形状样式及设置形状填充、形状轮廓和形状效果。
- 设置艺术字样式：对图表中的文字设置艺术字样式，该操作可以通过设置文本填充、文本轮廓及文本效果来实现。
- 设置排列方式：对图表中的元素进行层次设置、对齐方式设置、组合、旋转等。
- 设置图表大小：设置图表的宽度与高度。

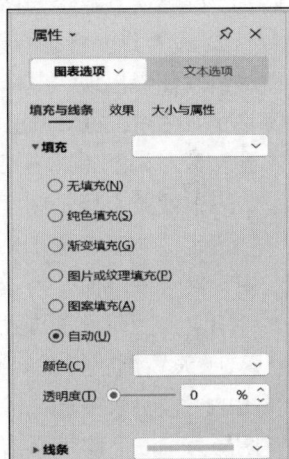

图 4-76 设置图表区格式

在"文本工具"选项卡中可以完成如下操作。

- 设置字体格式：可以设置字体、字号、加粗、倾斜等文本格式。
- 设置对齐方式：可以设置水平对齐方式、垂直对齐方式等。

【例 4-13】根据例 4-12 中的图表进行编辑及其格式化：图表标题为"计算机专业成绩图表"，X 轴标题为"姓名"，Y 轴标题为"成绩"；坐标轴刻度最大值设置为 95 分、最小值设置为 45 分、间距放置为 5 分；为图例设置形状样式为"右下角偏移"的外部阴影、设置艺术字样式为"渐变填充-矢车菊蓝"；将 C 语言程序设计和计算机基础数据系列的颜色设置为"橙色"

和"浅蓝";将绘图区背景设置为本地图片"风景照.jpg"并将透明度设置为"50%"。其效果如图 4-77 所示。

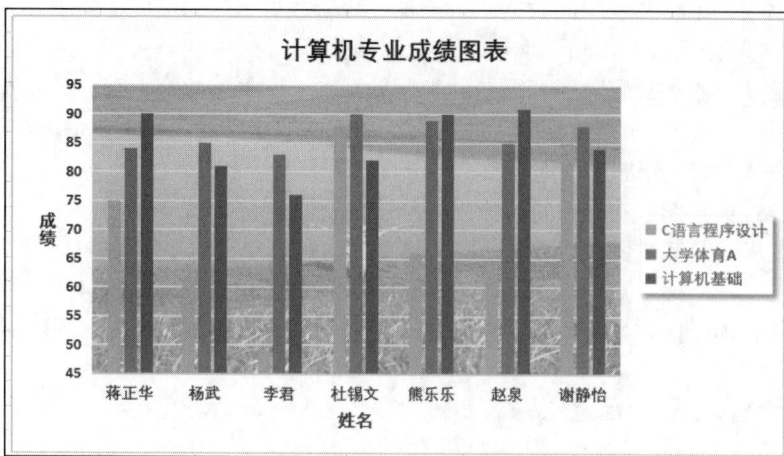

图 4-77　编辑、格式化图表效果图

其具体操作步骤如下。

（1）设置图表标题。在"图表标题"框中输入"计算机专业成绩图表"即可。

（2）添加坐标轴标题。

① 设置横坐标轴标题。在"图表工具"选项卡中单击"添加元素"下拉按钮，在弹出的下拉列表中选择"坐标轴"→"主要横向坐标轴"命令，在姓名下方会出现"坐标轴标题"框，输入"姓名"，设置"姓名"的字体为"黑体"。

② 设置纵坐标轴标题。在弹出的下拉列表中选择"坐标轴"→"主要纵向坐标轴"命令，在成绩左侧会出现"坐标轴标题"框，输入"成绩"，设置"成绩"的字体为"黑体"。单击"设置格式"按钮，右侧弹出属性窗格，在"大小与属性"选项卡中设置"文字方向"为"竖排（从右到左）"，如图 4-78 所示。

（3）设置坐标轴刻度。

选定"垂直（值）轴"，单击"设置格式"按钮，右侧弹出属性窗格，在"坐标轴"选项卡中设置"最小值"为 45、"最大值"为 95、"主要"为 5，如图 4-79 所示。

（4）为图例设置样式。

① 设置形状样式。选择图例，单击"图表工具"选项卡中的"快速布局"下拉按钮，在弹出的下拉列表中选择"布局 1"。单击"设置格式"按钮，在右侧窗格的"效果"选项卡中设置阴影为"右下斜偏移"，如图 4-80 所示。

② 设置艺术字样式。选择图例，单击"文本工具"选项卡中的"艺术字预设"下拉按钮，在弹出的下拉列表中选择"渐变填充-矢车菊蓝"，如图 4-81 所示。

（5）更改数据系列的颜色。

选定"C 语言程序设计"数据系列，在右侧窗格的"填充与线条"选项卡中设置"颜色"为"橙色"，如图 4-82 所示。用同样的方法更改"计算机基础"数据系列的颜色。

（6）设置绘图区背景。

选定绘图区，在右侧窗格的"填充与线条"选项卡中设置填充为"图片或纹理填充"，设置图片填充为"本地文件"，如图 4-83 所示，打开"选择纹理"对话框，在计算机的本地磁盘中找到"风景照.jpg"，如图 4-84 所示，单击"打开"按钮。最后设置"透明度"为"50%"。

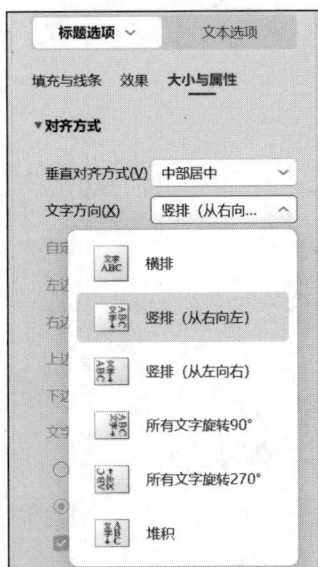

图 4-78　设置文字方向　　　　　图 4-79　设置坐标轴刻度　　　　　图 4-80　设置阴影效果

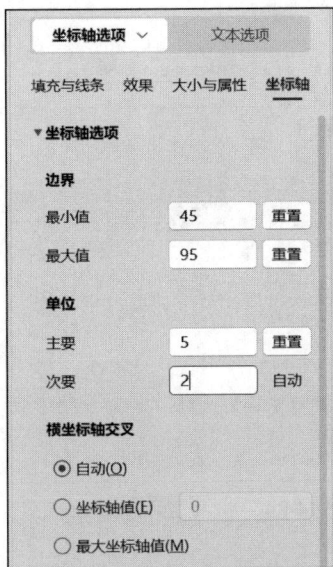

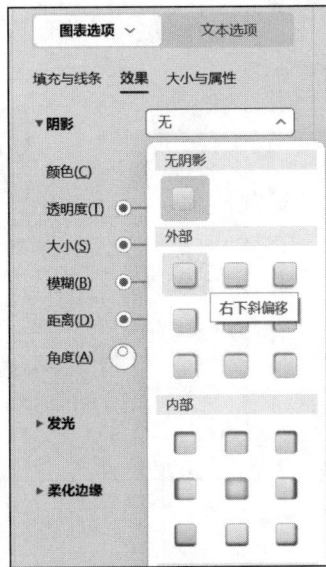

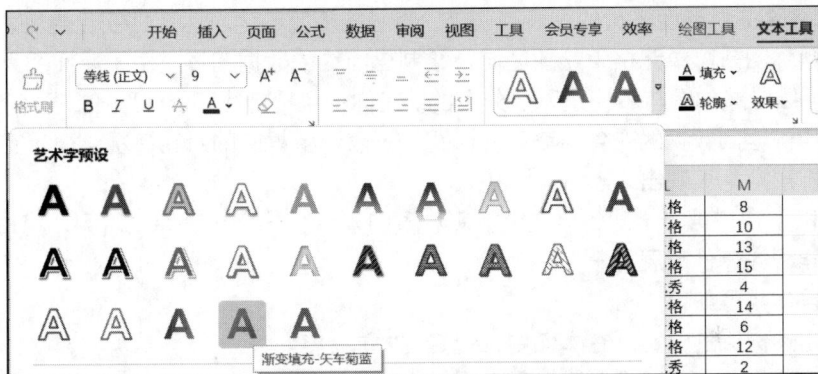

图 4-81　为图例设置艺术字样式

图 4-82　设置数据系列的颜色　　　　　图 4-83　设置绘图区填充方式

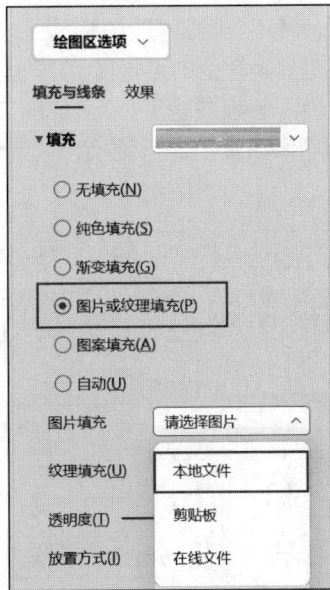

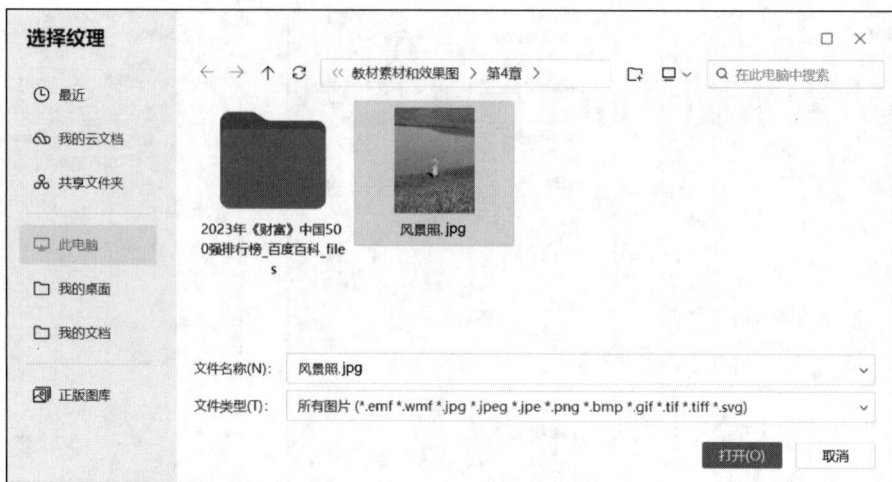

图 4-84 插入"风景照.jpg"

▶▶▶ 4.5.3 迷你图

WPS 表格除提供类型丰富的图表类型外，为了能够简明地表达数据变化趋势，还提供了迷你图功能。迷你图是以单元格为绘图区域，绘制出简约的数据图形。由于迷你图太小，无法显示出数据值，因此迷你图与表格是无法分离的。迷你图包括折线图、柱形图、盈亏图 3 种类型，其中折线图用于返回数据的变化趋势，柱形图用于表示数据间的对比情况，盈亏图则可以将业绩的盈亏情况形象地表现出来。

【例 4-14】在"第一学期各科成绩"工作表中，增加一个"迷你图"列，将每名学生的 5 门课程成绩用折线迷你图展示出来。

其具体操作步骤如下。

（1）选定迷你图的位置。在本例中，选定 N2 单元格。

（2）创建迷你图。在"插入"选项卡中单击"迷你图"下拉按钮，在弹出的下拉列表中选择"折线"命令，打开"创建迷你图"对话框，设置数据范围为"E2:I2"，检查放迷你图的位置是否正确，若不正确则可以进行更改，然后单击"确定"按钮。

（3）创建其他学生的迷你图。其他学生的迷你图可用自动填充的方法来进行创建。

（4）迷你图创建成功后，"迷你图工具"选项卡被激活，用户可以在此选项卡中根据需要对所创建的迷你图类型进行更换，同时也可以对迷你图样式进行美化等操作，效果如图 4-85 所示。

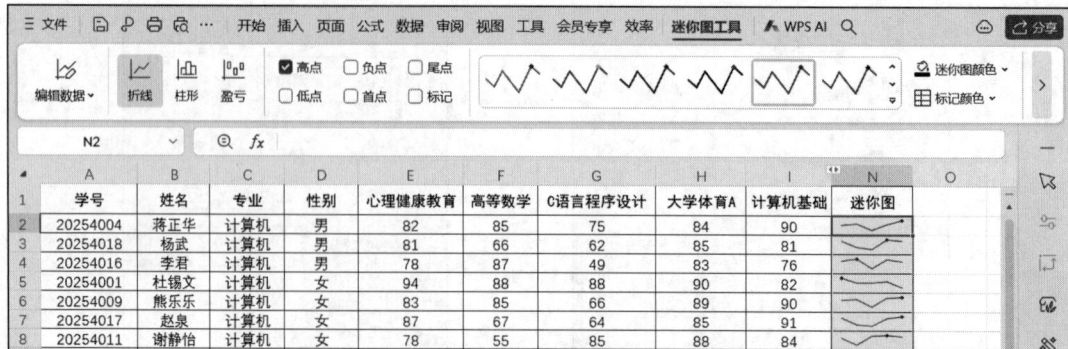

图 4-85 创建迷你图

4.6 查看和打印工作表

4.6.1 拆分窗口和冻结窗格

1. 拆分窗口

在对大型表格进行编辑时，由于屏幕所能查看的范围有限而无法实现数据的上下、左右对照，此时可利用 WPS 表格提供的"拆分窗口"功能对表格进行"横向"或"纵向"分割，以便同时观察或编辑表格的不同部分。

以"第一学期各科成绩"工作表为例，在记录较多的情况下，通过拆分窗口可以同时查看离得较远的工作表数据。

（1）拆分工作表为上、下区域

例如，要从第 3 行开始将工作表拆分为上、下两个窗格，此时可以选中第 3 行，在"视图"选项卡中单击"拆分窗口"按钮，如图 4-86 所示。

	A	B	C	D	E	F	G	H	I	J	K	L	M	N
1	学号	姓名	专业	性别	心理健康教育	高等数学	C语言程序设计	大学体育A	计算机基础	最高分	平均分	评价	排名	迷你图
2	20254004	蒋正华	计算机	男	82	85	75	84	90	90	83.2	合格	7	
12	20254010	尹雨欣	通信工程	男	94	74	86	89	78	94	84.2	合格	6	
13	20254015	郦建波	通信工程	女	80	64	83	86	78	86	78.2	合格	12	
14	20254005	翟洁	物理	男	91	89	94	86	83	94	88.6	优秀	2	
15	20254006	龙文俊	物理	男	87	76	91	86	87	91	85.4	优秀	5	
16	20254012	杨光	物理	男	85	80	65	87	84	87	80.2	合格	9	
17	20254008	刘悫	物理	男	78	80	80	88	67	88	78.6	合格	11	
18	20254013	杨静怡	物理	男	91	81	65	88	43	91	73.6	合格	18	
19	20254002	杨晖	物理	女	92	92	88	87	87	92	89.2	优秀	1	

图 4-86　将工作表拆分为上、下区域

（2）拆分工作表为左、右区域

例如，要从 C 列开始将工作表拆分为左、右两个窗格，此时可以选中 C 列，在"视图"选项卡中单击"拆分窗口"按钮，如图 4-87 所示。

	A	B	I	J	K	L	M	N
1	学号	姓名	计算机基础	最高分	平均分	评价	排名	迷你图
2	20254004	蒋正华	90	90	83.2	合格	7	
3	20254018	杨武	81	85	75	合格	16	
4	20254016	李君	76	87	74.6	合格	17	
5	20254001	杜锡文	82	94	88.4	优秀	3	
6	20254009	熊乐乐	90	90	82.6	合格	8	
7	20254017	赵泉	91	91	78.8	合格	10	
8	20254011	谢静怡	84	88	78	合格	13	

图 4-87　将工作表拆分为左、右区域

（3）拆分工作表为上、下、左、右区域

选中某一个单元格，在"视图"选项卡中单击"拆分窗口"按钮，即可将工作表拆分为上、下、左、右 4 个窗格，如图 4-88 所示。

拆分窗口后，单击某个窗格中的任意单元格，然后滚动鼠标滚轮，可以上下滚动该窗格中隐藏的数据，其他窗格不受影响。

（4）取消拆分

双击拆分条或在"视图"选项卡中单击"取消拆分"按钮，可以取消拆分。需要注意的是，若先前没对工作表进行拆分，则单击该按钮可在当前所选的行、列或单元格位置对工作表进行拆分。

	A	B	H	I	J	K	L	M	N
1	学号	姓名	大学体育A	计算机基础	最高分	平均分	评价	排名	迷你图
11	20254014	陈庆	88	87	88	77.6	合格	14	
12	20254010	尹雨欣	89	78	94	84.2	合格	6	
13	20254015	郝建波	86	78	86	78.2	合格	12	
14	20254005	翟洁	86	83	94	88.6	优秀	2	
15	20254006	龙文俊	86	87	91	85.4	优秀	5	
16	20254012	杨光	87	84	87	80.2	合格	9	
17	20254008	刘恋	88	67	88	78.6	合格	11	
18	20254013	杨静怡	88	43	91	73.6	合格	18	
19	20254002	杨晖	87	87	92	89.2	优秀	1	

图 4-88　将工作表拆分为上、下、左、右区域

2. 冻结窗格

在查看大型报表时，往往会因为行、列数太多而出现数据内容与行、列标题无法一一对照的问题。此时，虽然可以通过“拆分窗口”功能来查看，但还是会常常出错。使用“冻结窗格”命令可以解决此问题，从而大大提高工作效率。

利用“冻结窗格”功能，可以保持工作表的某一部分数据在其他部分滚动时始终可见。例如，在查看过长的表格时保持首行可见，在查看过宽的表格时保持首列可见。

（1）冻结窗格

单击工作表中的任意单元格，然后单击“视图”选项卡中的“冻结窗格”下拉按钮，在弹出的下拉列表中可选择“冻结窗格”“冻结首行”“冻结首列”命令。若选择“冻结首行”命令则第 1 行被冻结，当滚动鼠标滚轮后拖曳垂直滚动条向下查看工作表内容时，首行始终显示，如图 4-89 所示。

	A	B	C	D	E	F	G	H	I	J	K	L	M	N
1	学号	姓名	专业	性别	心理健康教育	高等数学	C语言程序设计	大学体育A	计算机基础	最高分	平均分	评价	排名	迷你图
14	20254005	翟洁	物理	男	91	89	94	86	83	94	88.6	优秀	2	
15	20254006	龙文俊	物理	男	87	76	91	86	87	91	85.4	优秀	5	
16	20254012	杨光	物理	男	85	80	65	87	84	87	80.2	合格	9	
17	20254008	刘恋	物理	男	78	80	80	88	67	88	78.6	合格	11	
18	20254013	杨静怡	物理	男	91	81	65	88	43	91	73.6	合格	18	
19	20254002	杨晖	物理	女	92	92	88	87	87	92	89.2	优秀	1	

图 4-89　冻结窗格

（2）取消冻结窗格

单击工作表中的任意单元格，然后在“冻结窗格”下拉列表中选择“取消冻结窗格”命令即可。

4.6.2　页面设置

与 WPS 文字类似，WPS 表格编辑完成后就可以被打印输出。打印输出前还应对工作表进行页面设置，主要设置项包括页边距、纸张方向、纸张大小、打印区域、打印缩放、打印标题、页眉/页脚、插入分页符等。下面对常用的页面设置项进行介绍。

页边距：表示打印表格与纸张边界上、下、左、右的距离。

纸张方向：表示打印纸张的方向，如横向或纵向。

纸张大小：表示打印纸张的大小，常用的有 A4、A3、16K 等规格。纸张的大小也可以用长度和宽度表示。

打印区域：可选择工作表中任意区域为打印区域，而非完全打印。

打印缩放：根据纸张大小自动调整缩放比例，以便把相关内容打印在同一张纸上。

打印标题：当工作表数据量大且打印出现很多页时，往往需要设置“打印标题”，让每个打印页顶端及左端出现标题行和标题列，如图 4-90 所示。

▶▶▶ 4.6.3　预览和打印工作表

打印预览功能允许查看整张工作表的打印效果。预览和打印工作表的操作方法是：选择"文件"→"打印预览"命令，查看打印参数和打印效果界面并完成相应的参数设置，然后单击"打印"按钮，打印当前工作表。

图4-90　"页面设置"对话框

本章小结

本章介绍了 WPS 表格中的表格使用基础、美化工作表、公式与函数、数据管理与分析和图表制作等内容。通过学习本章内容，读者可以设计出美观的、专业的报表。其中表格使用基础主要包括操作对象（如工作表、单元格、行、列等对象的操作）和数据的输入与编辑（如手动输入数据、序列填充、自定义序列填充、数据有效性等）；美化工作表主要包括设置单元格的数字、字体、对齐、边框、图案，使用条件格式，套用表格样式；公式与函数主要包括使用公式与函数完成数据计算和统计，单元格的 3 种引用方式（相对引用、绝对引用和混合引用）；数据管理与分析主要包括能熟练使用数据排序、数据筛选、分类汇总、数据透视表进行数据分析；图表制作主要包括能根据需要创建不同类型的图表，同时能对图表进行编辑和美化。

习题

一、选择题

1．在 WPS 表格中，向单元格输入数值型数据时，数值型数据默认为（　　）对齐。

　　A．居中　　　　　　B．左　　　　　　　C．齐　　　　　　　D．随机

2．在 WPS 表格的工作表中输入下列公式（　　）是错误的。

　　A．=(15-A1)/3　　B．=A2/C1　　　　C．SUM(A2:A4)　　D．=A2+A3+A4

3．向 WPS 表格的工作表单元格中输入公式时，使用单元格地址 D$2，该单元格的引用是（　　）。

　　A．交叉地址引用　　B．混合地址引用　　C．相对地址引用　　D．绝对地址引用

4．WPS 表格中工作簿文件的默认类型为（　　）。

　　A．.txt　　　　　　B．.xlsx　　　　　　C．.docx　　　　　　D．.bmp

5．在 WPS 表格的工作表中进行智能填充时，鼠标指针的形状为（　　）。

　　A．空心粗十字　　　B．向左方向箭头　　C．实心细十字　　　D．向右方向箭头

6．在 WPS 表格的工作表中，单元格 D5 中有公式"=$B$2+C4"，删除 A 列后单元格中的公式变为（　　）。

　　A．=$A$2+B4　　B．=$B$2+B4　　　C．=$A$2+C4　　　D．=$B$2+C4

7．在 WPS 表格的工作簿中，有关移动和复制工作表的说法中，正确的是（　　）。

　　A．工作表只能在所在工作簿内移动，不能复制

　　B．工作表只能在所在工作簿内复制，不能移动

C．工作表可以移动到其他工作簿内，不能复制到其他工作簿内

D．工作表可以移动到其他工作簿内，也可以复制到其他工作簿内

8．在 WPS 表格中，日期型数据"2025 年 9 月 20 日"的正确输入形式是（　　　）。

　　A．2025-9-20　　　　B．2025.9.20　　　　C．2025,9,20　　　　D．2025：9：20

9．在 WPS 表格的工作表中，单元格区域 D2:E4 所包含的单元格个数是（　　　）。

　　A．5　　　　　　　　B．6　　　　　　　　C．7　　　　　　　　D．8

10．在 WPS 表格的工作表中，在某单元格内输入数字字符串"201403246"，正确的输入方式是（　　　）。

　　A．201403246　　　B．'201403246　　　C．=201403246　　　D．"201403246"

11．在 WPS 表格中，关于工作表及其建立的嵌入式图表的说法中，正确的是（　　　）。

　　A．删除工作表中的数据，图表中的数据系列不会删除

　　B．修改工作表中的数据，图表中的数据系列不会修改

　　C．数据和图表是相互关联的，图表中的数据系列会根据数据的改变而改变

　　D．以上均不正确

12．在同一个工作簿中区分不同工作表的单元格，要在地址前面增加（　　　）来标识。

　　A．单元格地址　　　B．公式　　　　　　C．工作表名称　　　D．工作簿名称

13．若在单元格中出现一连串的"######"符号，希望其正确显示则需要（　　　）。

　　A．重新输入数据　　B．调整列宽　　　　C．删除这些符号　　D．删除该单元格

14．假设单元格 B1 中的内容为"100"，单元格 B2 中的内容为"3"，使用公式=COUNT(B1:B2)运行运算，其结果为（　　　）。

　　A．103　　　　　　　B．100　　　　　　　C．3　　　　　　　　D．2

15．利用鼠标拖曳移动数据时，若出现"是否替换目标单元格内容？"的提示框，则说明（　　　）。

　　A．目标区域为空白　　　　　　　　　　B．不能用鼠标拖放方式进行数据移动

　　C．目标区域已经有数据存在　　　　　　D．数据不能移动

16．当在某单元格内输入一个公式并确认后，单元格内容显示为#REF!，它表示（　　　）。

　　A．公式引用了无效的单元格　　　　　　B．某个参数不正确

　　C．公式被 0 除　　　　　　　　　　　　D．单元格太小

17．在 WPS 表格中，如果要在同一行或同一列的连续单元格内使用相同的计算公式，则可以先在第一个单元格中输入公式，然后用鼠标拖动单元格的（　　　）来实现公式复制。

　　A．列标　　　　　　B．行标　　　　　　C．填充柄　　　　　D．框

18．在 WPS 表格中，如果单元格 A5 的值是单元格 A1、A2、A3、A4 的平均值，则不正确的输入公式为（　　　）。

　　A．=AVERAGE(A1:A4)　　　　　　　B．=AVERAGE(A1,A2,A3,A4)

　　C．=(A1+A2+A3+A4)/4　　　　　　　D．=AVERAGE(A1+A2+A3+A4)

19．在下列哪种情况下，必须在公式中引用绝对地址（　　　）。

　　A．在引用的函数中填入一个范围，使函数中的范围随地址位置不同而变化

　　B．把一个单元格地址的公式复制到一个新的位置时，为使公式中单元格地址随位置不同而改变

　　C．把一个含有范围的公式或函数复制到一个新的位置时，为使公式或函数中的范围不随位置不同而改变

　　D．把一个含有范围的公式或函数复制到一个新的位置时，为使公式或函数中的范围随位置不同而改变

20．某单位要统计各科室人员工资情况，按工资从高到低排序，若工资相同，按工龄降序排列，则以下做法正确的是（　　　）。

    A．主要关键字为"科室"，次要关键字为"工资"，第三关键字为"工龄"

    B．主要关键字为"工资"，次要关键字为"工龄"，第三关键字为"科室"

    C．主要关键字为"工龄"，次要关键字为"工资"，第三关键字为"科室"

    D．主要关键字为"科室"，次要关键字为"工龄"，第三关键字为"工资"

21．在 WPS 表格的工作表中，正确表示 IF 函数的公式是（　　　）。

    A．=IF（"平均成绩">60, "及格", "不及格"）

    B．=IF（e2>60, "及格", "不及格"）

    C．=IF（e2>60, 及格, 不及格）

    D．=IF（e2>60、及格、不及格）

22．在 WPS 表格的数据清单中，按某一字段内容进行归类，并对每一类进行统计的操作是（　　　）。

    A．排序　　　　　　　B．分类汇总　　　　C．筛选　　　　　　　D．记录单处理

23．公式 = C3/Sheet3!$B$4 表示（　　　）。

    A．当前工作表 C3 单元格的内容除以 Sheet3 工作表 B4 单元格的内容（表示为绝对地址）

    B．当前工作表 C3 单元格的内容除以 Sheet3 工作表 B4 单元格的内容（表示为相对地址）

    C．当前工作表 C3 单元格的内容除以 Sheet3 工作表 B4 单元格的内容

    D．C3 单元格的内容除以当前工作表 Sheet3 的内容

24．在 WPS 表格的 A1 单元格中插入系统当前日期的快捷操作方法是（　　　）。

    A．查询系统当前日期，然后在 A1 单元格中直接以"年/月/日"的格式输入即可

    B．单击 A1 单元格，按 Ctrl+;组合键

    C．单击 A1 单元格，按 Shift+;组合键

    D．单击 A1 单元格，按 Ctrl+Shift+;组合键

25．在 WPS 表格中，图表中的（　　　）随着工作表中数据的改变而发生相应的变化。

    A．图例　　　　　　　B．系列数据的值　　C．图表类型　　　　　D．图表位置

26．在 WPS 表格中，公式 "=SUM(C2,E3:F4)" 的含义是（　　　）。

    A．=C2+E3+E4+F3+F4　　　　　　　B．=C2+E3

    C．=C2+E3+F4　　　　　　　　　　　D．=C2+F4

27．WPS 表格的 A1 单元格中存放了 18 位二代身份证号码，在 A2 单元格中利用公式计算该人的年龄，正确的操作方法是（　　　）。

    A．=YEAR(TODAY())−MID(A1,6,8)

    B．=YEAR(TODAY())−MID(A1,6,4)

    C．=YEAR(TODAY())−MID(A1,7,8)

    D．=YEAR(TODAY())−MID(A1,7,4)

28．编辑工作表时，选择一些不连续的区域，需借助（　　　）。

    A．Shift　　　　　　　B．Alt　　　　　　　C．Ctrl　　　　　　　D．鼠标右键

29．单元格中的内容（　　　）。

    A．只能是数字　　　　　　　　　　　B．只能是文字

    C．不可以是函数　　　　　　　　　　D．可以是文字、数字、公式

30．在 WPS 表格中，下列（　　）是正确的单元格区域表示法。

    A．A1#D4　　　　　B．A1..D5　　　　　C．A1;D4　　　　　D．A1:D4

31．在 A1 单元格中输入"计算机基础"，在 A2 单元格中输入"WPS 表格"，在 A3 单元格中输入"=A1&A2"，结果为（　　）。

    A．计算机基础&WPS 表格　　　　　　　B．"计算机基础"&"WPS 表格"

    C．计算机基础 WPS 表格　　　　　　　　D．以上都不对

32．在 WPS 表格中输入大量数据后，若要在该工作表中选择一个连续且较大范围的特定数据区域，最快捷的操作方法是（　　）。

    A．选中该数据区域的某一个单元格，然后按 Ctrl+A 组合键

    B．单击该数据区域的第一个单元格，按住 Shift 键不放再单击该区域的最后一个单元格

    C．单击该数据区域的第一个单元格，按 Ctrl+Shift+End 组合键

    D．用鼠标直接在数据区域中拖动完成选择

33．小陈正在 WPS 表格中对产品销售情况进行分析，他需要选择不连续的数据区域作为创建分析图表的数据源，最理想的操作方法是（　　）。

    A．直接拖动鼠标选择相关的数据区域

    B．按住 Ctrl 键不放，拖动鼠标依次选择相关的数据区域

    C．按住 Shift 键不放，拖动鼠标依次选择相关的数据区域

    D．在名称框中分别输入单元格区域地址，中间用英文半角分号分隔

34．小梅想要了解当前 WPS 表格中的工作表最多有多少行，最快捷的操作方法是（　　）。

    A．按住 Ctrl 键的同时连按向下方向键，光标跳到工作表的最末一行，查看行号或名称框中的地址即可

    B．按 Ctrl+Shift+End 组合键，选择到最后一行单元格，查看行号或名称框中的地址即可

    C．操作工作表右侧的垂直滚动条，直到最后一行出现，查看行号即可

    D．选择整个工作表，通过"定位条件"功能，定位到最后一个单元格，查看行号或名称框中的地址即可

35．在 WPS 表格中，下列"（　　）"选项不属于"单元格格式"对话框中"数字"选项卡中的内容。

    A．字体　　　　　B．货币　　　　　C．日期　　　　　D．自定义

36．在 WPS 表格中，需要展示公司各部门的销售额占比情况，比较适合的图表是（　　）。

    A．柱形图　　　　　B．条形图　　　　　C．饼图　　　　　D．雷达图

37．在 WPS 表格的工作表中，把数值小于90且大于80的单元格用蓝色表示，需使用（　　）。

    A．筛选　　　　　B．条件格式　　　　　C．合并计算　　　　　D．分类汇总

38．在 WPS 表格中根据数据制作图表时，可以对（　　）进行设置。

    A．图表标题　　　　　B．坐标轴　　　　　C．网格线　　　　　D．以上都可以

39．在 WPS 表格中，要想把 A1 和 B1 单元格、A2 和 B2 单元格、A3 和 B3 单元格依次合并为 3 个单元格，最快捷的操作方法是（　　）。

    A．使用"合并单元格"命令　　　　　　　B．使用"合并居中"命令

    C．使用"跨列居中"命令　　　　　　　　D．使用"按行合并"命令

40．在 WPS 表格中，公司的"报价单"工作表使用公式引用了商业数据，发送给客户时需要仅呈现计算结果而不保留公式细节，错误的做法是（　　）。

    A．通过工作表标签右键菜单的"移动或复制工作表"命令将"报价单"工作表复制到一个新的文件中

B．将"报价单"工作表输出为 PDF 格式文件

C．复制原文件中的计算结果，以"粘贴为数值"的方式，把结果粘贴到空白报价单中

D．将"报价单"工作表输出为图片

二、填空题

1．在 WPS 表格中，表示 Sheet2 中第 3 行第 6 列的绝对地址是_____。

2．在 WPS 表格的当前工作表中，假设 B5 单元格中保存的公式为"=SUM(B2:B4)"，将其复制到 D5 单元格后，公式变为_____；将其复制到 C7 单元格后，公式变为_____。

3．在 WPS 表格的工作表中，已知 B2=22.8，C2=19.1，B3=9.5，C3=28.3，把 B2:C3 内容复制到单元格区域 E3:F4，试求下列各函数的值。

INT(E4)=_____，ROUND(F4,0)=_____，COUNT(E3:E4)=_____，
AVERAGE(E3:F4)=_____。

4．在 WPS 表格中，设 A1:A4 单元格区域的数值为 88、79、43、68。A5 单元格的公式为"=IF(AVERAGE(A1:A4)>=60,"及格","不及格")"，则 A5 显示的值为_____。

5．在 WPS 表格中，对于图 4-91 所示的工作表，如果将 A2 中的公式"=$A1+B$1"复制到单元格区域 B2:C3 的各单元格中，则 B3 单元格的公式为_____，显示的结果为_____。

	A	B	C
1	5	3	8
2	.		
3			

图 4-91　WPS 表格中的工作表

6．在 WPS 表格中，假定有一个工作表内含姓名、专业、奖学金、成绩等字段，现要求对相同专业的学生按奖学金从高到低进行排序，则要进行多个关键字段的排序，并且主关键字是_____。

7．在 WPS 表格中，已知在 A1:A10 单元格区域中已经输入了数值型数据，现要求对 A1:A10 中数值小于 60 的用红色显示，大于或等于 80 的数据用蓝色显示，则可以使用_____命令。

8．在使用绝对地址引用时，在行和列前面要加上_____。

9．已知某单元格的格式为 000.00、值为 23.785，则其显示内容为_____。

10．在 WPS 表格中，公式必须以_____符号开头。

三、简答题

1．简述使用 WPS 表格进行求和、求最大值、求最小值、求平均值的方法。

2．简述工作表的编辑及格式化包括哪些内容。

3．单元格相对引用与绝对引用有什么区别，请举例说明。

4．对数据排序时，单字段排序与多字段排序有何区别，请举例说明。

5．阐述对数据筛选时条件写在同一行与写在不同行有何区别。

6．简述 WPS 表格进行分类汇总的操作过程。

第5章
WPS 演示办公软件

WPS 演示文稿是 WPS Office 三大核心组件之一。利用它可以轻松地制作出集文字、图形、图像、音频、视频及动画于一体的演示文稿。演示文稿是目前流行的演讲、演示工具，无论是在政府部门、科研机构、学校还是在国内外企业，到处有它的踪影。从工作计划到阶段汇报，从产品介绍到市场推广，从培训会议到论坛演讲，从课堂教学到毕业答辩，各领域都越来越离不开演示文稿。演示文稿广泛应用在演讲、报告、产品演示和课件制作等内容的展示方面。演讲者借助演示文稿，可以更有效地进行表达和与观众交流。

5.1 演示文稿概述

▶▶▶ 5.1.1 演示文稿的基本概念

演示文稿是由 WPS 演示组件创建的一个文件。每个演示文稿通常都包含若干张幻灯片，演示文稿放映时按照事先设计好的顺序逐张把幻灯片播放出来。WPS 演示文稿可以保存为多种格式的文件，默认的扩展名为.dps，但为了与 Microsoft PowerPoint 软件兼容，通常将演示文稿的默认扩展名更改为.pptx，故人们喜欢用幻灯片或 PPT 来代称演示文稿。

幻灯片是演示文稿的基本组成元素，是演示文稿的表现形式。当创建一个新的演示文稿或插入一张新的幻灯片时，WPS 将根据幻灯片母版的版式生成一张空白幻灯片，用户在此基础上按照自己的要求输入具体内容并对其进行各种编辑操作。一张幻灯片主要由以下几个部分构成。

1. 编号

幻灯片的编号即它的顺序号。编号决定了幻灯片的排列次序，由系统在插入新幻灯片时自动添加。幻灯片放映时，若未进行跳转操作，则按照幻灯片编号顺序放映。

2. 标题

对于整个演示文稿，一般都有一个标题页幻灯片，用于定义演示文稿的标题；在其他每张幻灯片中也应该设置标题，方便观众查看。

3. 占位符

占位符是版式上的容器，可容纳的内容有文本（包括标题、正文文本和项目符号列表等）、表格、图表、智能图形、媒体（包括声音、视频）、图片等。在幻灯片中，占位符用虚线框来表示。通常情况下，占位符的大小和位置由幻灯片所使用的版式决定。

4. 对象

在幻灯片中可以插入文本、文本框、图片、图形、表格、音频、视频等各种对象，并可以根据需要设置它们的格式、相互间的组合、动画效果、顺序、超链接等。实际上，占位符也是对象，只不过在添加、组合等一些操作上有所限制而已。

5. 备注文本

备注文本是在幻灯片编辑时显示在备注区中的文本。备注文本在幻灯片放映时不会播放出来，但是可以打印出来，或者在后台显示作为演讲者的演讲手稿。

▶▶▶ 5.1.2　WPS 演示的窗口

WPS 演示的工作窗口由快速访问工具栏、标题栏、选项卡、功能区、"大纲/幻灯片"窗格、"幻灯片"窗格、任务窗格、状态栏、"备注"窗格、视图切换按钮等组成，如图 5-1 所示。

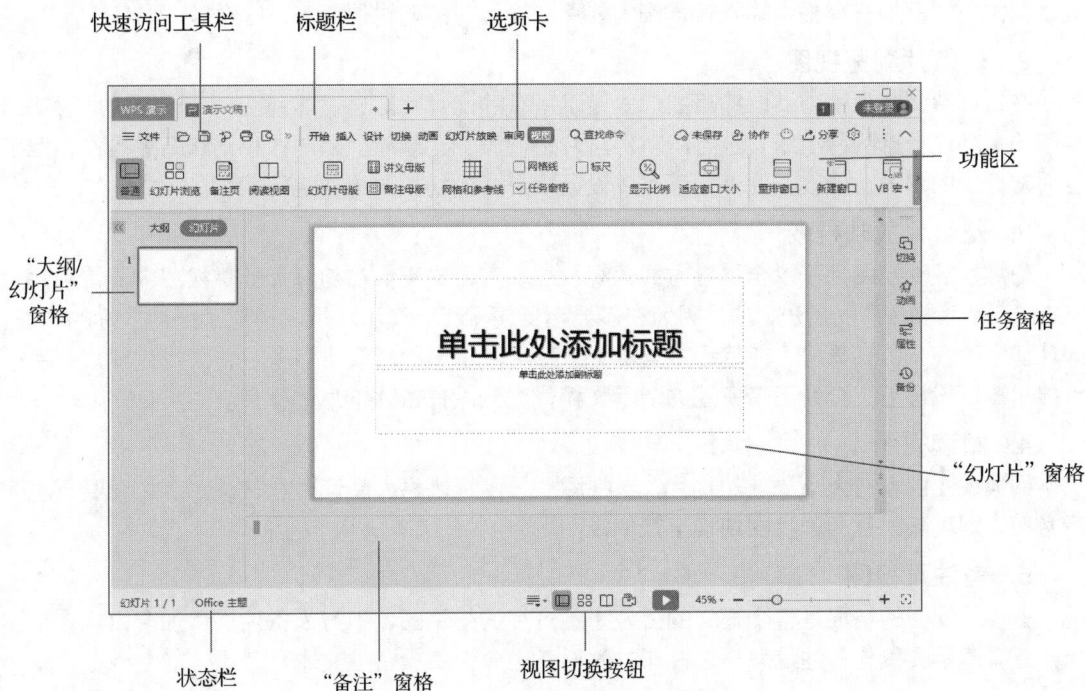

图 5-1　WPS 演示的工作窗口

▶▶▶ 5.1.3　WPS 演示的视图方式

视图是演示文稿在屏幕上的显示方式。根据建立、编辑、浏览和放映幻灯片的需要，WPS 演示提供了 6 种视图方式：普通视图、幻灯片浏览视图、幻灯片放映视图、阅读视图、备注页视图和母版视图，它们各有不同的用途。用户可以在状态栏中单击相应的视图切换按钮或者在"视图"选项卡中单击相应的视图按钮进入相应的视图。

1. 普通视图

普通视图是主要的编辑视图，可用于创建和设计演示文稿。普通视图有 3 个工作区域："大纲/幻灯片"窗格、"幻灯片"窗格和"备注"窗格。图 5-1 所示的就是普通视图。该视图是系统的默认视图，在幻灯片窗格中只能显示一张幻灯片。

（1）"大纲/幻灯片"窗格

大纲/幻灯片"窗格上方有"大纲"选项卡和"幻灯片"选项卡。

选择"大纲"选项卡时，以大纲形式只显示各幻灯片中的文本内容，主要用于查看或创建演示文稿的大纲。

选择"幻灯片"选项卡时，显示幻灯片的缩略图，主要用于选择、添加、删除或排列幻灯片。使用缩略图能够方便地查看演示文稿，并能够观看任何设计更改的效果。

（2）"幻灯片"窗格

"幻灯片"窗格在 WPS 窗口的右侧，显示当前幻灯片的大视图。在此视图中显示当前幻灯片时，可以添加文本及插入表格、图片、智能图形、图标、文本框、视频、音频、超链接等内容，并可以设置这些对象的格式和动画效果。

（3）"备注"窗格

"备注"窗格在幻灯片窗格的下方，用以输入当前幻灯片的备注信息，对使用者起到备忘、提示的作用，例如在窗格中输入较详细的要点或设计时的演讲思路等。

2. 幻灯片浏览视图

在幻灯片浏览视图中，以缩略图形式显示所有的幻灯片。通过此视图，可以轻松地对演示文稿的顺序进行排列和组织，也可以对幻灯片进行添加、删除、复制、移动和隐藏操作，但不能对幻灯片内容进行修改。此外，还可以设置幻灯片的切换效果并进行预览。

3. 幻灯片放映视图

幻灯片放映视图用于以全屏幕方式向观众放映演示文稿。在幻灯片放映视图中要特别注意掌握"演示者视图"的用法，这是因为在多显示器情况下，演示者视图提供了一种很好的方法，即让演示者在一台计算机（如笔记本电脑）上查看演示文稿和演讲者备注，同时让观众在另一台显示器（投影）上查看不带备注的演示文稿，充分发挥备注信息的作用。

4. 阅读视图

阅读视图以窗口大小放映幻灯片，该视图只显示标题栏、阅读区和状态栏。如果要更改演示文稿，则可随时从阅读视图切换至其他视图。

5. 备注页视图

备注页视图的格局是整个页面的上方为幻灯片的缩略图，下方为备注页添加窗口。该视图用于查看演示文稿与备注信息一起打印的效果，也允许编辑备注文本。

6. 母版视图

母版视图包含幻灯片母版、讲义母版和备注母版。母版视图存储有关演示文稿的主题和幻灯片版式的信息，包括背景、颜色、字体、效果、占位符大小和位置等。使用母版视图的一个主要好处在于，可以对与演示文稿关联的每个幻灯片、备注页或讲义的样式进行全局更改。

5.2 演示文稿的基本操作

5.2.1 新建演示文稿

WPS 提供了 3 种创建演示文稿的方法，分别是将 WPS 文本转换为演示文稿、依据在线主题或模板创建演示文稿、创建空白演示文稿。

1. 将 WPS 文本转换为演示文稿

在 WPS 文字中，可以将设置了大纲级别的标题文字快速转换为演示文稿。

【例 5-1】将"素材：文字转 PPT.docx"转换成演示文稿。

其具体操作步骤如下。

（1）打开"素材：文字转 PPT.docx"文件，单击"视图"选项卡中的"大纲"按钮，切换到大纲视图。

（2）选择第 1 行的"第 5 章 WPS 演示"文字，在功能区设置大纲级别为"1 级"，如图 5-2 所示。重复上述方法，将其他小标题文本设置为不同的级别，如图 5-3 所示。

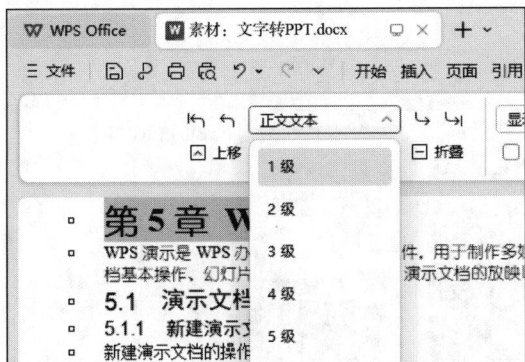

图 5-2　设置大纲级别

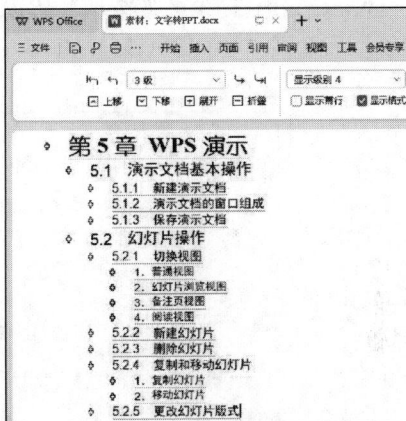

图 5-3　各标题级别效果

（3）选择"文件"→"输出为 PPT"命令，打开"Word 转 PPT"效果预览界面，如图 5-4 所示。单击"导出 PPT"按钮，打开"另存为"对话框，设置 PPT 的保存位置和名称。

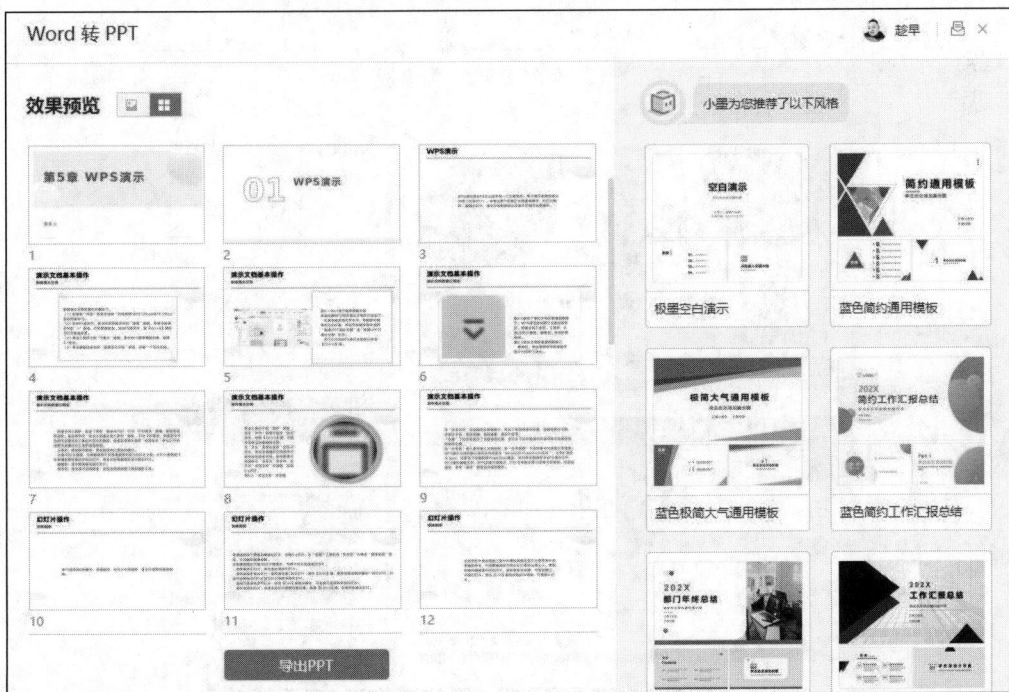

图 5-4　"Word 转 PPT"界面

2. 依据在线主题或模板创建演示文稿

WPS 演示文稿提供了多种类型的模板，依据这些模板可以快速创建各种专业的演示文稿。启动 WPS，单击"新建"按钮，再单击"新建演示"按钮，在随后打开的界面中的搜索框中输入关键字，例如"中国梦"，单击"搜索"按钮，将显示与关键词相关的模板，如图 5-5 所示。单击模板缩略图，在打开的界面中可浏览整个模板，如果确定要使用，则单击"立即使用"按钮，即可下载使用，如图 5-6 所示。

> 📣 **注意**
>
> WPS Office 提供了很多精美的模板，用户可以根据需要通过付费或者购买会员的方式使用。

图 5-5 "中国梦"演示文稿模板搜索

图 5-6 "中国梦"模板样式预览

3. 创建空白演示文稿

空白演示文稿是不含有任何主题设计、没有背景设计的演示文稿。创建时默认只有一张空白标题幻灯片，后期用户可以添加多张幻灯片，编辑内容和美化幻灯片，形成各自的风格和特色。创建空白演示文稿的具体操作方法如下。

方法1：启动 WPS 之后，单击"新建"按钮，再单击"演示"按钮，在随后打开的界面中单击"空白演示文稿"，即可新建空白演示文稿。

方法2：在 WPS 演示窗口中，选择"文件"→"新建"命令，在随后打开的界面中单击"空白演示文稿"。

方法3：在 WPS 演示窗口中，单击快速访问工具栏中的"新建"按钮。

方法4：在 WPS 演示窗口中，按"Ctrl + N"组合键。

▶▶▶ 5.2.2　页面设置

新建演示文稿后，在添加内容前应该设置幻灯片大小和方向，选择合适的纵横比例以适应不同的显示器和投影设备，保证内容的正常显示。WPS 演示提供了"标准（4:3）""宽屏（16:9）""自定义大小"3 种纵横比例，WPS 演示默认采用"宽屏（16:9）"比例。

单击"设计"选项卡中的"幻灯片大小"下拉按钮，选择"自定义大小"命令，打开"页面设置"对话框，如图 5-7 所示。根据要求设置幻灯片的比例、幻灯片大小、幻灯片方向、幻灯片编号起始值、纸张大小等。

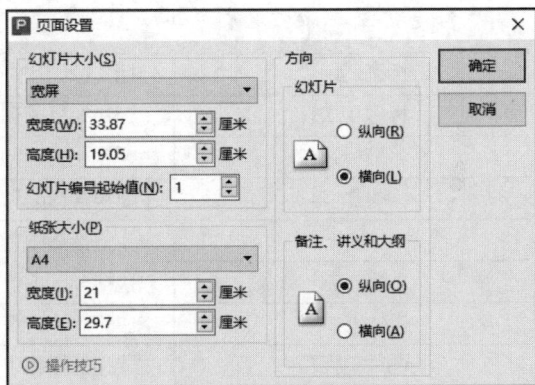

图 5-7　幻灯片的"页面设置"对话框

▶▶▶ 5.2.3　保存演示文稿

制作好的演示文稿需要及时被保存到计算机中。

1. 直接保存演示文稿

方法1：选择"文件"→"保存"命令。

方法2：单击快速访问工具栏中的"保存"按钮。

方法3：按 Ctrl+S 组合键。

2. 另存为演示文稿

若不想改变原有演示文稿中的内容，则可以通过"另存为"命令保存成新文件。

选择"文件"→"另存为"命令，打开"另存为"对话框，设置保存路径、文件名称和文件类型之后，单击"保存"按钮。

默认情况下，WPS 演示将文件保存为 PowerPoint 文件（*.pptx）文件格式。若要以非.pptx格式保存演示文稿，请单击打开"文件类型"下拉列表，然后选择所需的文件格式。

3. 将演示文稿保存为模板

为了提高工作效率，我们可以将制作好的演示文稿保存为模板，供以后制作同类演示文稿时使用。操作方法是：选择"文件"→"另存为"命令，打开"另存为"对话框，在"文件名称"框中输入名称，将"文件类型"更改为"PowerPoint 模板文件(*.potx)"或者"WPS 演示模板文件(*.dpt)",然后单击"保存"按钮。

▶▶▶ 5.2.4 幻灯片版式应用

幻灯片版式是幻灯片内容在幻灯片上的排列方式,包含幻灯片上显示的所有内容的格式和位置,由占位符组成。在占位符中可容纳如文本、表格、图表、智能图形、视频、图片等内容。根据占位符中输入的内容不同,占位符可以分为内容占位符、文本占位符、竖排内容占位符、竖排文本占位符、图片占位符、表格占位符、智能图形占位符、媒体占位符等几种类型。内容占位符中可以输入文本、图片、表格、图表和媒体,其他类型的占位符只能输入对应类型的内容,例如文本占位符中只能输入文本,图片占位符中只能输入图片。WPS 演示中包含"标题幻灯片""标题和内容""两栏内容"等内置幻灯片版式和推荐版式供用户选择,幻灯片具体版式及说明如表 5-1 所示。在不同版式中,占位符的位置和排列的方式不同。

表 5-1 幻灯片具体版式及说明

版式类别	说明
标题幻灯片	包括主标题和副标题
标题和内容	主要包括标题和内容占位符
节标题	主要包括标题和文本
两栏内容	主要包括标题和两个内容占位符
比较	主要包括标题、两个文本占位符和两个内容占位符
仅标题	只包括标题占位符
空白	空白幻灯片,没有占位符
图片与标题	主要包括标题、1 个文本占位符和 1 个图片占位符
竖排标题与文本	主要包括竖排标题和文本占位符
内容	主要包括 1 个内容占位符
末尾幻灯片	主要包括主标题和 1 个文本占位符

为当前幻灯片设置版式的操作方法是:单击"开始"选项卡中的"版式"按钮,在弹出的下拉列表中单击合适的版式,如图 5-8 所示。确定版式后,就可以在占位符中输入内容。

▶▶▶ 5.2.5 演示文稿的编辑

1. 插入新幻灯片

默认情况下,新建的空白演示文稿只有一张幻灯片,而演示文稿一般都需要使用多张幻灯片,这时就需要新建幻灯片。新建幻灯片常用的方法有以下 5 种。

方法 1:在"开始"选项卡或"插入"选项卡中单击"新建幻灯片"按钮,可在定位的幻灯片之后新建一张幻灯片。

方法 2:在"大纲/幻灯片"窗格的空白处或某张幻灯片上单击鼠标右键,在弹出的快捷菜单中选择

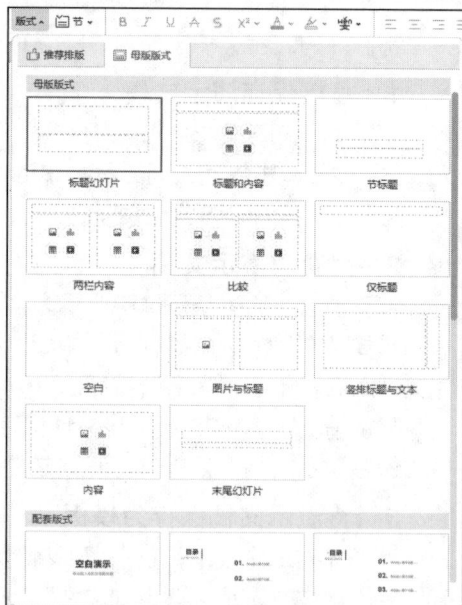

图 5-8 默认幻灯片版式

"新建幻灯片"命令，即可新建一个幻灯片。

方法 3：在"大纲/幻灯片"窗格中单击选择一张幻灯片，然后按 Enter 键，即可在所选幻灯片下方新建一张幻灯片。

方法 4：在"大纲/幻灯片"窗格中单击选择一张幻灯片，单击在缩略图上出现的"+"或窗格末尾的"+"，打开"新建单页幻灯片"对话框，选择相应版式或主题的幻灯片，即可在该幻灯片之后新建一张幻灯片，如图 5-9 所示。

方法 5：按 Ctrl+M 组合键，即可在所选幻灯片之后新建一张幻灯片。

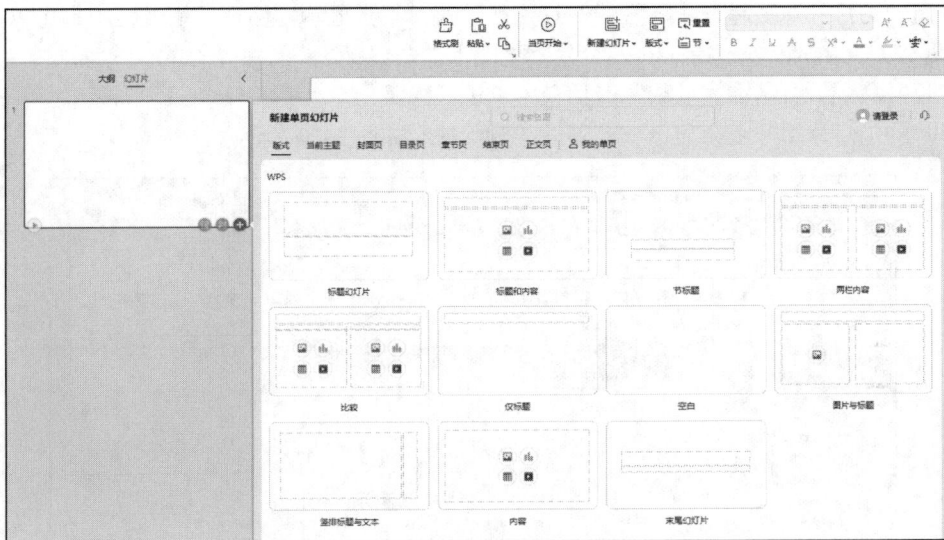

图 5-9 "新建单页幻灯片"对话框

2. 选择幻灯片

在幻灯片的编辑过程中，对幻灯片的操作需要先选择幻灯片。在普通视图的"大纲/幻灯片"窗格和幻灯片浏览视图中可以选择幻灯片，幻灯片的选择方法与 Windows 窗口中选择文件的方法相同，此处不再赘述。

3. 删除幻灯片

在"大纲/幻灯片"窗格或幻灯片浏览视图中，选择要删除的幻灯片，按 Delete 键；或者在要删除的幻灯片上单击鼠标右键，在弹出的快捷菜单中选择"删除幻灯片"命令，即可删除幻灯片。

4. 复制和移动幻灯片

在制作演示文稿的时候，如果有些幻灯片的内容是类似的，就可以使用复制并粘贴的方法制作幻灯片。此外，也可以从其他演示文稿中复制幻灯片，这样可以提高工作效率。常用的复制幻灯片的方法主要有以下 4 种。

方法 1：在"大纲/幻灯片"窗格或幻灯片浏览视图中，选择幻灯片，单击"开始"选项卡中的"复制"按钮，然后在目标位置上单击"粘贴"按钮，粘贴幻灯片。

方法 2：在"大纲/幻灯片"窗格或幻灯片浏览视图中，选择幻灯片，按 Ctrl+C 组合键，复制幻灯片，然后在目标位置上按 Ctrl+V 组合键，粘贴幻灯片。

方法 3：在"大纲/幻灯片"窗格或幻灯片浏览视图中，在选择的幻灯片上单击鼠标右键，在弹出的快捷菜单中选择"复制"命令，复制幻灯片，然后在目标位置上单击鼠标右键，在弹出的快捷菜单中选择"粘贴"命令，粘贴幻灯片。

方法4：在"大纲/幻灯片"窗格中，在选择的幻灯片上单击鼠标右键，在弹出的快捷菜单中选择"复制幻灯片"命令，即可在选择幻灯片的下方复制出一张相同的幻灯片。需要注意的是，此方法复制的幻灯片不能粘贴到其他的演示文稿中。

移动幻灯片的方法与复制幻灯片的方法类似，只需要将"复制"命令改为"剪切"命令。此外，也可以使用鼠标拖动的方法将幻灯片移动到目标位置。

5. 隐藏幻灯片

在演示文稿的编辑过程中，如果有幻灯片暂时不需要用但是又不想删除，用户可以将暂时不需要用的幻灯片隐藏起来。隐藏的幻灯片在放映时不会显示，但在编辑过程中是可以被看到的。隐藏幻灯片的操作方法是：在幻灯片缩略图上单击鼠标右键，在弹出的快捷菜单中选择"隐藏幻灯片"命令；或者在"放映"选项卡中单击"隐藏幻灯片"按钮，即可隐藏幻灯片。被隐藏幻灯片的幻灯片编号上会显示一条斜向的删除线，如图5-10所示。

图 5-10　被隐藏的幻灯片

6. 重用幻灯片

用户可以将其他演示文稿中的一张或多张幻灯片导入当前演示文稿中，而无须打开其他演示文稿。操作方法是：单击"新建幻灯片"下拉按钮，在弹出的下拉列表中选择"重用幻灯片"命令，弹出"重用幻灯片"窗格，选择文件和幻灯片即可。

▶▶▶ 5.2.6　向幻灯片中插入和编辑对象

用户向幻灯片中可以插入各种类型的信息，包括文本、图片、表格、图表、智能图形、音频和视频等。

1. 插入和编辑文本

在幻灯片中无法直接输入文本，需要借助占位符、文本框或者闭合形状。

方法1：在占位符中输入文本。占位符中已经预先设置了文本的格式，用户可以在占位符中直接输入文本。

方法2：在文本框中输入文本。单击"插入"选项卡中的"文本框"按钮，先在幻灯片中绘制出"横向文本框"或者"竖向文本框"，然后在文本框中输入文本。

方法 3：使用闭合形状输入文本。单击"插入"选项卡中的"形状"按钮，选择闭合的形状，例如矩形、圆形、三角形等。在幻灯片中绘制形状，并在其上单击鼠标右键，在弹出的快捷菜单中选择"编辑文字"命令，然后在形状中输入文字。

文本输入完后，可以对占位符、文本框、闭合形状中的文字进行格式化操作。

2. 插入和编辑图片

在制作幻灯片时，图片是必不可少的元素。图文并茂的幻灯片不仅使画面形象、生动，更容易引起观众的兴趣，还能更准确地表达演讲者的思想。在普通视图中，可以在幻灯片中插入图片、形状、截屏、图标。在幻灯片中插入图片和编辑图片的大部分操作方法与 WPS 文字中插入和编辑图片的方法相同，但 WPS 演示对图片的要求更高，编辑图片的操作也更加复杂和多样。

（1）裁剪图片

在幻灯片中插入的图片会保持默认的形状。为了让图片更具艺术性，用户可以对图片进行裁剪。图片裁剪方式有按形状裁剪、按比例裁剪和创意裁剪，对应的操作方法如下。

方法 1：按形状裁剪。选中图片，单击"图片工具"选项卡中的"裁剪"按钮，单击"按形状裁剪"选项中的"云形"后，如图 5-11 所示，利用鼠标拖动图片四周的裁剪控制柄调整"云形"的大小，拖动图片位置调整要保留的图片内容，按 Enter 键确认裁剪，所选图片即可按照选中的形状进行裁剪。

图 5-11　按形状裁剪

方法 2：按比例裁剪。选中图片，单击"图片工具"选项卡中的"裁剪"按钮，单击"按比例裁剪"选项中的比例后，利用鼠标拖动图片四周的裁剪控制柄调整裁剪图的大小，拖动图片位置调整要保留的图片内容，按 Enter 键确认裁剪。

方法 3：创意裁剪。选中图片，单击"图片工具"选项卡中的"裁剪"按钮，单击"创意裁剪"选项中的一种创意形状，单击创意形状，即可看到选中的图片已经按照所选样式裁剪，如图 5-12 所示。

（2）形状的布尔运算

形状的布尔运算是一种在图形设计软件中常用的功能，它允许用户通过组合、相交或剪除等方式对形状进行操作，从而创造新的图形。

以下是布尔运算的一些基本操作。选择对象的先后顺序对布尔运算结果有影响，结果以先选对象为参照标准，保留先选择对象的颜色，效果如图 5-13 所示。

图 5-12　创意裁剪

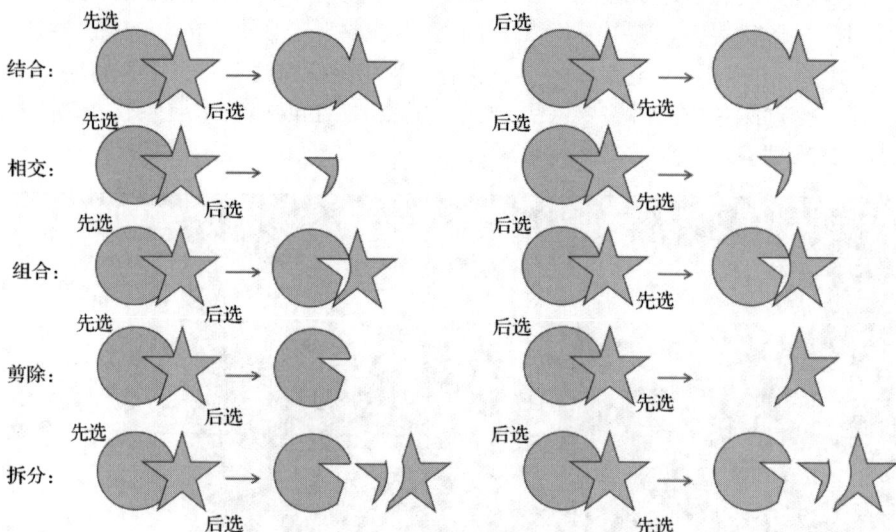

图 5-13　形状布尔运算

- 结合：将两个或多个形状合并成一个单一的复合形状，类似于数学中的集合并集操作。
- 相交：仅保留两个或多个形状重叠的区域，非重叠部分被移除，类似于集合的交集。
- 组合：创建一个新的形状，该形状包含所有原始形状的非重叠区域，但不包括它们的重叠区域。
- 剪除：从一个形状中减去另一个形状，只保留第一个形状中未与第二个形状重叠的部分，相当于集合的差集。在进行裁剪操作时，保留的形状与选择图形的顺序有关联。
- 拆分：将重叠区域分割成单独的形状，以便独立编辑每个部分。

在演示文稿中，除了可以通过形状的布尔运算来创建新图形，还可以利用形状和图片进行布尔运算以创造出更加精细和个性化的设计作品。

【例 5-2】利用素材文件夹的相关图片，设计"美丽中国"标题幻灯片，如图 5-14 所示。

其具体操作步骤如下。

① 启动 WPS 演示，新建空白演示文稿。

② 在幻灯片中插入横向文本框并输入"美丽中国"，将文字字体设置为"华文行楷"，将字号设置为"88 磅"。绘制一个矩形，覆盖在文本框的上方，框选文本框和矩形，单击"绘图

工具"选项卡中的"合并形状"下拉按钮,在弹出的下拉列表中选择"拆分"命令,对文字进行拆分,效果如图 5-15 所示。

图 5-14 美丽中国效果

③ 删除文本内容"美丽中国"以外的部分,文字已经变成图形。框选文字图形,将填充颜色设置为"红色",将轮廓线条设置为"无",并将"丽"下半部分填充为"橙色"。

④ 插入"荆州园博园.jpg"图片,并置于底层。选择"中"图形,调整大小和位置。按住 Shift 键,依次选择"荆州园博园.jpg"和图形"中",单击"绘图工具"选项卡中的"合并形状"下拉按钮,在弹出的下拉列表中选择"相交"命令,保留"中"字形的彩色图片。

⑤ 选择"国"图形,调整大小,在"对象属性"窗格的"形状选项"中将填充设置为"图片或纹理填充",选择"荆州园博园.jpg",放置方式为"拉伸",适当调整偏移值。

⑥ 调整几个图形的位置和大小,重新布局,如图 5-16 所示。框选这些图形,单击"图片工具"选项卡中的"组合"按钮,然后适当缩小组合图形。

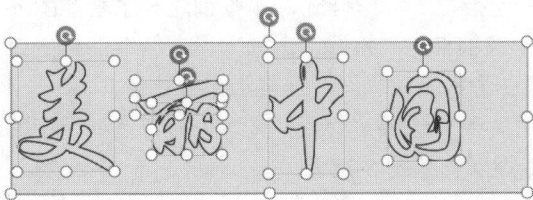
图 5-15 拆分效果

图 5-16 "美丽中国"布局

⑦ 插入"荆州古城.jpg",保持比例调整图片尺寸,裁剪图片,使图片与幻灯片同样大小;用鼠标右键单击图片,在弹出的快捷菜单中选择"置于底层"命令。插入一个与幻灯片同样大小的矩形,采用渐变填充方式改变矩形填充颜色。在"对象属性"窗格中,将渐变样式设置为"向下的线性渐变",第一个停止点位置为"7%",色标颜色为"亮天蓝色,着色 1,浅色 95%"(RGB(248,246,252)),透明度为"40%",亮度为"92%";第二个停止点位置为"58%",色标颜色为"亮钢蓝"(RGB(189,189,207))。将矩形位置下移一层,覆盖在"荆州古城.jpg"之上、"美丽中国"之下。

⑧ 绘制田字格。绘制正方形，宽度设置为"3.62 厘米"，填充设置为"无"，轮廓设置为"0.75 磅橙色实线"。绘制正方形对角线方向、水平方向和垂直方向的直线，轮廓设置为"0.75 磅橙色虚线"，框选正方形和 4 条直线，组合成整体。

⑨ 插入文本框，输入"荆"，字体设置为"华文隶书"，字号设置为"80 磅"，调整文本框位置到田字格中。将田字格和文本框组合成整体，复制组合图形，移动到右侧，将"荆"改为"州"，调整它们的位置。

⑩ 插入文本框，输入"千|年|古|城|诗|画|荆|州"，字号设置为"18 磅"，对齐方式设置为"分散对齐"，调整文本框的宽度，如图 5-17 所示。

⑪ 调整各组合图形的大小和位置，保存演示文稿。

图 5-17　田字格文字效果

3. 插入和编辑表格

在幻灯片的内容占位符中单击"表格"图标，或者在"插入"选项卡中单击"插入表格"按钮，在打开的"插入表格"对话框中输入表格的列数和行数，然后单击"确定"按钮。

在幻灯片中对表格的编辑与在 WPS 文字中对表格的编辑一致，可参考 WPS 文字章节。

4. 插入和编辑图表

在演示文稿中图表的应用可能比表格更加广泛。因为图表能更明确地显示数据间的相互关系，使信息的表达鲜明生动，能让观众直接关注重点，达到迅速传达信息的目的。

在内容占位符中单击"插入图表"图标，或者在"插入"选项卡中单击"插入图表"按钮，打开"图表"对话框，选择所需图表类型，单击即可应用该图表。

选择幻灯片中的图表，单击"图表工具"选项卡中的"编辑数据"按钮，自动打开"WPS 演示中的图表"表格，在蓝色框线内的相应单元格里输入需要在图表中表现的数据，在幻灯片中可以实时看到图表的数据变化效果，单击"关闭"按钮，关闭"WPS 演示中的图表"表格。

对图表的其他编辑与 WPS 表格对图表的编辑一致。

5. 插入和编辑智能图形

通过 WPS 演示中的智能图形为幻灯片添加流程、循环、层次结构、矩阵或者关系等图形，这样既可以形象地显示幻灯片的动感效果，又可以轻松、快捷、有效地传达信息。

插入智能图形的操作方法是：在"插入"选项卡中单击"智能图形"按钮，在打开的"智能图形"对话框中选择"SmartArt"或其他推荐的图形样式，即可创建一个智能图形。用户可在智能图形中输入文字，并利用"设计"选项卡与"格式"选项卡设置智能图形的效果。编辑智能图形的方法与 WPS 文字中编辑智能图形的方法相同，这里不再赘述。

在制作演示文稿时，为了美化幻灯片，用户也经常利用"文本工具"选项卡中的"转智能图形"按钮 转智能图形 将文本转换成智能图形，如图 5-18 所示。

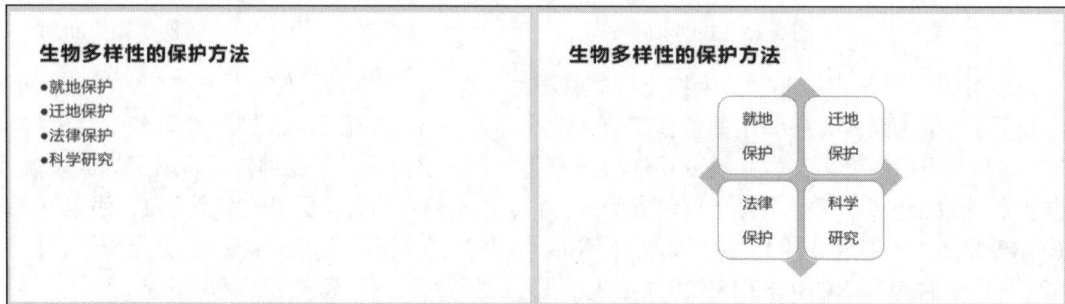

图 5-18　文本转换成智能图形的效果对比

6. 插入和编辑音频

为使演示文稿的内容更加丰富、生动以加深观众的印象，我们可以在幻灯片中插入背景音乐。

在"插入"选项卡中单击"音频"按钮，在弹出的下拉列表中选择"嵌入音频"命令，打开"插入音频"对话框，选择所需音频文件后，单击"打开"按钮，即可将音频文件插入幻灯片中，并激活"图片工具"和"音频工具"选项卡。幻灯片中插入音频后，在幻灯片上会出现"音频"图标 🔊 和浮动音频控制栏，单击"播放"按钮可以预览声音效果。

选择"音频"图标，会激活"音频工具"选项卡，如图5-19所示。

图5-19 "音频工具"选项卡

下面介绍"音频工具"中部分按钮的功能。

* 播放：播放音频，试听音频效果。
* 裁剪音频：在音频的开头和末尾处对音频进行修剪。拖动"裁剪音频"对话框中绿色（左侧）和红色（右侧）滑块，控制音频的开始时间和结束时间，如图5-20所示。
* 淡入和淡出：在音频开始的几秒内使用淡入（音量逐渐变大）效果，在结束的几秒内使用淡出（音量逐渐变小）的效果。
* 播放声音的方式：在"开始"下拉列表框中可以选择两种播放方式之一，如图5-21所示。

若要在放映该幻灯片时自动开始播放音频，请在"开始"下拉列表框中单击"自动"。

若要通过在幻灯片上单击音频来手动播放，请在"开始"下拉列表框中单击"单击"。

* 声音的跨页播放：默认情况下，插入的音频只在当前页播放。若需要在多张幻灯片中播放音频，可以在"跨幻灯片播放：至"中设置到第多少页停止。

图5-20 裁剪音频

图5-21 播放方式选项

* 循环播放，直至停止：选中该复选框，声音就会一直播放，直到结束放映为止。
* 放映时隐藏：选中该复选框，则在播放声音时隐藏音频图标。
* 设为背景音乐：单击"设为背景音乐"按钮，则自动设置音频的开始方式为"自动"，跨幻灯片循环播放音频。

7. 插入和编辑视频

在演示文稿中插入视频，可以美化演示文稿，特别是在教学、演讲中，会使演示文稿更加生动。在演示文稿中插入视频的方法与插入音频的方法类似。

视频编辑与音频编辑类似，同时还新增了一些功能，例如为视频设置封面、压缩视频等。为视频设置封面的方法是：选择插入的视频，单击"视频工具"选项卡中的"视频封面"按钮，在弹出的下拉列表中选择"来自文件"命令，选择合适的图片，单击"打开"按钮；后期还可以编辑封面样式，如图 5-22 所示。

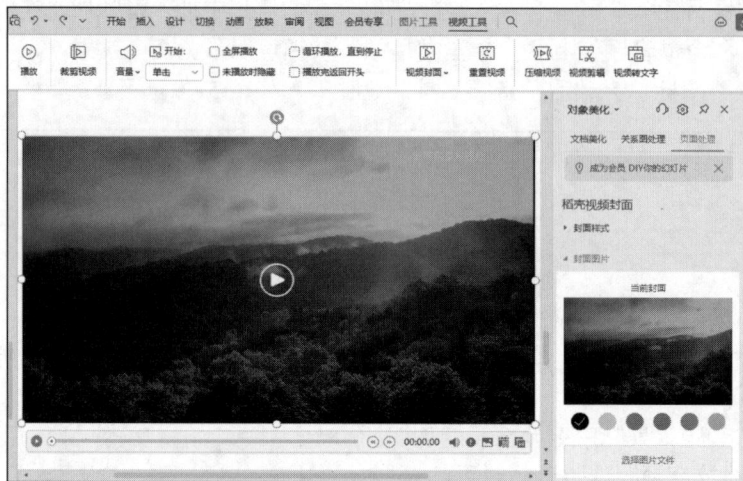

图 5-22　设置视频封面

8.　插入和编辑超链接

在默认情况下，幻灯片播放时按照编号顺序播放，用户可以通过超链接和动作按钮创建交互式演示文稿。在放映幻灯片时，用户可灵活地通过使用超链接和动作，实现放映时的跳转，增加演示文稿的交互效果。超链接和动作支持从本幻灯片跳转到其他幻灯片、文件、网页或外部程序上，起到指示、引导或控制播放的作用。

在演示文稿中，用户可以为文本、图片、图形、图表等添加超链接或动作。

（1）利用"超链接"命令创建超链接

在幻灯片中选择要创建超链接的对象，单击"插入"选项卡中的"超链接"按钮，或者用鼠标右键单击要创建超链接的对象，在弹出的快捷菜单中选择"超链接"命令，打开"插入超链接"对话框，如图 5-23 所示。

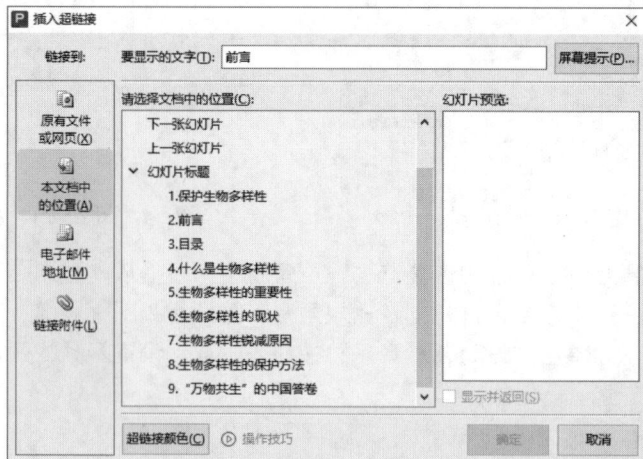

图 5-23　"插入超链接"对话框

在该对话框左侧可以选择要链接到的目录类型，如现有其他文件、网页、电子邮件、链接附件等。若要链接到同一演示文稿的其他幻灯片，应该选择"本文档中的位置"，然后单击具体的幻灯片标题或序号。文本设置超链接后，会改变文本的颜色，在"插入超链接"对话框中单击"超链接颜色"按钮，打开"超链接颜色"对话框，可以设置超链接颜色、已访问超链接颜色、是否添加下画线等选项，如图 5-24 所示。

如果要改变超链接设置，可以选择已经设置超链接的对象，单击鼠标右键，在弹出的快捷菜单中选择"编辑超链接"命令对选择的超链接进行重新设置，也可以选择"取消超链接"命令取消超链接。

（2）利用"动作"创建超链接

在演示文稿中可以为当前幻灯片中所选对象设置鼠标动作，当单击或将鼠标指针移动到该对象上时，执行指定的操作。

在幻灯片中选择要创建超链接的对象，单击"插入"选项卡中的"动作"按钮，打开"动作设置"对话框，或者单击"插入"选项卡中的"形状"按钮，在弹出的下拉列表中单击选择某个动作按钮（例如"开始"动作按钮），在幻灯片中绘制动作按钮后也可打开"动作设置"对话框，如图 5-25 所示。动作方式分为"鼠标单击"和"鼠标移过"两种，分别设置当用户单击鼠标时触发动作，或者设置鼠标移过时触发动作。

动作除了链接到文件、网页、幻灯片外，还可以运行程序。若要链接到本演示文稿中的其他幻灯片，应该选中"超链接到"，在其下方的下拉列表中选择"幻灯片…"，并在打开的"超链接到幻灯片"对话框中选择目标幻灯片。

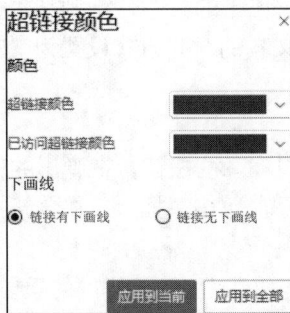

图 5-24　"超链接颜色"对话框　　　　　图 5-25　"动作设置"对话框

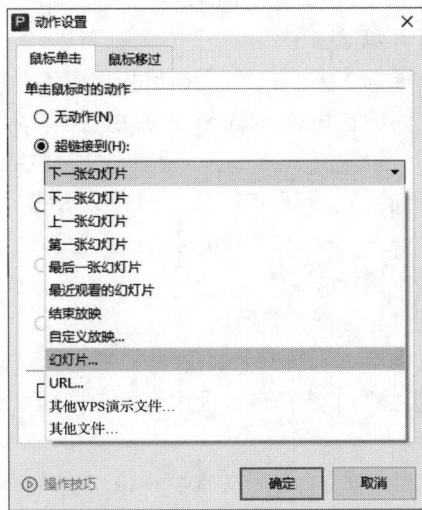

【例 5-3】制作"保护生物多样性"演示文稿。制作标题页、目录页及相关内容；为演示文稿设置背景音乐"森林里的鸟鸣.mp3"，要求音乐全程播放；为目录页设置超链接，以方便页面跳转。演示文稿效果，如图 5-26 所示。

其具体操作步骤如下。

① 启动 WPS 演示，创建空白演示文稿。

② 单击"开始"选项卡中的"新建幻灯片"按钮，插入新幻灯片，再依次添加 8 张幻灯片。为了表述方便，将自定义颜色 RGB(249,255,219) 称为"白杏色"，RGB(126,182,21) 称为"牛油果绿"。提前安装相应的字体，例如"优设标题黑""思源黑体"等。

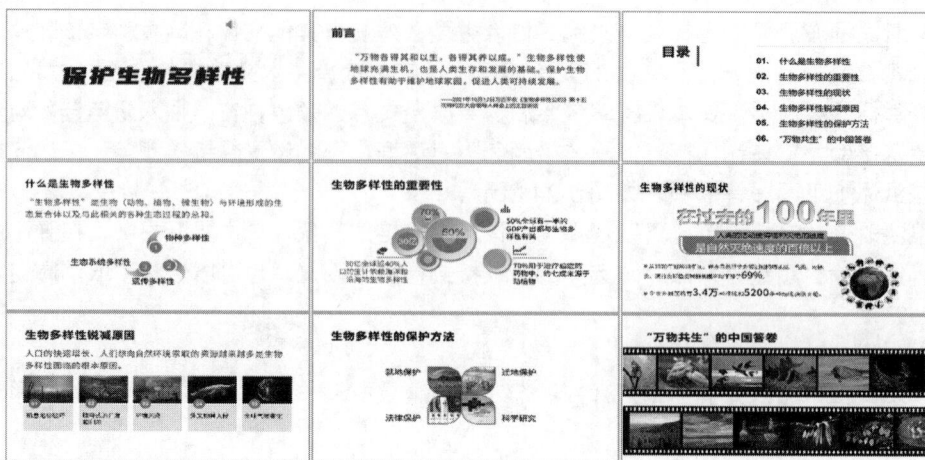

图 5-26 "保护生物多样性"演示文稿效果

③ 设计第 1 张幻灯片。

● 选择第 1 张幻灯片，单击"开始"选项卡中的"版式"下拉按钮，在弹出的下拉列表中选择"标题幻灯片命令"。在标题占位符中输入"保护生物多样性"，并将标题字体设置为"优设标题黑"，将字号设置为"88 磅"，调整占位符大小。

● 单击"插入"选项卡中的"音频"下拉按钮，在弹出的下拉列表中选择"嵌入音频"命令，选择素材文件夹中的"森林里的鸟鸣.mp3"。单击"音频工具"选项卡中的"设为背景音乐"按钮，自动勾选"循环播放，直至停止""放映时隐藏"复选框。

④ 设计第 2 张幻灯片。

● 选择第 2 张幻灯片，将版式设置为"标题和内容"，在标题占位符中输入"前言"。

● 在内容占位符中输入"'万物各得其和以生，各得其养以成。'……促进人类可持续发展。"将字号设置为"28 磅"，调整占位符的高度。单击"插入"选项卡中的"文本框"下拉按钮，在弹出的下拉列表中选择"横向文本框"命令，在内容占位符的右下方绘制文本框，在文本框中输入"——2021 年 10 月……主旨讲话"。将文本框中文本的对齐方式设置为"左对齐"，字号设置为"18 磅"。

⑤ 设计第 3 张幻灯片。

● 选择第 3 张幻灯片，单击"开始"选项卡中的"版式"下拉按钮，在弹出的下拉列表的"配套版式"中选择有 6 项内容的目录版式，如图 5-27 所示。单击"插入"将会新插入一张目录幻灯片。

● 在目录项的 6 个文本框中依次输入"什么是生物多样性""生物多样性的重要性""生物多样性的现状""生物多样性锐减原因""生物多样性的保护方法""'万物共生'的中国答卷"。框选目录项的所有文本，将字号设置为"28 磅"。

⑥ 设计第 4 张幻灯片。

● 选择第 4 张幻灯片，将版式设置为"标题和内容"，在标题占位符中输入"什么是生物多样性"。

● 在内容占位符中，输入文本内容，并将文本的字号设置为"28 磅"，调整占位符到合适大小。

● 在幻灯片中插入椭圆，设置椭圆高度为"3 厘米"、宽度为"5.18 厘米"、轮廓为"无"、填充方式为"渐变色填充"，并设置渐变方式为"线性渐变"、角度为"240°"、停止点 1 色标为"白杏色"、停止点 2 色标为"牛油果绿"、位置为"60%"。插入矩形，设置高度为"1.52

厘米"、宽度大于 5.18 厘米。拖动矩形到椭圆上方，框选椭圆和矩形，单击"绘图工具"选项卡中的"对齐"下拉按钮，在弹出的下拉列表中选择"底端对齐"命令，如图 5-28 所示。单击"绘图工具"选项卡中的"合并形状"下拉按钮，在弹出的下拉列表中选择"剪除"命令，得到半个椭圆。

图 5-27　插入目录幻灯片

● 在幻灯片中插入圆形，设置圆形的高度为"2.6 厘米"、宽度为"2.6 厘米"。复制绘制的圆形，分别拖动圆形到椭圆两侧，如图 5-29 所示。选择椭圆，按住 Shift 键，再次单击右侧的圆形，单击"合并形状"下拉按钮，在弹出的下拉列表中选择"剪除"命令。选择左侧的圆形，设置轮廓颜色为"白色"、轮廓线型为"4.5 磅实线"，填充颜色与椭圆的填充颜色一致，如图 5-29 所示。选择上述两个图形，单击"绘图工具"选项卡中的"组合"按钮，将两个图形组合。

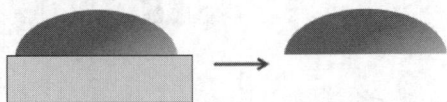

剪除前　　　　　　　　剪除后
图 5-28　绘制半个椭圆效果

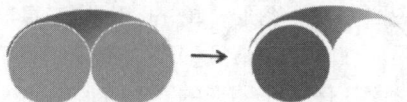

剪除前　　　　　　　　剪除后
图 5-29　绘制组合图形

● 复制组合图形两次，分别旋转 60°、180° 和 300°，调整组合图形位置，如图 5-30 所示。

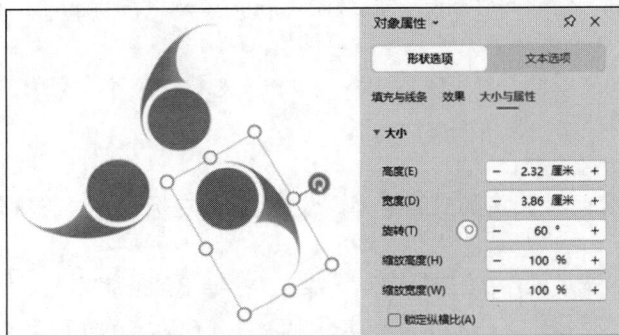

图 5-30　旋转组合图形效果

● 单击两次选择组合图形中的圆，用鼠标右键单击圆形，在弹出的快捷菜单中选择"编辑文字"命令，输入数字"1"，字号设置为"24 磅"，在右侧"对象属性"窗格中设置圆形的旋转角度为"0°"。采用同样的方法，分别在另外两个圆形中输入数字"2"和"3"，同时设置圆形的旋转角度为"0°"，如图 5-31 所示。

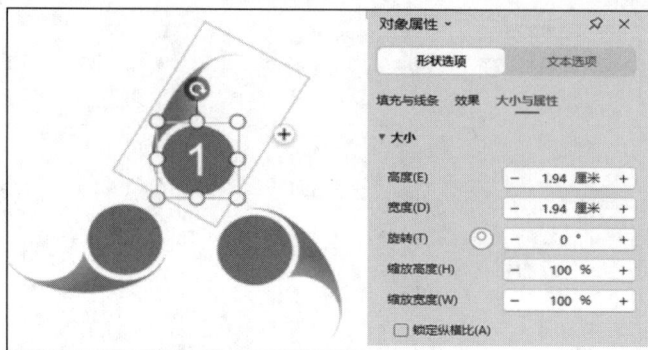

图 5-31 设置圆形的旋转角度

● 在 3 个图形的周边插入 3 个横向文本框，分别输入"物种多样性""遗传多样性""生态系统多样性"，并设置文本框中文字字号为"28 磅"。

⑦ 设计第 5 张幻灯片。

● 选择第 5 张幻灯片将版式设置为"仅标题"，在标题占位符中输入"生物多样性的重要性"。

● 插入素材中的"灰色圆形.png"，调整图片大小和位置。在灰色圆形图片上方插入"饼形"形状，设置高度和宽度为"3.9厘米"、填充颜色为"牛油果绿"、轮廓为"无"，拖动饼形中黄色的控制柄，设置为半圆形状。插入圆形，设置高度和宽度为"1.48厘米"、填充颜色为"白色"、透明度为"59%"、轮廓为"无"。框选图片和两个图形，单击"图片工具"选项卡中的"对齐"下拉按钮，在弹出的下拉列表中选择"水平对齐"命令和"垂直对齐"命令，使 3 个图形的圆心在同一点。框选图形，将它们组合成一个整体。插入文本框并输入"50%"，设置字体为"Arial"、字号为"36 磅"，如图 5-32 所示。

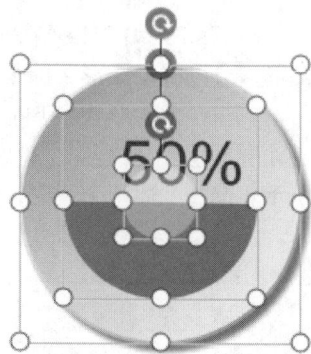

图 5-32 绘制多个同心圆效果

● 将上一步的组合图形复制 5 次，保持长宽比例，调整组合图形大小、位置和层次，按照效果图调整各个组合图形中饼图的百分比和填充颜色。

● 插入素材中的"柱形图标.png""曲线图标.png""对话图标.png"，保持长宽比例，调整图形大小、位置。在 3 个图标下方分别绘制直线。

● 插入 3 个横向文本框，分别输入内容，设置文本框中文字字号为"24 磅"，并按照效果图调整文本框位置。

⑧ 设计第 6 张幻灯片。

● 选择第 6 张幻灯片，将版式设置为"仅标题"，在标题占位符中输入"生物多样性的现状"。

● 单击"插入"选项卡中的"艺术字"按钮，在弹出的艺术字预设列表中选择"填充-灰色 25%，背景 2，内部阴影"。在艺术字文本框中输入"在过去的 100 年里"，设置文字字号为"60 磅"，在"对象属性"窗格的"文本选项"中设置文本轮廓为"实线"、颜色为"灰色–25%，背景 2，深色 25%"。选择文字 "100"，将字号设置为 "115 磅"，调整艺术字的位置。

● 单击 "插入" 选项卡中的 "形状" 下拉按钮，在弹出的下拉列表中选择 "对角圆角矩形" 命令，并在艺术字下方绘制，调整对角圆角矩形的黄色控制柄，让左上角为直角、右上角为圆角，调整对角圆角矩形大小和位置。设置填充颜色为 "白色"、轮廓为 "牛油果绿"。复制对角圆角矩形，将宽度缩小，填充颜色设置为 "牛油果绿"；在对角圆角矩形中添加文字 "是自然灭绝速度的百倍以上"，设置字号为 "36 磅"。

● 在对角圆角矩形上方插入横向文本框，输入文字 "人类的活动使得物种灭绝的速度"，设置字号为 "24 磅"，文本框填充自定义颜色 "红色：222，绿色：183，蓝色：119"，调整文本框大小和位置。

● 在幻灯片右下方插入图片 "地球.png" 和 "动物.png"，保持长宽比例，调整图片大小。框选两个图片，单击 "图片工具" 选项卡中的 "对齐" 下拉按钮，在弹出的下拉列表中选择 "水平对齐" 命令和 "垂直对齐" 命令。

● 插入 1 个文本框，输入内容，设置字号为 "18 磅"，并将数字 "69%" 的字号设置为 "32 磅"。在文字前插入项目符号，符号内容来自素材中的 "虎头.png" 图片。最后，调整文本框大小和位置。采用同样方法插入另一个文本内容。

⑨ 设计第 7 张幻灯片。

● 选择第 7 张幻灯片，将版式设置为 "标题和内容"，在标题占位符中输入 "生物多样性锐减原因"。

● 在内容占位符中输入内容，并将文本的字号设置为 "28 磅"，缩小占位符高度。

● 插入矩形，设置高度为 "7 厘米"、宽度为 "5.5 厘米"、填充为 "灰色-25%，背景 2，深色 25%"。插入图片 "栖息地.jpg"，设置图片的高度为 "3.5 厘米"、宽度为 "5.5 厘米"，并调整图片位置。框选图片和矩形，单击 "图片工具" 选项卡中的 "对齐" 下拉按钮，在弹出的下拉列表中选择 "左对齐" 命令和 "顶端对齐" 命令。插入文本框，输入 "栖息地被破坏"，字号设置为 "20 磅"，调整文本框位置。插入圆形，设置高度和宽度均为 "1.3 厘米"、填充颜色为 "牛油果绿"；在圆形中添加文字 "01"，设置字号为 "16 磅"，调整圆形位置。框选矩形、图片、圆形和文本框，单击鼠标右键，在弹出的快捷菜单中选择 "组合" 命令，将它们组合为整体。

● 复制上一步的组合图形 4 次，拖动一个组合图形到幻灯片右侧合适位置。框选 5 个组合，单击 "图片工具" 选项卡中的 "对齐" 下拉按钮，在弹出的下拉列表中选择 "顶端对齐" 命令和 "横向分布" 命令。

● 两次单击选择第 2 个组合中的图片，用鼠标右键单击图片，从弹出的快捷菜单中选择 "更改图片" 命令，从 "更改图片" 对话框中选择 "掠夺式开发.png"，单击 "打开" 按钮。双击圆形修改圆中文字为 "02"，修改文本框中文字为 "掠夺式的开发和利用"。

● 重复上一步骤，更改其余 3 个组合图形中的图片和文字。

⑩ 设计第 8 张幻灯片。

● 选择第 8 张幻灯片，将版式设置为 "仅标题"，在标题占位符中输入 "生物多样性的保护方法"。

● 单击 "插入" 选项卡中的 "形状" 按钮，在弹出的下拉列表中选择 "对角圆角矩形" 命令，调整圆角矩形的黄色控制柄，让左上角为直角、右上角为圆角，设置对角圆角矩形的高度和宽度均为 "3.67 厘米"，调整位置；设置轮廓颜色为 "牛油果绿"、轮廓线型为 "2.25 磅实线"；填充方式设置为 "图片或纹理填充"，在图片中选择 "自然保护区.jpg"，若要保存图片原来的方向，需要在 "对象属性" 窗格中 "形状选项" 下的 "填充与线条" 中取消 "与形状一起旋转"复选框。

- 复制上一步制作的对角圆角矩形，移到右侧。单击"绘图工具"选项卡中的"旋转"下拉按钮，在弹出的下拉列表中选择"水平翻转"命令。更改矩形中填充图片为"迁地保护.jpg"。
- 分别复制前两步制作的对角圆角矩形，调整黄色控制柄，更改直角和圆角的位置，并更改矩形中填充图片为"法律保护.jpg"和"科学研究.jpg"。"法律保护.jpg"无法填满整个对角圆角矩形，在"对象属性"窗格下"形状选项"中的"填充与线条"中设置偏移比例，如图 5-33 所示。按效果图调整 4 个对角圆角矩形的位置。
- 插入 4 个文本框分别输入"就地保护""迁地保护""法律保护""科学研究"，设置字号为"28 磅"，调整文本框的位置。

⑪ 设计第 9 张幻灯片。

- 选择第 9 张幻灯片，将版式设置为"仅标题和内容"，在标题占位符中输入"'万物共生'的中国答卷"。
- 插入素材中的"电影胶片 1.png"和"电影胶片 2.png"，并设置图片的高度为"6.26 厘米"、宽度为"77.48 厘米"，调整两张图片的位置。

⑫ 设置超链接。

- 选择第 3 张幻灯片，单击目录条目中的第一个图形"什么是生物多样性"，单击"插入"选项卡中的"超链接"按钮，打开"插入超链接"对话框。在该对话框左侧单击"本文档中的位置"，然后在"请选择文档中的位置"列表框中单击"什么是生物多样性"，最后单击"确定"按钮。
- 依次为其他目录设置超链接。

⑬ 将演示文稿另存为"保护生物多样性.pptx"。

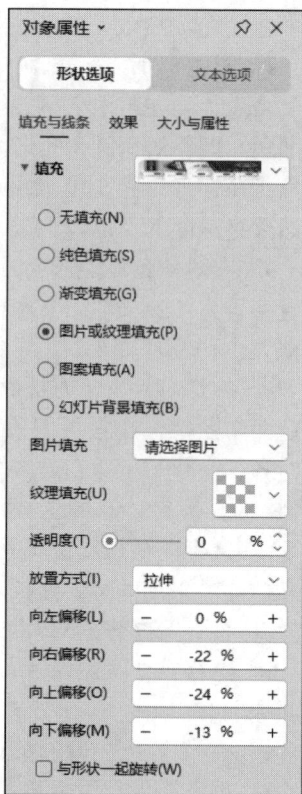

图 5-33 设置图片填充的偏移比例

5.3 演示文稿的外观设计

在制作演示文稿时，可以使用系统提供的智能美化设计方案、配色方案和母版等功能来美化幻灯片，使幻灯片具有一致的外观和统一风格，增加其可视性、实用性和美观性。

幻灯片外观包括幻灯片的背景颜色、背景填充效果，幻灯片各组成部分的颜色搭配等用户。既可以采用设计模板和配色方案为所有幻灯片设置统一的背景及填充效果，也可以为每一张幻灯片设置不同的背景及填充效果。

▶▶▶ 5.3.1 智能美化设计方案

智能美化设计方案可以快速对演示文稿风格、配色、背景、字体等进行统一设置，简化演示文稿的创建过程，使演示文稿具有统一的风格。

单击"设计"选项卡中的"更多设计"按钮或"全文美化"按钮，打开"全文美化"对话框，单击"分类"按钮，在展开的分类功能区中可以按风格、场景、颜色进行分类筛选，如风格选择"中国风"，场景选择"教育培训"，颜色选择"绿色"。在该对话框中的风格缩略图上单击，在对话框的右侧会显示预览效果，如图 5-34 所示。

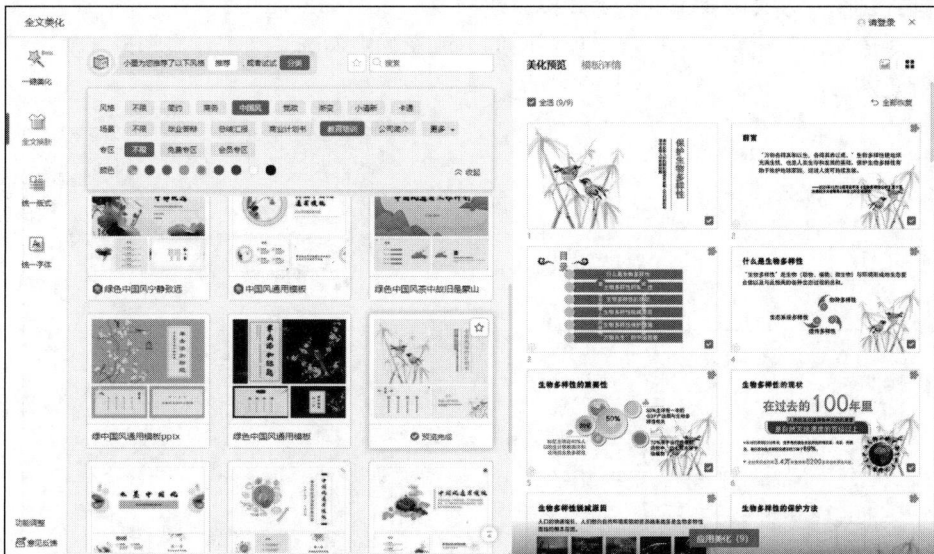

图 5-34　所有主题列表框

在"全文美化"对话框的右侧选择"美化预览"选项卡，勾选预览缩略图右下角的复选框，可将美化效果应用于对应的幻灯片中。选择"模板详情"选项卡，可添加需要的模板。

单击"全文美化"对话框中的"关闭"按钮，弹出提示"是否应用美化效果，您当前预览的效果尚未生效，需要应用美化效果吗？"，单击"确定退出"按钮表示不应用，单击"应用并退出"按钮表示应用。

在"全文美化"对话框左侧可以选择"统一版式""统一字体"功能来快速统一所有幻灯片的版式和字体。

1. 更改配色方案

智能美化设计方案设置完成后，可以根据需要对方案中的颜色进行更改。操作方法是：单击"配色方案"按钮，在打开的配色方案列表中选择一组颜色方案或自定义颜色方案。

!!! 提示

在颜色列表中某个颜色方案上单击鼠标右键，在弹出的快捷菜单中可选择不同的命令进行设置。选择"应用于所有幻灯片"命令，则将该颜色方案应用于所有的幻灯片；选择"应用于选定幻灯片"命令，则将该颜色方案应用于当前幻灯片。

2. 更改字体

单击"设计"选项卡中的"统一字体"按钮，在弹出的下拉列表中单击选择某种字体可立即将其应用到所有幻灯片中。此外，也可以在列表中选择"批量设置字体"命令，打开"批量设置字体"对话框，设置替换范围、目标、字体、字号等内容，如图 5-35 所示。

3. 自定义幻灯片背景

幻灯片的主题背景通常是预设的背景格式，与智能美化设计方案一起提供给用户使用。用户也可以自己定义幻灯片背景。设置背景格式主要是设置背景的填充与图片效果。操作方法是：在幻灯片上单击鼠标右键，在弹出的快捷菜单中选择"设置背景格式"命令，或者单击"设计"

选项卡中的"背景"按钮，打开"对象属性"窗格，如图 5-36 所示。在该窗格中可以设置背景的填充样式、图片效果和背景的艺术效果。

在"对象属性"窗格下"形状选项"中的"填充"中勾选"隐藏背景图形"复选框，就可以隐藏背景图形。

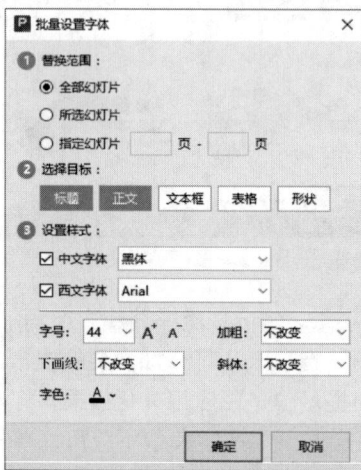

图 5-35 "批量设置字体"对话框

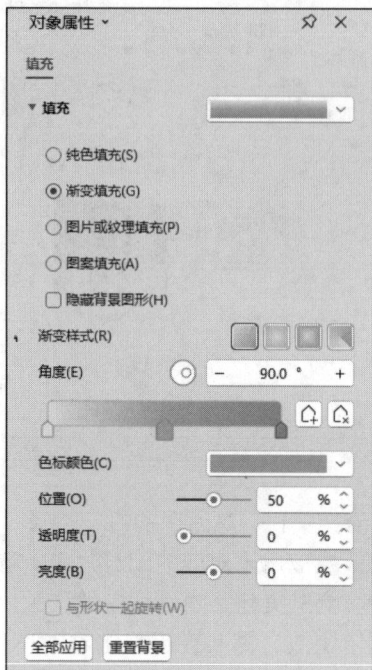

图 5-36 "对象属性"窗格

▶▶▶ 5.3.2 制作幻灯片母版

演示文稿中的多张幻灯片保持风格一致和布局相同，可以提高编辑效率。用户可以通过 WPS 演示提供的母版功能来设计一张母版，使风格和布局应用于所有幻灯片。母版主要用来定义演示文稿中所有幻灯片的格式，其中包含幻灯片中需要重复出现的内容及构成要素，如标题、日期、页脚、背景、标题位置等。母版允许对整个演示文稿的幻灯片进行统一调整，以避免重复制作。

WPS 演示的母版分为幻灯片母版、讲义母版和备注母版。

1. 幻灯片母版

幻灯片母版是常用的一张特殊幻灯片，它预设了可用于构建其他幻灯片的内容框架，包括字形、占位符大小或位置、背景设计和配色方案等。此外，通过修改母版中的字体、字号、字形、背景格式、版式设计等，可以统一幻灯片的格式。

在"视图"选项卡中单击"幻灯片母版"按钮，进入幻灯片母版视图，激活"幻灯片母版"功能区，如图 5-37 所示。母版是指左侧缩略图窗格中顶部的幻灯片，与母版版式相关的幻灯片显示在其下方。该左侧窗格用于选择母版或其他版式幻灯片，而右侧窗格则是母版的编辑区。

幻灯片母版通常有 5 个占位符：标题、文本、日期、页脚和幻灯片编号。在幻灯片母版中可以进行下列操作。

（1）更改标题和文本的格式及位置。

（2）设置日期、页脚和幻灯片编号。

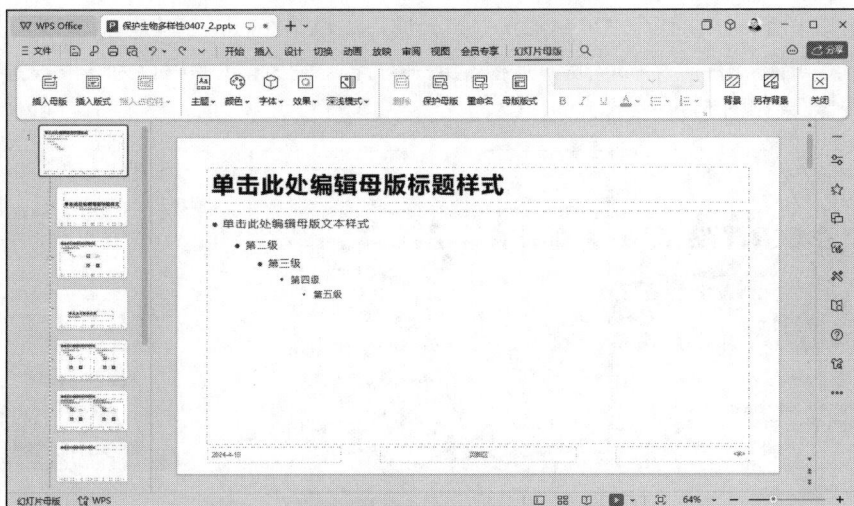

图 5-37　幻灯片母版

（3）设置母版的主题、颜色、字体、深浅模式、背景等。

（4）向母版中插入对象，如占位符、图形、图片等。

（5）插入母版、插入版式、重命名母版等。

单击"幻灯片母版"选项卡中的"关闭"按钮，退出幻灯片母版视图。

2. 讲义母版

讲义母版用于设置打印演示文稿时，幻灯片在纸张上的显示方式，如每张纸张上显示的幻灯片数量及页眉和页脚的信息等。单击"视图"选项卡中的"讲义母版"按钮，进入讲义母版视图，即可进行相应设置，如图 5-38 所示。

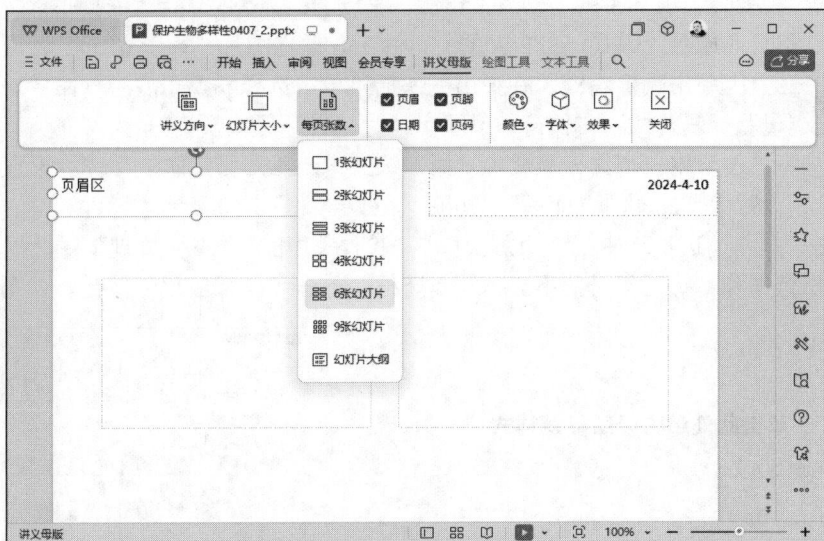

图 5-38　讲义母版视图

3. 备注母版

备注母版用于设置供使用的备注空间及备注幻灯片的格式。单击"视图"选项卡中的"备注母版"按钮，可以进入备注母版视图。

【例 5-4】利用幻灯片母版为"保护生物多样性.pptx"中的每张幻灯片设置相关背景和图

片信息。除第 1 页外，在每页右下角加入幻灯片编号。将第 2 张～第 9 张幻灯片中的标题字体设置为"思源黑体"，字号为 36 磅，加粗，居中对齐。最后将文件另存为"保护生物多样性_母版.pptx"，效果如图 5-39 所示。

图 5-39　案例效果

其具体操作步骤如下。

① 打开演示文稿"保护生物多样性.pptx"。

② 单击"视图"选项卡中的"幻灯片母版"按钮，进入幻灯片母版视图。在左侧窗格中，单击顶部的"幻灯片母版"版式。在右侧的幻灯片中，插入图片"背景 01.jpg"，调整图片的位置和大小。在图片上单击鼠标右键，在弹出的快捷菜单中选择"置于底层"命令。

③ 单击"母版标题样式"占位符，设置字体为"思源黑体"，字号为"36 磅"，加粗，居中对齐。在内容占位符中，将第一级文本、第二级文本、第三级文本的字体均设置为"思源黑体"，字号分别设置为"28 磅""24 磅""16 磅"，效果如图 5-40 所示。

④ 单击"插入"选项卡中的"页眉页脚"按钮，打开"页眉和页脚"对话框，勾选"幻灯片编号"复选框和"标题幻灯片不显示"复选框，单击"全部应用"按钮，如图 5-41 所示。

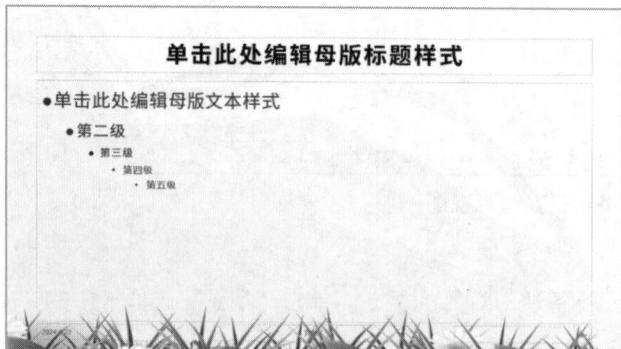

图 5-40　设置幻灯片母版效果

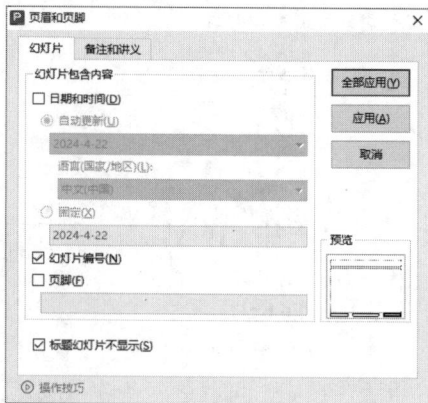

图 5-41　"页眉和页脚"对话框

⑤ 在左侧窗格中，单击"标题幻灯片"版式，然后在"对象属性"窗格下"形状选项"的"填充"中勾选"隐藏背景图形"复选框。在右侧的"标题幻灯片"版式中，插入图片"首页背景.jpg"，调整图片的位置和大小。在图片上用鼠标右键单击，在弹出的快捷菜单中选择"置于底层"命令，效果如图 5-42 所示。

⑥ 单击"幻灯片母版"选项卡中的"关闭"按钮，返回"普通视图"状态。

⑦ 将演示文稿另存为"保护生物多样性_母版.pptx"。

图 5-42 "标题幻灯片"版式效果

5.4 设置幻灯片的动画效果

　　动画是演示文稿中的一种重要技术。用户可以将各种幻灯片的内容以动画的方式展示出来，以期增强幻灯片的互动性。演示文稿中动画的作用在于：增强展示的条理性、让页面看起来更加简洁和保持观众的专注度。当幻灯片中的元素很多时，用户可以使用动画形式让元素按一定的时间顺序展示出来。在动画的指引下，观众能更清楚地把握演示者的观点推导过程。使用动画可以将各项内容化整为零，逐个呈现出来，配合逐步的讲解，从而减轻观众的不适感。在较长时间的演讲中，观众的注意力难以保持全程集中，适当地采用动画效果可以将观众从思维发散的状态中拉回来。

　　演示文稿中的动画可以分为两类：幻灯片之间的切换动画和幻灯片内部对象之间的自定义动画。

▶▶▶ 5.4.1 设置幻灯片切换效果

　　幻灯片之间的切换动画是指演示文稿的一张幻灯片放映完毕，转换到下一张幻灯片时屏幕显示的动画效果，如百页窗、轮辐、溶解、棋盘、页面卷曲等。为幻灯片添加、设置切换动画，幻灯片的转换过程能够衔接得更加自然、顺畅，同时独特的切换效果也能够加强对观众注意力的吸引。

1. 添加切换效果

WPS 演示提供了多种切换方案。为幻灯片添加切换效果的方法是：在幻灯片浏览视图或普通视图的"大纲/幻灯片"窗格中，选择一张或多张幻灯片，然后单击"切换"选项卡下"切换方案"列表框中的切换效果，例如"飞机"，如图 5-43 所示。

图 5-43 "切换"选项卡

2. 设置幻灯片切换属性

幻灯片切换属性包括效果选项、速度、声音和换片方式。

- 效果选项：用来设置动画的运动方向，如"向左飞""向右飞"等。
- 速度：用来设置幻灯片的切换速度。
- 声音：用来设置幻灯片切换时是否伴有声音效果，如"微风""鼓掌""风铃"等。
- 换片方式：用来设置如何触发幻灯片进行切换。例如单击鼠标时进行切换，或者设置自动换片的间隔时间（如每隔 5s 自动切换到下一张幻灯片）。

若想将设置的切换效果应用于所有幻灯片，单击"应用到全部"按钮。

3. 预览切换效果

单击"切换"选项卡中的"预览效果"按钮，可以预览当前幻灯片的切换效果。

4. 取消切换效果

单击"切换"选项卡下"切换方案"列表框中的"无切换"，可以取消当前幻灯片的切换效果。

▶▶▶ 5.4.2 设置对象自定义动画效果

为幻灯片中对象设置自定义动画可以使对象按一定的顺序运动起来，赋予它们进入、退出、缩放或移动等视觉效果，既能突出重点，吸引观众的注意力，又能使放映过程更加生动。

WPS 演示提供了以下 4 类自定义动画效果。

- 进入：设置对象从外部进入幻灯片放映画面的方式，即让对象从无到有，如"飞入""中心旋转""扇形展开"等。
- 强调：设置放映画面中需要突出显示的对象，起强调作用，即让对象产生变化以吸引观众注意，如"放大/缩小""跷跷板""加粗闪烁"等。
- 退出：设置对象离开放映画面的方式，即让对象从有到无，如"飞出""玩具风车""消失"等。
- 动作路径：设置对象在放映画面中运动的路径及方向，即让对象沿着规定的路线移动，如"直线""三环回路""自由曲线"等。

1. 为对象添加动画效果

为对象添加动画效果的方法是：在普通视图下，先选择需要添加动画的对象，然后单击"动画"选项卡下"动画样式"列表框中的相应选项，如图 5-44 所示。如果想使用更多的效果，则可以选择各类动画列表右侧的"更多选项"按钮 。例如单击"进入"动画的"更多选项"按钮，展开"更多进入效果选项"列表，如图 5-45 所示。

如果要为同一个对象添加多个动画效果，则可单击"动画"选项卡中的"动画窗格"按钮，在打开的"动画窗格"中单击"添加效果"下拉按钮，选择所需动画，以完成多个动画效果的添加。

为幻灯片对象添加动画效果后，其左上角会显示动画播放时的顺序编号，同时在"动画窗格"中也会显示编号。

!!! 提示

如果利用"动画"选项卡下"动画样式"列表框为同一对象添加多次动画，后添加的动画将替换之前添加的动画。

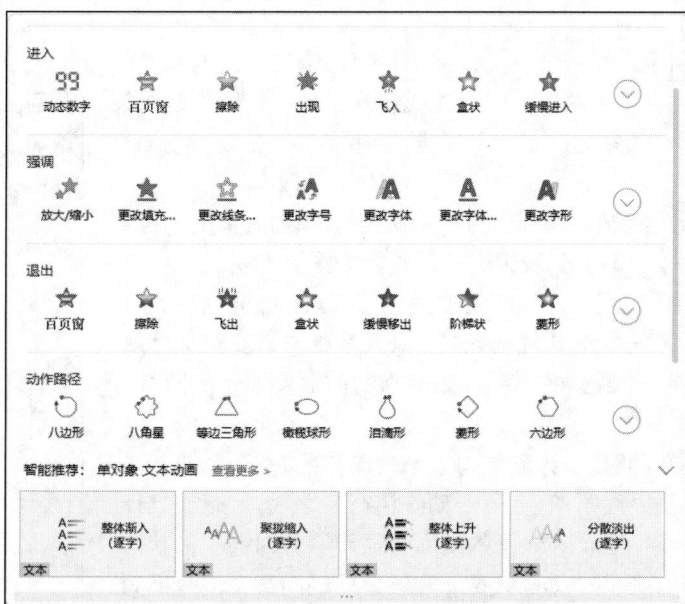

图 5-44 "动画样式"列表框

图 5-45 "更多进入效果选项"列表

2. 设置动画效果属性

为对象添加动画效果后，我们需要对动画设置"动画效果"属性，例如为动画设置运动方向、动画开始播放时间、动画持续时间、顺序、是否伴有声音效果等，让动画效果更加符合演示文稿的意图。设置"动画效果"属性有以下两种方法。

方法 1：通过"动画"选项卡中的相关选项来进行设置，如图 5-46 所示。

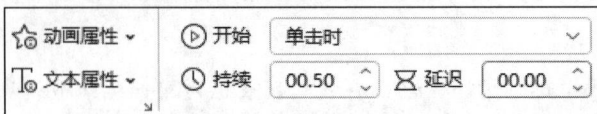

图 5-46 "动画"选项卡

"动画"选项卡中的各项介绍如下。

- "持续"：用于设置一个动画效果运行完所需要用的时间，即运行的速度。

- "延迟"：用于多个对象同时发生或依次自动执行时，是否设置一定的延迟时间。其常与"与上一动画同时"和"在上一动画之后"配合使用。

方法 2：在"动画窗格"中，选择一个动画，单击右侧的下拉箭头，在弹出的"动画"下拉列表中进行设置，如图 5-47 所示。

"动画窗格"中"动画"下拉列表的命令及其他项的介绍如下。

- "单击时"：动画的默认触发方式；只有在单击一次鼠标之后，动画才会出现。在"动画窗格"中，该动画的前面会显示"鼠标"形状。

- "与上一动画同时"：该动作与上一个动作同时开始。

- "在上一动画之后"：等上一个动作执行完之后，该动作自动执行。在"动画窗格"中，该动画的前面会显示"计时器"形状。

- "效果选项"：不同的动画效果，效果选项的内容会稍有不同。但主要都是设置动画效果的产生方向、是否伴有声音、动画播放后颜色是否变化等。图 5-48 所示为"飞入"动画的"效果"选项卡。"动画文本"用于设置文本框中的文字是以一个整体来运动，还是按一段文字或每个字符来运动。

- "计时"：设置动画的开始方式、延迟、速度、重复次数和触发器，如图 5-49 所示。

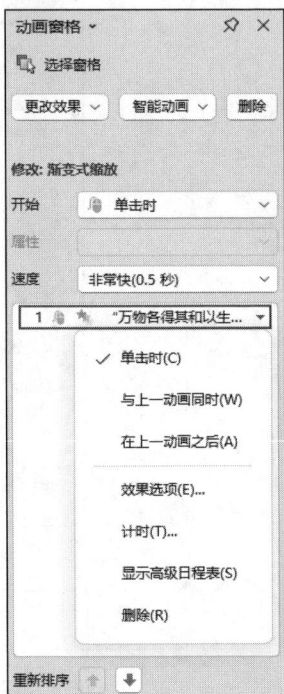

图 5-47 "动画"下拉列表

图 5-48 "飞入"动画的"效果"选项卡

图 5-49 "飞入"动画的"计时"选项卡

- "隐藏/显示高级日程表"：高级日程表会以甘特图形式详细显示每一个动画的执行开始时间、持续时间、延迟，且可以用于查看、对比多个动画对象的时间序列。在设计多个对象的动画效果时，利用高级日程表可方便地查看各动画放映的顺序与时间的关系，如图 5-50 所示。

- "重新排序"：用于调整动画对象的先后顺序。在"动画窗格"中，选择动画对象后，可以通过单击"向前移动"按钮 ⬆️、"向后移动" ⬇️ 按钮调整顺序，也可以直接拖动对象到目标位置来调整顺序。

3. 复制动画

使用"动画刷"可以方便地将某个对象的所有动画效果复制并应用到其他对象上。其使用方法与 WPS 文字中"格式刷"的使用方法类似。

4. 删除动画

删除动画效果的操作方法有以下 4 种。

方法 1：如果要删除幻灯片中某个动画效果，则可以在幻灯片中单击动画对应的效果标号，并按 Delete 键。

方法 2：在"动画窗格"中，选择对应的动画效果，单击该窗格中的"删除"按钮。

方法 3：选择动画对象，单击"动画"选项卡下"动画样式"列表框中的"无"按钮。

方法 4：如果要批量删除多个动画效果，则可以在"动画"选项卡的"删除动画"下列列表（如图 5-51 所示）中选择相应的命令，如选择"删除选中对象的所有动画""删除选中幻灯片的所有动画"等命令。

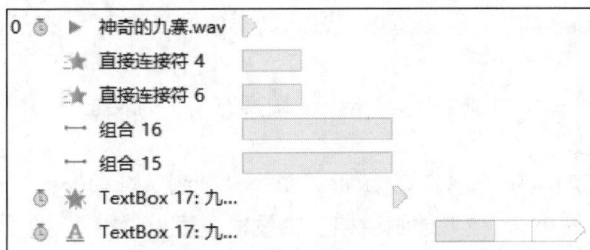

图 5-50　动画高级日程表

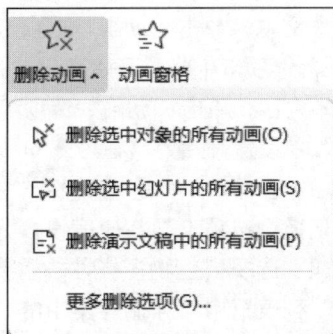

图 5-51　删除动画

5. 智能动画

WPS 预设了许多创意十足的智能动画，利用该功能，即使是不懂动画制作的用户，也能制作出炫酷的动感效果。设置智能动画的方法是：选择需要添加智能动画的对象，单击"动画"选项卡中的"智能动画"按钮，打开"智能动画"对话框，将鼠标指针移动到某一种效果上，可预览动画效果，单击"免费下载"按钮或"VIP 下载"按钮，即可应用该动画效果。

【例 5-5】为例 5-4 完成的"保护生物多样性_母版.pptx"设置动画效果，本例对每张幻灯片的动画要求如下。

① 为"前言"页设置"页面卷曲"切换效果。为第 1 段内容设置"颜色打字机"进入效果，速度设置为 0.4 秒，进入该张幻灯片后自动开始播放。为第 2 段内容设置自底部"飞入"效果，在上一动画之后开始播放。

② 为"什么是生物多样性"页设置"框"切换效果，速度设置为 2 秒。

③ 为"生物多样性的重要性"页中的"50%"文本框设置"放大/缩小"强调效果，速度设置为中速；为"30 亿"文本框设置"陀螺旋"强调效果，速度设置为中速，顺时针旋转两周；为"70%"文本框设置"彩色波纹"强调效果，颜色设置为"牛油果绿"，速度设置为中速。3 个动画均设置为"单击时"开始播放。

④ 为"生物多样性的现状"页中的第 1 段内容设置自底部"缓慢进入"效果，速度设置为慢速，并设置为"单击时"开始播放。为"地球.png"和"动物.png"设置"出现"进入效果，延迟 0.5 秒与上一动画同时开始播放；为"动物.png"添加"陀螺旋"强调效果，速度设置为极度慢（20 秒），与上一动画同时开始播放；为第 2 段内容设置"动态数字"效果，速度设置为中速，延迟 4.25 秒与上一动画同时开始播放；为"动物.png"添加"轮子"退出效果，速度设置为 4 秒，延迟 6.4 秒与上一动画同时开始播放。

⑤ 为"生物多样性锐减原因"页中的 5 个组合图形均设置自左下的"阶梯状"进入效果，速度为 0.5 秒，并设置为"单击时"开始播放。

⑥ 为"生物多样性的保护方法"页中的"就地保护"对角圆角矩形采用自左上到中心的"轰然下落"效果，其他 3 个对角圆角矩形分别从右上、左下和右下同时运动到中心，4 个文本框同时出现。

⑦ 设置"'万物共生'的中国答卷"页中的"电影胶片 1.png"自右向左缓慢直线运动，重复运动，直到幻灯片末尾；设置"电影胶片 2.png"同时自左向右缓慢直线运动，重复运动，直到幻灯片末尾。

其具体操作步骤如下。

（1）打开演示文稿"保护生物多样性_母版.pptx"。

（2）选择"前言"页，单击"切换"选项卡下"切换方案"列表框中的"页面卷曲"。选择第 1 段文本，单击"动画"选项卡下"动画样式"列表框中"进入"类中的"颜色打字机"，在"动画"选项卡中将"开始"设置为"与上一动画同时"，将"持续"设置为"0.4 秒"。选择第 2 段文本内容，单击"动画"选项卡下"动画样式"列表框中"进入"类中的"飞入"，在"动画窗格"中设置开始为"在上一动画之后"、方向为"自底部"、速度为"非常快（0.5 秒）"。

（3）选择"什么是生物多样性"页，单击"切换"选项卡下"切换方案"列表框中的"框"，在"切换"选项卡中将速度设置为"2 秒"。

（4）选择"生物多样性的重要性"页中的"50%"文本框，单击"动画"选项卡下"动画样式"列表框中"强调"类中的"放大/缩小"，在"动画窗格"中设置速度为"中速（2 秒）"。选择"30 亿"文本框，并为其设置"陀螺旋"强调效果，在"动画窗格"中设置速度为"中速（2 秒）"、数量为"720° 顺时针"；选择"70%"文本框，并为其设置"彩色波纹"强调效果，在"动画窗格"中设置颜色为"牛油果绿"、速度为"中速（2 秒）"。

（5）选择"生物多样性的现状"页中的第 1 段内容，并为其设置"缓慢进入"效果，在"动画窗格"中设置开始为"单击时"、方向为"自底部"、速度为"慢速（3 秒）"。选择"地球.png"和"动物.png"，并为其设置"出现"进入效果，同时设置开始为"与上一动画同时"、延迟为"0.5 秒"。选择"动物.png"，在"动画窗格"中单击"添加效果"按钮，选择强调中的"陀螺旋"，同时设置开始为"与上一动画同时"、数量为"360° 顺时针"、速度为"极度慢（20 秒）"、延迟为"0.5 秒"。为第 2 段内容设置"动态数字"效果，设置开始为"与上一动画同时"、速度为"中速（2 秒）"、延迟为"4.25 秒"。选择"动物.png"，在"动画窗格"中单击"添加效果"按钮，选择"退出"类中的"轮子"，同时设置开始为"与上一动画同时"、辐射状为"1 轮辐图案"、持续为"4 秒"、延迟为"6.4 秒"。

（6）选择"生物多样性锐减原因"页中的第 1 个组合图形，并为其添加"阶梯状"进入效果，设置开始为"单击时"、方向为"左下"、速度为"非常快（0.5 秒）"。选择第 1 段组合图形，双击"动画"选项卡中的"动画刷"按钮，然后分别单击后面的 4 个组合图形。按 Esc 键结束动画复制。

（7）选择"生物多样性的保护方法"页，单击"就地保护"所在的对角圆角矩形，在"动画窗格"中单击"智能动画"按钮，打开"智能动画"对话框，单击"轰然下落"效果中的"免费下载"按钮，此时在"动画窗格"中出现下落中的碰撞效果"PA_文本框6"。选择"就地保护"所在的对角圆角矩形，在"动画"选项卡的"动画样式"列表框中单击绘制自定义路径"直线"，鼠标指针变成"+"，绘制从左上角到中心的直线。然后用户依次为另外 3 个对角圆角矩形添加直线动画，如图 5-52 所示，接下来，为 4 个文本框添加"出现"进入动画，调整"PA_文本框6"的位置和宽度。在"动画窗格"中设置各动画的顺序，如图 5-53 所示。设置 4 个对角圆角矩形的开始为"与上一动画同时"、速度为"非常快（0.5秒）"；设置"PA_文本框6"的开始为"与上一动画同时"、速度为"0.6秒"、延迟为"0.25秒"；设置 4 个文本框的开始为"与上一动画之后"；"就地保护"文本框延迟为"0.25秒"。

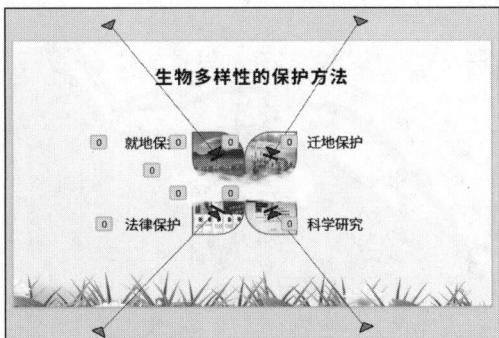

图 5-52　运动路径效果

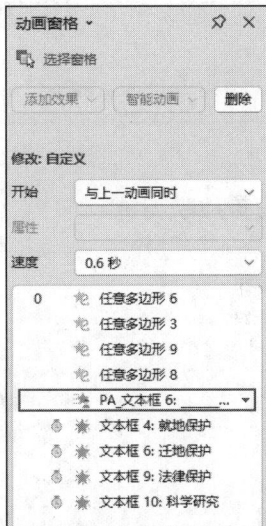

图 5-53　修改后的"动画窗格"

（8）选择"'万物共生'的中国答卷"页，调整"电影胶片1.png"的位置，让图片与幻灯片右对齐。为"电影胶片1.png"添加"向右"的路径效果，按住 Shift 键，保持沿水平方向向右调整运动路径红色停止点的位置；在"动画窗格"中设置开始为"与上一动画同时"、速度为"极度慢（20秒）"，用鼠标右键单击电影胶片1效果，在弹出的快捷菜单中选择"效果选项"命令，打开"向右"对话框，取消"平稳开始""平稳结束"，重复设置为"直到幻灯片末尾"，如图 5-54 所示。采用同样方式为"电影胶片2.png"添加"向左"的路径效果，并设置相关属性。

（9）将演示文稿另存为"保护生物多样性_动画.pptx"。

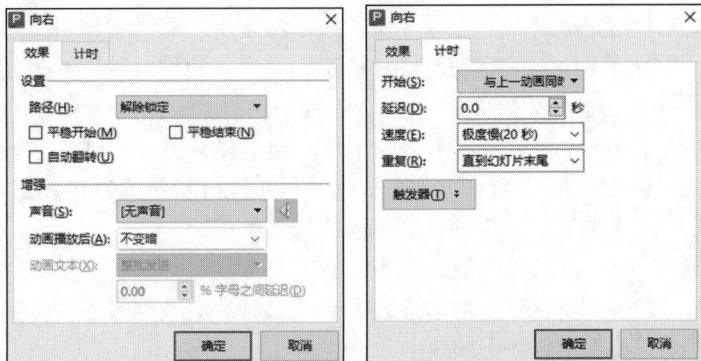

图 5-54　设置"向右"效果的效果选项

5.5 演示文稿的放映和输出

5.5.1 幻灯片放映设置

演示文稿制作完成后，可以通过幻灯片放映来查看幻灯片的整体效果或让观众欣赏。在实际放映过程中，演讲者可能会对放映方式有不同的需要，例如循环放映，这时就需要对幻灯片的放映进行相关的设置。"放映"选项卡如图 5-55 所示。

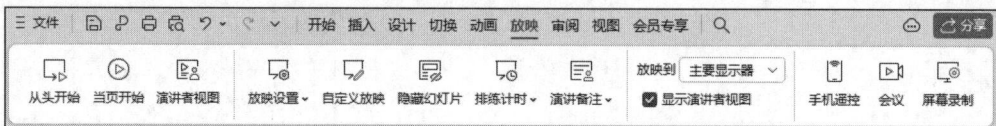

图 5-55　"放映"选项卡

1. 设置放映方式

单击"幻灯片放映"选项卡中的"放映设置"按钮，打开"设置放映方式"对话框，如图 5-56 所示。

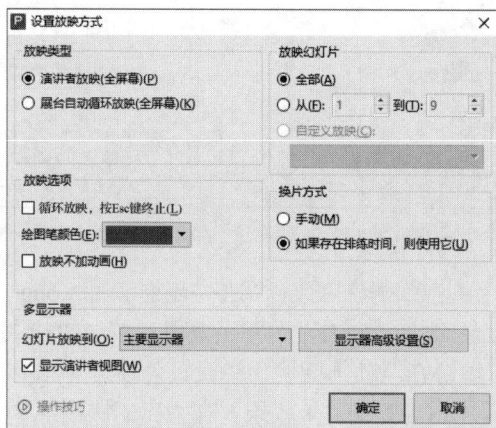

图 5-56　"设置放映方式"对话框

演示文稿有两种放映类型：演讲者放映（全屏幕）和展台自动循环放映（全屏幕）。默认是"演讲者放映（全屏幕）"类型。

- "演讲者放映（全屏幕）"：全屏幕放映方式，常应用于演讲者亲自播放演示文稿。在放映过程中，演讲者根据需要，人工控制幻灯片放映的进度。此种放映方式多用于教学、会议、做报告等。
- "展台自动循环放映（全屏幕）"：以全屏幕、自动循环方式放映。放映完最后一张幻灯片后，系统自动返回第一张幻灯片重新放映。放映过程中鼠标指针无法控制幻灯片，只能按 Esc 键停止放映。若幻灯片放映时无人看管，则可以选择该类型。

在"放映选项"栏中可以设置以下几项。

- "循环放映，按 Esc 键终止"：勾选该设置会在幻灯片放映到最后一张时自动跳转到第一张继续放映，直到按 Esc 键才会终止放映。
- "绘图笔颜色"：设置放映时，所使用绘图笔的默认颜色。

● "放映不加动画"：在幻灯片放映过程中不带动画效果，适合于快速浏览演示文稿。

在"放映幻灯片"栏中，既可以设置放映演示文稿的"全部"幻灯片，也可以设置放映部分幻灯片。

在"换片方式"栏中，可以设置"手动"换片，也可以选择"如果存在排练时间，则使用它"项，设置为自动放映。

在"多显示器"栏中，可以设置放映内容的显示位置，如"主要显示器""显示器2"。

2. 自定义演示文稿的放映

针对不同的场合或不同的观众，用户可以有针对性地选择演示文稿的放映内容和顺序，具体操作步骤如下。

（1）单击"放映"选项卡中的"自定义放映"按钮，打开"自定义放映"对话框。

（2）单击该对话框中的"新建"按钮，打开"定义自定义放映"对话框，在"幻灯片放映名称"文本框中输入名称，在左侧的"在演示文稿中的幻灯片"列表框中选择多张要加进"在自定义放映中的幻灯片"列表框的幻灯片，然后单击"添加"按钮，在右侧列表框中会显示添加的幻灯片。

（3）通过右侧的向上或向下箭头调节幻灯片的放映顺序，如图5-57所示。

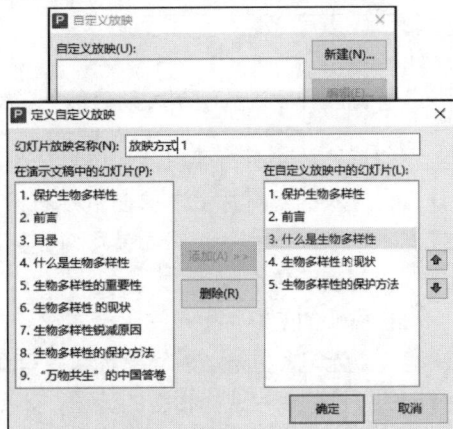

图5-57 "定义自定义放映"对话框

（4）单击"确定"按钮，退出"自定义放映"对话框，后期用户可以从自定义放映方案中选择某种方案进行放映。

3. 设置放映时间

部分用户希望演示文稿能全程自动播放，无须人为操作。这一点可以通过以下两种操作方法来实现。

（1）利用切换动画为每一张幻灯片设置放映时间

选择幻灯片，勾选"切换"选项卡中的"自动换片"复选框，并调整每张幻灯片的放映时间。

（2）利用排练计时功能实现自动放映

排练计时是指在放映前用手动方式进行换片，演示文稿能够自动把手动换片的时间记录下来，以便依据这个时间自动进行幻灯片放映，而无须人为控制。

其具体操作步骤如下。

单击"幻灯片放映"选项卡中的"排练计时"按钮，此时开始放映幻灯片，弹出"预演"工具栏，显示当前幻灯片的放映时间和当前总放映时间，如图5-58所示。

单击"预演"工具栏中的"下一项"按钮 ，切换到下一项动画对象。放映完后，弹出是否保留新的幻灯片排练时间消息框，如图5-59所示。若单击"是"按钮，则保留排练时间。在幻灯片浏览视图下可查看每一张幻灯片的放映时间。

图5-58 "预演"工具栏

图5-59 是否保留新的幻灯片排练时间消息框

4. 放映幻灯片

（1）放映控制

放映演示文稿的方法主要有以下几种。

- 单击"放映"选项卡中的"从头开始"按钮。
- 直接按 F5 键。
- 单击"放映"选项卡中的"当页开始"按钮。
- 按 Shift+F5 组合键。
- 单击状态栏右侧的"从当前幻灯片开始播放"按钮▶。

> **注意**
>
> 前两种方法从演示文稿的第一张幻灯片开始放映。后三种方法从当前幻灯片开始放映。

幻灯片放映时，可以使用鼠标或者键盘进行放映控制，具体操作方式如图 5-60 所示。

在放映的幻灯片上，单击鼠标右键，在弹出的快捷菜单中选择"墨迹画笔"→"圆珠笔"或"水彩笔"等命令，然后就可以利用鼠标在幻灯片上勾画重要内容。

（2）演示焦点

在放映的幻灯片上单击鼠标右键，在弹出的快捷菜单中选择"演示焦点"命令，在其子菜单中有"激光笔""放大镜""聚光灯"等命令。或者单击放映屏幕左下角的"演示焦点"按钮，在弹出的下拉列表中选择相应的选项，如图 5-61 所示。其中的"放大镜"可以将幻灯片的局部范围放大 1～3 倍，如图 5-62 所示。"聚光灯"可以在指定位置上产生聚光灯照射的效果，如图 5-63 所示。

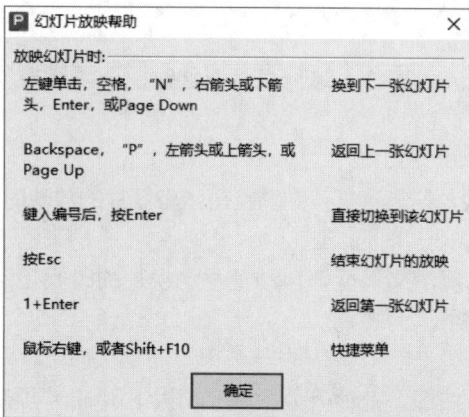

图 5-60 "幻灯片放映帮助"对话框

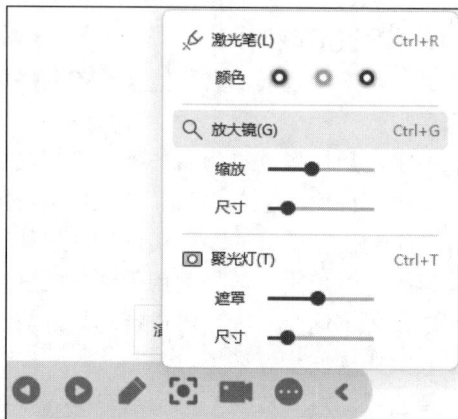

图 5-61 "演示焦点"下拉列表

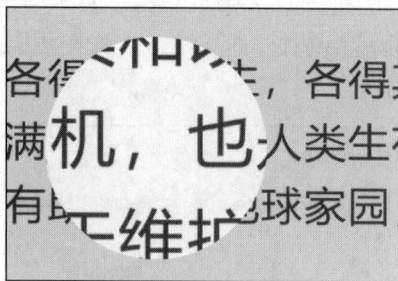

图 5-62 放大镜效果

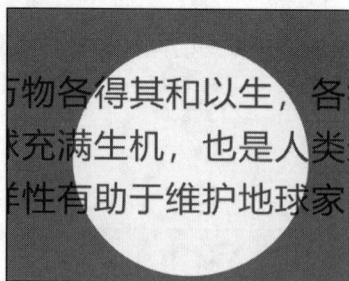

图 5-63 聚光灯效果

在放映的幻灯片上单击鼠标右键，在弹出的快捷菜单中选择"放大"命令，屏幕的右下角会显示一个缩放窗口。在缩放窗口中单击"+"按钮，可对当前幻灯片进行放大；单击"-"按钮，可缩小当前幻灯片；单击"="按钮或者直接在幻灯片上单击，可以快速恢复幻灯片原始大小。放大幻灯片后，移动缩放窗口中红色框的位置可调整要显示的区域，如图5-64所示。

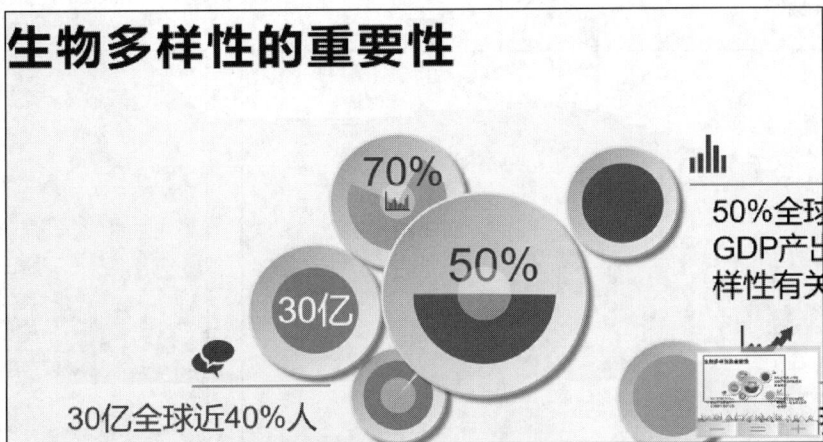

图 5-64   放大幻灯片效果

▶▶▶ 5.5.2   演示文稿的输出

当演示文稿制作完成后，我们可以将其转换成需要的文件类型，还可以对演示文稿进行打包，以及对演示文稿进行打印。

1. 文件打包

如果在演示文稿中使用了特殊字体、链接音频、链接视频等外部文件，为了在其他计算机上能正常使用演示文稿，用户就需要使用 WPS 演示的"打包"命令。文件"打包"命令中包含"将演示文稿打包成文件夹""将演示文稿打包成压缩文件"两个命令。

"将演示文稿打包成文件夹"命令可将演示文稿、字体文件、选择链接音频、链接视频等复制到指定的文件夹，这样只要将文件夹复制到其他计算机即可正常使用。选择"文件"→"文件打包"→"将演示文稿打包成文件夹"命令，打开"演示文件打包"对话框，设置文件夹名称和位置，单击"确定"按钮，开始打包，如图5-65所示。

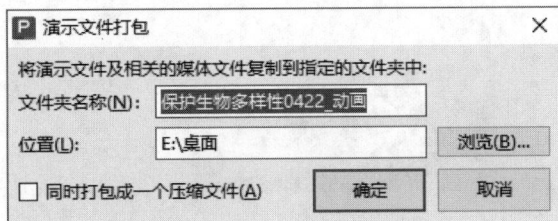

图 5-65   "演示文件打包"对话框

2. 输出为 PDF

为了保护文件的安全性、稳定性和方便阅读，常将演示文稿输出为 PDF 格式文件。演示文稿在不同计算机上打开时可能会因为字体缺失、软件版本不同等问题而出现格式错乱，PDF 文件则可以保持原有的格式稳定性，方便在不同设备上阅读；同时 PDF 文件不容易被篡改，确保用户看到的内容与设计者的内容一致。

选择"文件"→"输出为 PDF"命令，打开"输出为 PDF"对话框，在该对话框中可以设置输出页码范围、保存位置等信息，如图 5-66 所示。选中"输出选项"中的"PDF 设置"单选按钮，打开"设置"对话框，在其中可以设置输出内容、权限、密码等信息，如图 5-67 所示。设置完成后，单击"确定"按钮，返回上一级对话框，并单击"开始输出"按钮，即可完成输出为 PDF 的操作。

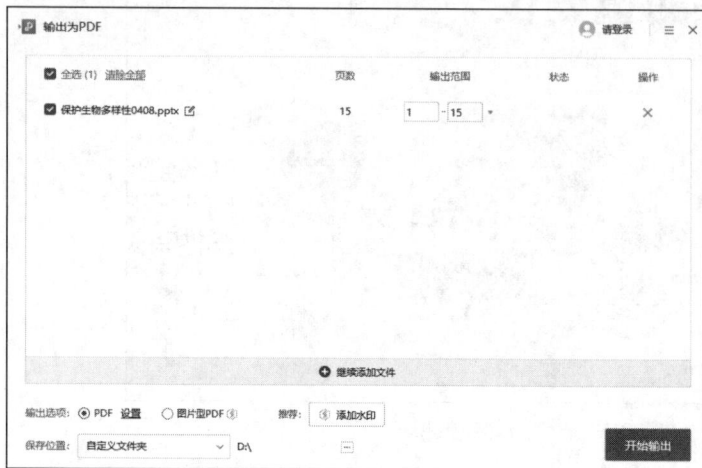

图 5-66 "输出为 PDF"对话框

图 5-67 "设置"对话框

3. 输出为图片

用户还可以将演示文稿中的幻灯片保存为多种格式的图片文件，如.jpg、.png、.bmp 等。选择"文件"→"输出为图片"命令，打开"批量输出为图片"对话框，如图 5-68 所示。在该对话框中可以设置输出方式（逐页输出、合成长图）、水印、输出范围、输出格式、输出颜色、输出目录等信息。

图 5-68 "批量输出为图片"对话框

4. 输出为视频

用户也可以将演示文稿保存成视频文件。操作方法是：选择"文件"→"另存为"→"输出为视频"命令，打开"另存为"对话框，输入文件名称，选择保存位置，单击"保存"按钮。

> **注意**
>
> 保存的视频格式为 WebM 视频（*.webm），第一次输出会提示下载和安装 WebM 视频解码器插件（扩展）。视频输出完成后，打开视频可以查看幻灯片保存为视频后的效果。

▶▶▶ 5.5.3 演示文稿的打印

打印演示文稿之前，一般要进行页面设置，确定打印的一些具体参数。

选择"文件"→"打印"命令，在打开的"打印"对话框中可以设置幻灯片的打印范围、打印内容、打印份数等，如图 5-69 所示。

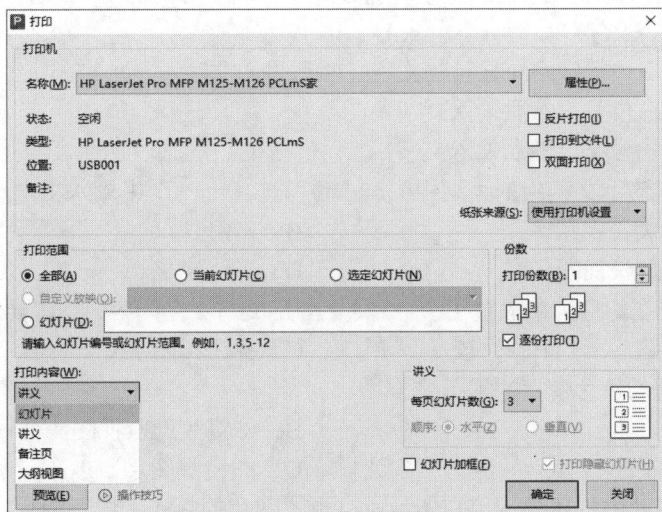

图 5-69　"打印"对话框

若设置"打印内容"为"幻灯片"，则每页纸上只打印一张幻灯片。若设置"打印内容"为"讲义"，则可在"讲义"栏中设置"每页幻灯片数"及排列顺序。

本章小结

本章主要介绍了利用 WPS 演示制作集文字、图形、图表、音频、视频于一体的演示文稿的方法。演示文稿是由多张幻灯片构成的，用户向幻灯片中可以插入文本、图片、图形、智能图形、图表、音频和视频等对象，并可以对插入的对象进行编辑。此外，还可以利用智能美化设计方案和幻灯片母版来统一设置幻灯片的外观。制作好的演示文稿可以设置交互的动态效果。动画分为幻灯片切换动画和自定义动画两类。幻灯片切换动画描述的是幻灯片之间的过渡动态效果；自定义动画描述的是某张幻灯片内一些对象的动画效果，包括进入、强调、退出和动作路径 4 类。在设置自定义动画的时候，应该注意多个对象的开始时间、持续时间、延迟、顺序，并且要运用好高级日程表。

在制作演示文稿时，为了方便用户使用和查看，我们可以为部分幻灯片添加超链接功能，将其与相应的幻灯片进行链接，以实现放映时幻灯片之间的跳转。

演示文稿可以被放映和打印输出。演示文稿放映前或放映过程中都有很多技巧，如对放映的演示文稿进行排练计时、设置放映方式等。当然，用户也可根据需要将演示文稿、讲义或者备注文本打印出来。

习题

一、选择题

1．在 WPS 演示中的（　　　）视图中，可以查看演示文稿中的图片、形状与动画效果。

    A．普通 　　　　　　　　　　　　　B．幻灯片放映

    C．备注 　　　　　　　　　　　　　D．幻灯片浏览

2．在选定的幻灯片版式中输入文字，可以（　　　）。

    A．直接输入文字

    B．先删除占位符中系统显示的文字，然后输入文字

    C．先单击占位符，然后输入文字

    D．先删除占位符，然后输入文字

3．用户可以在演示文稿中的大纲视图、占位符与（　　　）中输入文本。

    A．幻灯片浏览视图 　　　　　　　　B．幻灯片

    C．幻灯片放映视图 　　　　　　　　D．备注窗格

4．当用户需要在幻灯片中放置 1 个标题、2 个正文与 2 个内容时，需要使用（　　　）版式。

    A．两栏内容 　　　　B．比较 　　　　C．标题和内容 　　　　D．图片与标题

5．通常，编辑幻灯片使用的视图是（　　　）。

    A．普通视图 　　　　　　　　　　　B．幻灯片浏览视图

    C．备注页视图 　　　　　　　　　　D．阅读视图

6．除了设置图片的样式外，用户还可通过更改图片的版式来显示图片的随意性与可塑性。另外，还可以根据 WPS 演示的（　　　）功能，更改图片的外观形状。

    A．效果 　　　　B．形状 　　　　C．填充 　　　　D．裁剪

7．要在当前幻灯片之前插入一张新幻灯片，正确的操作是（　　　）。

    A．用鼠标右键单击当前幻灯片，然后在快捷菜单中选择"新建幻灯片"命令

    B．在"开始"选项卡或"插入"中单击"新建幻灯片"按钮

    C．将鼠标指针指向上一张幻灯片，单击幻灯片下方出现的"新建幻灯片"按钮

    D．单击幻灯片窗格最下方的"新建幻灯片"按钮

8．在为幻灯片设置动画效果之后，可通过（　　　）操作，删除已经添加的动画效果。

    A．选择对象，选择"动画"选项卡下"动画样式"→"无"命令

    B．选择对象，选择"动画"选项卡下"动画样式"→"退出"命令

    C．选择对象，按 Ctrl + Delete 组合键

    D．选择对象，按 Delete 键

9．WPS 演示提供了链接幻灯片的功能，一般情况下用户可以通过（　　　）方法，链接本演示文稿中的幻灯片。

    A．文本框 　　　　B．形状 　　　　C．超链接 　　　　D．占位符

10．在设置超链接颜色时，用户可通过执行"（　　　）"命令来设置已访问超链接的颜色。

    A．超链接颜色　　　　　　　　　　　　B．强调文字颜色

    C．已访问的超链接　　　　　　　　　　D．访问过的超链接

11．WPS 演示为用户提供了从头开始、（　　　）和自定义放映 3 种放映演示文稿的方式。

    A．当页开始　　　　　　　　　　　　　B．从第一张幻灯片开始

    C．自动放映　　　　　　　　　　　　　D．固定放映

12．在排练计时的过程中，可以按（　　　）键退出幻灯片放映视图。

    A．Ctrl　　　　　　　B．F5　　　　　　　　C．Esc　　　　　　　　D．Shift + F5

13．如果要调整动画顺序，则可以单击（　　　）中的"重新排序"按钮。

    A．功能区　　　　　B．排序　　　　　　　C．"动画窗格"　　　　D．幻灯片"设计"

14．下列说法中错误的是（　　　）。

    A．非背景音乐默认只在当前幻灯片播放

    B．背景音乐默认跨幻灯片播放

    C．非背景音乐默认循环播放

    D．背景音乐默认循环播放

15．使用下列（　　　）可以同时改变所有幻灯片的背景。

    A．替换　　　　　　B．幻灯片母版　　　　C．普通视图　　　　　D．无法实现

16．演示文稿中的每张幻灯片都是基于某种（　　　）创建的，它预设了新建幻灯片的各种占位符布局情况。

    A．版式　　　　　　B．模板　　　　　　　C．母版　　　　　　　D．幻灯片

17．在（　　　）视图方式下，显示的是幻灯片的缩略图，该视图适用于对幻灯片进行组织和排序、添加切换功能和设置放映时间。

    A．普通　　　　　　B．大纲　　　　　　　C．幻灯片浏览　　　　D．备注页

18．要使幻灯片在放映时能够自动播放，需要为其设置（　　　）。

    A．超链接　　　　　B．动作按钮　　　　　C．排练计时　　　　　D．录制旁白

19．如果希望在放映时能从第 3 张幻灯片跳转到第 8 张幻灯片，则需要在第 3 张幻灯片上设置（　　　）。

    A．动作按钮　　　　B．预设动画　　　　　C．幻灯片切换　　　　D．自定义动画

20．如果需要在放映时从一张幻灯片平滑过渡到下一张幻灯片，应使用"（　　　）"命令进行设置。

    A．动作按钮　　　　B．预设动画　　　　　C．幻灯片切换　　　　D．自定义动画

21．在 WPS 演示的幻灯片浏览视图下，不能完成的操作是（　　　）。

    A．调整幻灯片位置　　　　　　　　　　B．删除幻灯片

    C．编辑幻灯片内容　　　　　　　　　　D．复制幻灯片

22．若要在每页打印纸上打印多张幻灯片，则可以在"打印内容"栏中选择"（　　　）"。

    A．幻灯片　　　　　B．讲义　　　　　　　C．备注页　　　　　　D．大纲视图

23．对幻灯片母版进行设置可以起到（　　　）的作用。

    A．统一整套幻灯片的风格　　　　　　　B．统一标题内容

    C．统一图片内容　　　　　　　　　　　D．统一页码内容

24．WPS 演示中模板文件的扩展名为（　　　）。

    A．.ppt　　　　　　B．.pptx　　　　　　　C．.dps　　　　　　　D．.dpt

25．在 WPS 演示中要选定多个图形时，需（　　　），然后用鼠标单击要选定的图形对象。

    A．先按住 Alt 键　　　　　　　　　　　B．先按住 Home 键

    C．先按住 Shift 键　　　　　　　　　　D．先按住 Esc 键

26．在大纲视图方式下，不可以进行的操作是（　　　）。

    A．创建新的幻灯片　　　　　　　　　　B．编辑幻灯片中的文本内容

    C．删除幻灯片中的图片　　　　　　　　D．移动幻灯片的位置

27．在幻灯片视图方式下，下列哪种操作不能进行？（　　　）。

    A．删除当前幻灯片上的文字　　　　　　B．删除幻灯片

    C．复制当前幻灯片上的图形　　　　　　D．改变当前幻灯片上文字的大小

28．幻灯片放映时下列操作中不能实现的是（　　　）。

    A．改变屏幕颜色　　　　　　　　　　　B．改变幻灯片的放映顺序

    C．在画面上画图　　　　　　　　　　　D．按+键终止放映

29．在 WPS 演示的（　　　）视图下，可以用拖动方法改变幻灯片的顺序。

    A．幻灯片母版　　　B．备注页　　　C．幻灯片浏览　　　D．幻灯片放映

30．在幻灯片放映过程中，要切换到下一张幻灯片，不可以按（　　　）键。

    A．Backspace　　　B．→　　　　　C．Enter　　　　　D．Page Down

31．如果需要在演示文稿的每张幻灯片左下角位置都插入学校的校徽图片，最优的操作方法是（　　　）。

    A．打开幻灯片母版视图，将校徽图片插入母版中

    B．打开幻灯片普通视图，将校徽图片插入幻灯片中

    C．打开幻灯片放映视图，将校徽图片插入幻灯片中

    D．打开幻灯片浏览视图，将校徽图片插入幻灯片中

32．在 WPS 演示中，幻灯片浏览视图主要用于（　　　）。

    A．对所有幻灯片进行整理、编排或次序调整

    B．对幻灯片的内容进行编辑及格式调整

    C．对幻灯片的内容进行动画设计

    D．观看幻灯片的播放效果

33．在 WPS 演示中，旋转图片的最快捷方法是（　　　）。

    A．拖动图片 4 个角的任一控制点　　　　B．设置图片格式

    C．拖动图片上方的绿色控制点　　　　　D．设置图片效果

34．某 WPS 演示文稿中包含 20 张幻灯片，现需要放映页码为奇数的幻灯片，最优的操作方法是（　　　）。

    A．将演示文稿的偶数张幻灯片删除后，再放映

    B．将演示文稿的偶数张幻灯片设置为隐藏后再放映

    C．将演示文稿的所有奇数张幻灯片添加到自定义放映方案中后，再放映

    D．设置演示文稿的偶数张幻灯片的换片持续时间为 0.01 秒，自动换片时间为 0 秒，再放映

35．将一个 WPS 演示文稿保存为放映文件，最优的操作方法是（　　　）。

    A．选择"文件"→"保存并发送"命令，将演示文稿打包成可自动放映的 CD

    B．将演示文稿另存为.ppsx 文件格式

    C．将演示文稿另存为.potx 文件格式

    D．将演示文稿另存为.pptx 文件格式

36．李老师制作完成了一个带有动画效果的 WPS 演示教案，她希望在课堂上可以按照自己讲课的节奏对其进行自动播放，最优的操作方法是（　　　）。

　　A．为每张幻灯片设置特定的切换持续时间，并将演示文稿设置为自动播放

　　B．在练习过程中，利用"排练计时"功能记录合适的幻灯片切换时间，然后播放即可

　　C．根据讲课节奏，设置幻灯片中每一个对象的动画时间，以及每张幻灯片的自动换片时间

　　D．将 WPS 演示教案另存为视频文件

37．在 WPS 演示中，若需向演示文稿的每张幻灯片中添加包含单位名称的水印效果，最优的操作方法是（　　　）。

　　A．制作一个带单位名称的水印背景图片，然后将其设置为幻灯片背景

　　B．添加包含单位名称的文本框，并置于每张幻灯片的底层

　　C．在幻灯片母版的特定位置放置包含单位名称的文本框

　　D．利用 WPS 演示中的插入"水印"功能实现

38．如果想更改正在编辑的演示文稿中所有幻灯片标题的字体，最优的操作方法是（　　　）。

　　A．打开"开始"选项卡，逐一更改字体

　　B．全选所有幻灯片再统一更改字体

　　C．在幻灯片模板中更改字体

　　D．在幻灯片母版中更改字体

39．小李利用 WPS 演示制作产品宣传方案，并希望在演示时能够满足不同对象的需要，处理该演示文稿的最优操作方法是（　　　）

　　A．制作一份包含适合所有人群的全部内容的 WPS 演示，每次放映时按需要进行删减

　　B．制作一份包含适合所有人群的全部内容的 WPS 演示，放映前隐藏不需要的幻灯片

　　C．制作一份包含适合所有人群的全部内容的 WPS 演示，然后利用"自定义幻灯片放映"功能创建不同的演示方案

　　D．针对不同的人群，分别制作不同的演示文稿

40．在幻灯片中添加动作按钮是为了（　　　）。

　　A．实现演示文稿中幻灯片的跳转功能　　　B．利用动作按钮制作幻灯片

　　C．使其具有更好的动画效果　　　　　　　D．利用动作按钮控制幻灯片的外观

41．在 WPS 演示中，选择不连续的多张幻灯片，借助（　　　）键。

　　A．Shift　　　　　　　B．Ctrl　　　　　　C．Tab　　　　　　D．Alt

42．幻灯片中占位符的作用是（　　　）。

　　A．表示文本长度

　　B．限制插入对象的数量

　　C．表示图形的大小

　　D．为文本、图片、图表、表格、多媒体文件等预留位置

43．在 WPS 演示中，若要使一个小球对象按照"心形"来运动，应使用（　　　）。

　　A．进入动画　　　　B．强调动画　　　　C．退出动画　　　　D．动作路径

44．幻灯片母版是（　　　）。

　　A．幻灯片模板的总称

　　B．用户定义的第 1 张幻灯片，以供其他幻灯片调用

　　C．用户自行设计的幻灯片模板

　　D．统一制作各种格式的特殊模板

45．在幻灯片的"动作设置"对话框中设置的超链接对象不允许是（　　　）。

A．一个应用程序　　　　　　　　　B．下一张幻灯片

C．"幻灯片"中的一个对象　　　　　D．其他演示文件

46．使用 WPS 演示自定义动画时，要使两个对象的动画效果同时出现，可以将第二个对象的动画开始方式设置为（　　　）。

A．单击时　　　　　　　　　　　　B．与上一动画同时

C．与上一动画之后　　　　　　　　D．上一动画之前

47．关于 WPS 演示的动画效果，下列说法中不正确的是（　　　）。

A．可以为动画效果添加声音

B．对同一对象不能添加多个动画效果

C．可以调整动画效果的顺序

D．动画效果既能更换也能删除

48．关于在幻灯片中插入的图片、图形等对象，下列描述中正确的是（　　　）。

A．这些对象放置的位置不能重叠

B．这些对象放置的位置可以重叠，叠放的顺序可以改变

C．这些对象无法一起被复制或被移动

D．这些对象各自独立，不能组合为一个对象

49．在 WPS 演示中，下列对象中不能设置超链接的是（　　　）。

A．文本　　　　　　B．背景　　　　　　C．图片　　　　　　D．形状

50．从头播放幻灯片的键或组合键是（　　　）。

A．F2　　　　　　　B．F5　　　　　　　C．Shift+F2　　　　　D．Shift+F5

51．幻灯片的切换方式是指（　　　）。

A．在新建幻灯片的过渡形式　　　　B．在编辑幻灯片时切换不同视图

C．在编辑幻灯片时切换不同主题　　D．相邻两张幻灯片切换时的过渡形式

二、填空题

1．在幻灯片的版面上有一些带有文字提示的虚框，这些虚框称为_____，在该框内可以输入文字、图表、表格和图片等对象。

2．在"大纲"选项卡中，按_____键可换行输入下一级标题。

3．WPS 演示主要提供了_____、_____和_____3 种母版。

4．在自定义动画时，可以为幻灯片添加进入、退出、_____和动作路径的动画效果。

5．用鼠标右键单击已经设置了超链接的对象，选择"_____"命令可以删除超链接。

6．在放映幻灯片时，选择幻灯片后按_____键，将从头开始放映幻灯片；按_____键可以结束放映。

三、判断题

1．在演示文稿中只能插入一张幻灯片。　　　　　　　　　　　　　　　　　　　　（　　　）

2．演示文稿的背景可以被修改。　　　　　　　　　　　　　　　　　　　　　　　（　　　）

3．WPS 演示是一种用于绘制表格的工具。　　　　　　　　　　　　　　　　　　（　　　）

4．在幻灯片母版中，标题幻灯片可以单独设置。　　　　　　　　　　　　　　　　（　　　）

5．幻灯片母版的目的是方便用户进行全局更改，并将更改效果应用到演示文稿的所有幻

灯片中。 （　　）

    6．占位符是指应用版式创建新幻灯片时出现的虚线方框。 （　　）

    7．WPS 演示允许在幻灯片上插入图片、音频和视频等多媒体信息，但是不能在幻灯片中插入 CD 音乐。 （　　）

    8．对演示文稿应用美化设计方案时只能应用于全部幻灯片，不能只应用于某一张幻灯片。

    （　　）

    9．没有安装 PowerPoint 或 WPS 应用程序的计算机也可以放映演示文稿。 （　　）

    10．对设置了排练时间的演示文稿也可以手动控制其放映。 （　　）

    11．设置循环放映时，需要按 Esc 键终止放映。 （　　）

    12．超链接的目标对象只能是某网页的网址。 （　　）

四、简答题

    1．WPS 演示中创建演示文稿的方法有哪几种？

    2．WPS 演示中有哪些视图，并简述各个视图的作用。

    3．为幻灯片插入图片之后，如何为图片设置特殊形状的外观？

    4．如何修改对象的动画效果？

    5．幻灯片母版有哪些类型？作用分别是什么？

    6．什么是幻灯片母版？使用母版有什么作用？

    7．简述幻灯片版式的类别与功能。

    8．简述 WPS 演示中切换与自定义动画的区别。

    9．简述在 WPS 演示中添加新幻灯片的 3 种方法。

    10．如何为幻灯片中某个对象的动画添加声音效果？

    11．为什么要打包演示文稿？怎样打包演示文稿？

    12．放映幻灯片的方法主要有哪几种？

    13．简述能让两个动画同时开始播放的方法。

第6章
计算机网络与 Internet 基础

计算机诞生后，作为一个信息处理的核心器件，被广泛应用在科学计算、工业控制、人工智能、数据管理和辅助设计等领域。随着计算机的普及，人们越来越不满足孤立地使用计算机进行信息处理，而是希望将不同位置的计算机连通起来，实现信息的传输和共享。计算机网络便是在这样的背景下出现的。

那么到底什么是计算机网络呢？在计算机网络的不同阶段，受网络技术的发展水平及人们对网络认识程度的影响，对计算机网络的定义也不尽相同。其中，从资源共享的角度来定义能比较准确地反映当前计算机网络的基本特征，即计算机网络是以能够共享资源的方式互联起来的自治的计算机系统集合。

6.1 计算机网络概述

计算机网络的研究基本上是从 20 世纪 60 年代开始的。计算机技术与通信技术的结合，使计算机的应用范围得到了极大的扩展。当前，计算机网络的应用已渗透到社会的各个领域，无论是军事、金融、情报检索、交通运输、教育等领域，还是企业、机关或学校内部的管理等，无不采用计算机网络技术。可见，计算机网络已成为人们打破时间和空间限制的便捷工具。此外，计算机网络技术对于其他技术的发展也具有强大的支撑作用。

计算机网络涉及计算机和通信领域众多技术的复杂系统，因此有着多种分类方式。

1. 按照计算机网络的覆盖范围划分

通信覆盖的范围直接影响所采用的技术和策略。根据计算机网络的覆盖范围，计算机网络可以分为局域网、城域网、广域网和互联网。

（1）局域网

局域网是指范围在几百米到几千米的办公楼群或校园内的计算机等数据终端设备相互连接所构成的网络。局域网被广泛应用于连接校园、工厂和机关的个人计算机或工作站，以及各种外部设备，以便于个人计算机或工作站之间资源共享和数据通信。

（2）城域网

城域网的范围可覆盖一个城市，最有名的城域网是许多城市都有的有线电视网。城域网通常采用光纤或无线网络把城市内的各个局域网连接起来。

（3）广域网

广域网的范围很大，它能跨越庞大的地理区域，通常是一个国家、地区或者一个大陆。它可以把众多的城域网、局域网连接起来，用于通信的传输装置和介质一般由电信部门提供。

（4）互联网

连接到一个网络中的人经常要与连接到另一个网络中的人通信。为了做到这一点，那些不兼容的网络必须被连接起来。一组相互连接的网络称为互联网络（internetwork）或互联网（internet）。而全球范围最大的互联网称为因特网（Internet）。

2. 根据数据传输方式分类

根据数据传输方式的不同，计算机网络可以分为广播网络（Broadcasting Network）和点到点网络（Point to Point Network）两大类。

（1）广播网络

计算机或设备使用一条共享的通信介质进行数据传播，网络中的所有节点都能收到任何节点发出的数据信息。目前的局域网主要使用以太网技术，该网络就是一种典型的广播网络（声音的传输信道就是一种典型的广播信道）。

广播网络的传输方式有以下 3 种。

● 单播：发送的信息中包含明确的目标地址，所有节点都检查该地址，如果该地址与自己的地址相同则处理该信息，如果不同则忽略。

● 多播：将信息传送给网络中的多个节点，又称为组播。目前的各种网络直播应用的就是这种通信方式。

● 广播：将信息发送给所有的目标节点。由于广播的存在导致目前局域网中没有秘密可言（将网卡设置为混杂模式以后，可以看见整个局域网上传输的所有数据）。

（2）点到点网络

计算机或设备以点到点的方式进行数据传输，常用的长距离传输线路如 ATM 光纤和帧中继链路是典型的点到点链路。

3. 按传输介质分类

计算机网络按照传输介质的类型可以分为有线网络和无线网络两种。有线网络的传输介质主要采用金属或玻璃材质的导线，主要包括双绞线、同轴电缆和光纤等，如图 6-1 所示。有线网络的优点

（a）双绞线　　（b）同轴电缆　　（c）光纤

图 6-1　常见网络传输介质

在于信号导向性强，带宽通常比较宽，受外界干扰小，不易被监听或截获等，缺点在于布线成本高，通信受线路布局制约，不灵活、不方便。传统的局域网、城域网、广域网采用的都是有线网络方式。无线网络利用无线电磁波进行数据传输，不受地点限制，传输带宽比较小。

6.2　互联网的发展

互联网的基本结构大致经历了 3 个阶段的演化。但这 3 个阶段在时间划分上并非完全独立，而是有部分重叠的。这是因为网络的演化是逐步的，而并非在某个日期发生了突变。

第一个阶段是从单个网络 ARPANET 向互联网络发展的过程。1969 年美国国防部创建的第一个分组交换网 ARPANET 最初只是一个单个的分组交换网。但到了 20 世纪 70 年代中期，人们认识到不可能仅使用一个单独的网络来满足所有的通信需求。于是人们开始研究多种网络互

联技术，这就导致了互联网络的出现，该网络就是现今互联网的雏形。1983 年 TCP/IP 协议成为 ARPANET 上的标准协议，使得所有使用 TCP/IP 协议的计算机都能利用互联网相互通信，因而人们把 1983 年作为互联网的诞生时间。

第二个阶段的特点是建成了三级结构的互联网。从 1985 年起，美国国家科学基金会 NSF 就围绕 6 个大型计算机中心建设计算机网络，即国家科学基金网 NSFNET。它是一个三级计算机网络，分为主干网、地区网和校园网（或企业网）。

第三个阶段的特点是逐渐形成了全球范围的多层次 ISP 结构的互联网。从 1993 年开始，由美国政府资助的 NSFNET 逐渐被若干个商用的互联网主干网替代，而政府机构不再负责互联网的运营。随之就出现了一个新的名词：互联网服务提供者（Internet Service Provider，ISP）。在许多情况下，互联网服务提供者就是指进行商业活动的公司，因此又常被称为互联网服务提供商。例如，中国电信、中国联通和中国移动等公司都是我国有名的互联网提供商。下面简单介绍计算机网络在我国的发展情况。

最早着手建设专用计算机广域网的是铁道部。铁道部在 1980 年开始进行计算机联网实验。1989 年 11 月，我国第一个公用分组交换网 CNPAC 建成运行。在 20 世纪 80 年代后期，公安、银行、军队以及其他一些部门也相继建立了各自的专用计算机广域网。1994 年 4 月 20 日，我国用 64 kbit/s 专线正式连入互联网。从此，我国被国际上正式承认为计入互联网的国家。同年 9 月，中国公用计算机互联网 CHINANET 正式启动。2004 年 2 月，我国第一个下一代互联网 CNGI 的主干网 CERNET2 试验网正式开通，并提供服务。

6.3 计算机网络体系结构

在计算机网络的基本概念中，分层次的体系结构是最基本的。"分层"可将庞大而复杂的问题转换为若干较小的局部问题。

计算机网络是一个非常复杂的系统。为了说明这一点，我们可以设想一种最简单的情况：连接在网络上的两台计算机要互相传送文件，显然，在这两台计算机之间必须要有一条传送数据的通信通路。但这还远远不够，至少还有以下几项工作需要去完成。

（1）发起通信的计算机必须要将数据通信的通路激活。

（2）告诉网络如何识别接收数据的计算机。

（3）发起通信的计算机必须查明对方计算机是否已开机，并且与网络连接正常。

（4）发起通信的计算机中的应用程序必须弄清楚，在对方计算机的文件管理程序是否已做好接收文件和存储文件的准备工作。

（5）若计算机之间的文件格式不兼容，则至少其中一台计算机应完成格式转换功能。

（6）对出现的各种差错和意外事故，如数据传送错误、重复或丢失，网络中某个节点交换机出现故障等，应当有可靠的措施保证对方计算机最终能够接收到正确的文件。

▶▶▶ 6.3.1 协议与划分层次

在计算机网络中要做到有条不紊地交换数据，就必须遵守一些事先约定好的规则。这些规则明确规定了所交换数据的格式以及有关的同步问题。这里所说的同步不是狭义的（即同频或同频同相），而是广义的，即在一定条件下应当发生什么事件，因而同步含有时序的意思。这些为进行网络中的数据交换而建立的规则、标准或约定称为网络协议（Network Protocol），简称协议。网络协议主要由以下 3 个要素组成。

（1）语法，即数据与控制信息的结构或格式。

（2）语义，即需要发出何种控制信息，完成何种动作以及做出何种响应。

（3）同步，即事件事先顺序的详细说明。

协议通常由两种形式：一种是使用便于人来阅读和理解的文字描述；另一种是使用让计算机能够理解的程序代码。这两种形式的协议都必须能够对网络上的信息交换过程做出精确的解释。

计算机网络的各层及其协议的集合就是网络的体系结构。计算机网络的体系结构就是这个计算机网络及其构件应完成功能的精确定义。

▶▶▶ 6.3.2　五层协议体系结构

OSI 七层协议体系结构[见图 6-2（a）]概念清楚，理论比较完整，但既复杂又不实用。TCP/IP 体系结构则与其不同，且得到了非常广泛的应用。TCP/IP 体系结构是一个四层协议体系结构[见图 6-2（b）]，它包含应用层、传输层、网络层和网络接口层。用网络层这个名字是强调本层解决不同网络之间的互联问题。如今流行的五层协议体系结构[见图 6-2（c）]对阐述计算机网络的原理来说是十分方便的。

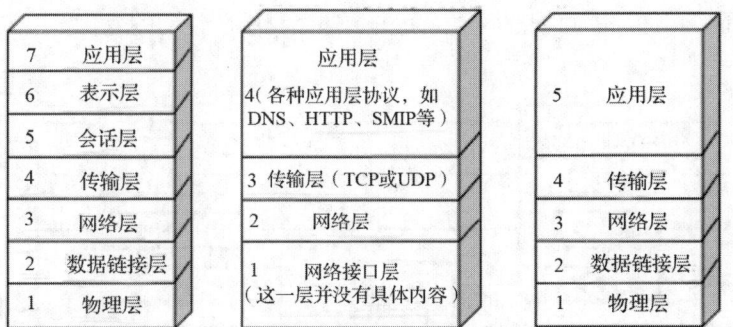

（a）OSI七层协议体系结构　（b）TCP/IP四层协议体系结构　（c）五层协议体系结构

图 6-2　计算机网络体系结构

（1）应用层

应用层（Application Layer）是体系结构的最高层，它的任务是通过应用进程间的相互通信来完成特定网络应用。应用层协议定义的是应用进程间通信和交互的规则，这里的进程是指主机中正在运行的程序。不同的网络应用需要对应不同的应用层协议。

（2）传输层

传输层（Transport Layer）的任务是负责向两台主机进程之间的通信提供通用的数据传输服务，应用进程则利用该服务传送应用报文。传输层主要使用以下两种协议。

● 传输控制协议（Transmission Control Protocol，TCP）：提供面向连接的、可靠的数据传输服务，其数据传输的单位为报文段（Segment）。

● 用户数据报协议（User Datagram Protocol，UDP）：提供无连接的数据传输服务（不保证数据传输的可靠性），其数据传输的单位是用户数据报。

（3）网络层

网络层（Network Layer）的任务是负责为分组交换网上的不同主机提供通信服务。在发送数据时，网络层把传输层产生的报文段或用户数据报封装成分组或包进行传送。在 TCP/IP 体系结构中，由于网络层使用 IP 协议，因此分组也叫作 IP 数据报（或称为数据报）。网络层的具体任务有两个：第一个任务是通过一定的算法，在互联网中每一个路由器上生产一个用来转发分组的转发表；第二个任务是每一个路由器在接收到一个分组时，依据转发表中指明的路径，把分组转发到下一个路由器。这样源主机传输层发送的分组就能够通过合适的路由最终到达目标主机。

（4）数据链路层

数据链路层（Data Link Layer）简称为链路层。两台主机之间的数据传输是在一段一段的链路上实现的，这就意味着需要使用专门的链路层协议。在两个相邻节点之间传送数据时，数据链路层将网络层传下来的 IP 数据报组装成帧（Framing），在两个相邻节点间的链路上传送帧（Frame）。每一帧包括数据和必要的控制信息（如同步信息、地址信息、差错控制等）。

（5）物理层

物理层上所传输数据的单位是比特。发送方发送 1（或 0）时，接收方应当是收到 1（或 0），而不是收到 0（或 1），因此，物理层要确定用多大的电压代表 "1" 或 "0"，以及接收方如何识别出发送方所发送的比特。此外，物理层还要确定连接电缆的插头应当有多少根引脚，以及各个引脚如何连接。

在互联网所使用的各种协议中，最重要的和著名的就是 TCP 和 IP 两个协议。现在人们经常提到 TCP/IP 并不一定是单指 TCP 和 IP 这两个具体的协议，而往往是表示互联网使用的整个 TCP/IP 协议族（Protocol family）。

图 6-3 说明的是应用进程的数据在各层之间的传递过程中所经历的变化。

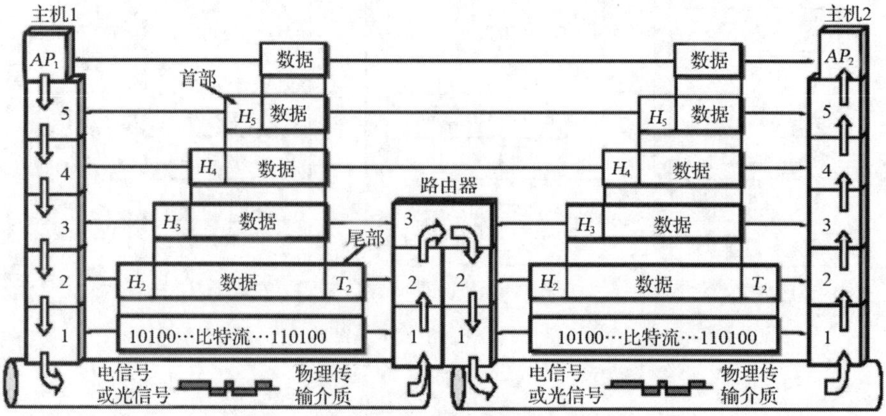

图 6-3　数据在各层之间的传递过程

这里假定两台主机通过一台路由器连接起来，并假定主机 1 的应用进程 AP_1 向主机 2 的应用进程 AP_2 传送数据。AP_1 先将其数据交给本主机的第 5 层（应用层），第 5 层加上必要的控制信息 H_5 就变成了第 4 层的数据单元；第 4 层（传输层）收到这个数据单元后，加上本层的控制信息 H_4，再交给第 3 层（网络层），成为第 3 层的数据单元。以此类推，不过到第 2 层（数据链路层）后，控制信息被分成两个部分，分别加到本层数据单元的首部（H_2）和尾部（T_2）；而第 1 层（物理层）由于是负责比特流的传送，因此不再加上控制信息。

当一串比特流离开主机 1 经过网络的物理传输介质传输到路由器时，就从路由器的第 1 层依次上升到第 3 层。每一层都根据控制信息进行必要的操作，然后将控制信息剥去，将该层剩下的数据单元交给更高的一层。当分组上升到了第 3 层的网络层时，就根据首部中的目标地址来查找路由器的转发表，找出转发分组的接口，然后往下传送到第 2 层，加上新的首部和尾部后，再传送到最下面的第 1 层，然后在物理传输介质上把每一个比特发送出去。

当这一串比特流离开路由器到达目标主机 2 时,就从主机 2 的第 1 层按照上面讲过的方式,依次上升到第 5 层。最后,把应用进程 AP_1 发送的数据交给目标主机 2 的应用进程 AP_2。

我们可以用一个简单的例子来比喻上述过程:有一封信从最高层向下传,每经过一层就包上一个新的信封,写上必要的地址信息;包有多个信封的信件传送到目标后,从第 1 层起,每层拆开一个信封就把信封中的信封及信交给它的上一层;传到最高层后,取出发信人所发的信交给收信人。

6.4 计算机网络的硬件设备与网络地址

计算机网络要实现数据传输和资源共享,就必须有相应的设备来实现这些功能。根据设备的功能,计算机网络的硬件设备分为网络中间设备和网络终端设备。

1. 终端计算机

终端计算机直接面向用户,它是用户访问和使用计算机网络的界面。这里的计算机是广义的概念,既包括台式计算机、笔记本电脑和服务器等传统计算机设备,也包括智能手机、平板电脑及各种带有微处理器的电子产品。终端计算机在网络通信中类似于传统信件邮寄过程中的收信人与寄信人:传统信件邮寄过程中寄信人只需要将信件投入邮筒,邮局负责将信件传递到收信人手中;同样地,发送方终端计算机在传输数据时,将数据传输给网络中间设备,网络中间设备负责将数据传输到接收方终端计算机。

2. 交换机

交换机负责网络内部数据的调度和转发,从而实现局域网内部有效的数据通信。常见的交换机如图 6-4 所示。交换机通过其所具有的若干物理接口与终端计算机相连,并且在交换机内部建立地址表(MAC 地址),用于记录网内终端计算机地址与物理接口的对应关系。交换机接收终端计算机发送的数据分组,根据数据分组中的地址标识和自身所保存的地址表,将数据分组转发到对应的物理接口,从而使数据分组能够正确地到达目标终端计算机。

图 6-4　交换机

3. 路由器

路由器是负责连接 IP 网络中不同类型的网络,为不同格式的数据分组选择合适的通信路径并转发的网络中间设备。这种为数据分组选择合适路径的行为称为路由,实现路由的方法称为路由算法。常见的路由器如图 6-5 所示。路由器与交换机的最大不同在于,交换机是实现网络内部数据的存储、转发,而路由器是在不同网络之间实现数据的路由和中转。每台路由器都具有多个物理接口,并且通过路由算法维护着一张用于选择转发路径的路由表。路由器类似于寄信时的邮筒,网络终端设备将数据传递给路由器,路由器负责找到到达目标终端计算机的最佳路径,并将数据转发给目标终端计算机。路由器路由的过程被称为逐跳路由。在日常生活中问路的时候,我们一般每到一个路口会问下一个指路人,每一个指路人指示下一个路口的走向。路由器路由的过程也是如此,每台路由器只指示到达目标终端计算机的下一个路由器,而不是全部路径。

图 6-5　路由器

4. MAC 地址

　　MAC 地址也叫网卡地址、物理地址、硬件地址，它是一个设备在局域网中的标识。交换机会根据目标 MAC 地址，将数据转发到目标主机对应的端口上。MAC 地址是 48 位的二进制数，通常表示为 12 个十六进制数，如 00-16-EA-AE-3C-40 就是一个 MAC 地址。形象地说，MAC 地址就如同身份证件上的身份证号码，每一个网络接口的地址在全球具有唯一性。接入计算机网络的设备越来越多会导致 MAC 地址池耗尽，因此 MAC 地址不再固化在网络接口上，而是可改动的，并且只需要在一个局域网中具有唯一性即可，不同局域网中的 MAC 地址可以相同。为一台个人计算机的网络接口设置的 MAC 地址如图 6-6 所示。

5. IP 地址与子网掩码

　　IP 地址（Internet Protocol Address）是指互联网协议地址，又称为网际协议地址。IP 地址被用来给 Internet 上的计算机一个编号。图 6-7 所示为通过网卡选项设置 PC 的 IP 地址（IPv4）。其中，默认网关表示与终端相连的第一个路由器接口的地址，它类似于寄信时，离寄信人最近的邮筒。

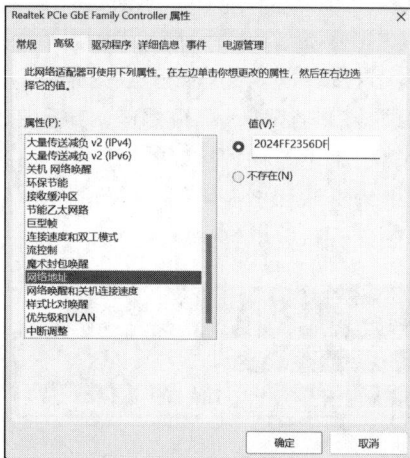

图 6-6　设置的 MAC 地址

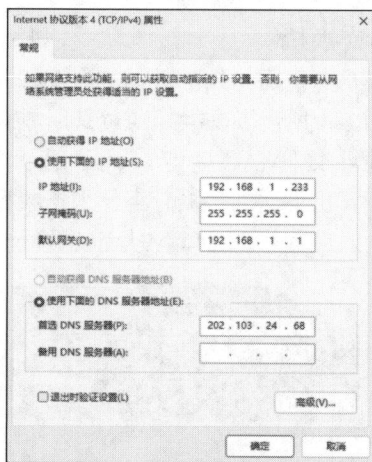

图 6-7　设置的 IP 地址

　　我们日常见到的情况是每台联网的 PC 上都需要有 IP 地址，才能正常通信。IP 地址是一个 32 位的二进制数，通常被"分隔"为 4 个 8 位二进制数（也就是 4 字节）。IP 地址通常用"点分十进制"表示成 a.b.c.d 的形式，其中，a、b、c、d 都是代表 0～255 之间的十进制整数。例如，点分十进制 IP 地址 192.168.1.2，实际上对应的是 32 位二进制数 11000000.10100010.00000001.00000010。

　　子网掩码（Subnet Mask）又叫网络掩码、地址掩码，它用来指明一个 IP 地址的哪些二进制位标识的是主机所在的子网，以及哪些二进制位标识的是主机的位掩码。子网掩码将 IP 地址分为两段：一段为 IP 地址所在网络的网络编号，称为网络号；另一段为 IP 地址所在网络中的主机编号，称为主机号。子网掩码由连续的全 1 和连续的全 0 组成，连续的全 1 表示 IP 地址中网络位的位数，全 0 表示 IP 地址中主机位的位数。例如某主机的 IP 地址为 192.168.3.200、子网掩码为 255.255.255.224，则表示该主机所在的网络编号为 192.168.3.192、该主机在该网络中的编号为 8。每个网络中编号最小的地址（即主机位全为 0 的地址）是该网络的网络号，网络号相同的两台主机表示主机所在的网络相同，两台主机位于同一个网络。IP 地址与子网掩码按二进制位进行逻辑与运算并得到网络号，计算步骤如图 6-8 所示。

```
IP 地址：    192.168.3.200    11000000.10100010.00000011.11001000
子网掩码：255.255.255.224    11111111.11111111.11111111.11100000    逻辑与
网络号：    192.168.3.192    11000000.10100010.00000011.11000000
```

图 6-8　网络号的计算

每个网络中编号最大的地址（即主机位全为 1 的地址）是该网络的广播地址，代表该网络的所有主机。网络号与子网掩码反码进行加法运算并得到广播号，计算步骤如图 6-9 所示。

```
网络号：       192.168.3.192    11000000.10100010.00000011.11000000
子网掩码反码：   0.0.0.31    00000000.00000000.00000000.00001111    加法
广播号：       192.168.3.223    11000000.10100010.00000011.11001111
```

图 6-9　广播号的计算

不使用二进制运算的情况下，可以使用网络号速算公式（见图 6-10）快速计算出网络号，再使用广播号速算公式（见图 6-11）快速计算出广播号，网络号和广播号都不能被分配给网络的主机。

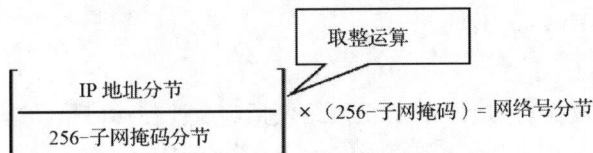

图 6-10　网络号速算公式

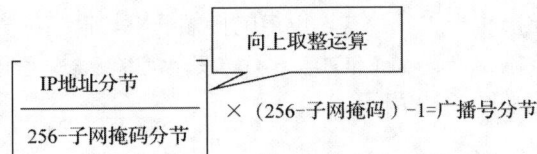

图 6-11　广播号速算公式

6. 端口号

端口号又被称为进程地址，它就好像是门牌号一样。客户端可以通过 IP 地址找到对应的服务器端，但是服务器端是有很多端口的，每个协议对应一个端口号；通过类似门牌号的端口号，客户端才能真正地访问到该服务器。为了对端口进行区分，将每个端口进行编号，这个编号就是端口号。互联网上计算机通信是采用客户/服务器方式。客户在发起通信请求时，必须先知道对方服务器的 IP 地址和端口号。端口号分为以下两大类。

● 服务器端使用的端口号：该类端口号又分为两类。

最重要的一类叫作熟知端口号或全球端口号，取值范围为 0~1 023。熟知端口号可以在 IANA 网站上被查到，表 6-1 给出了一些常用的熟知端口号。

表 6-1　常用的熟知端口号

协议	FTP	Telnet	SMTP	DNS	TFTP	HTTP	SNMP	HTTPS
熟知端口号	21	23	25	53	69	80	161	443

另一类叫作登记端口号，取值范围为 1 024~49 151。这类端口号是为了没有熟知端口号的

协议准备的。要使用这类端口号必须在 IANA 网站上按照规定的手续登记，以防止出现重复的端口号。

- 客户端使用的端口号：其取值范围为 49 152～65 535。由于这类端口号仅在客户进程运行时才被动态地选择，因此又被叫作短暂端口号。这类端口号是临时端口号，留给客户进程临时使用。服务器进程收到客户进程的报文后，就知道客户进程所使用的端口号，进而把数据发送给客户进程。

6.5 计算机网络的性能指标

要研究和使用计算机网络，首先要有一套评价计算机网络好坏的性能指标体系。计算机网络常用的性能指标主要包括以下几种。

1．速率

速率描述的是计算机网络中数字信息传递的快慢程度。发送速率是指在终端或者网络中间节点处，计算机设备每秒向网络中发送多少比特的数据，其反映的主要是网络设备的性能。速率的单位为比特每秒（bit/s）；数据速率较高时，其单位还可以使用 kbit/s（千比特每秒）、Mbit/s（兆比特每秒）、Gbit/s（吉比特每秒）和 Tbit/s（太比特每秒）来表示。华为公司生产的单根光纤的传输速率已达到 80Tbit/s。

2．带宽

带宽是描述通信有效性的指标，计算机网络使用电磁波传输信息，这种情况下，"带宽"一词指的是电磁波频带的宽度，也就是信号的最高频率与最低频率的差值。香农公式为：$C=B \times \log_2(1+S/N)$，其中，C 表示信道传输的极限速率，B 表示信道带宽（单位为 Hz），S/N 表示信号能量与噪声能量的比值。根据香农公式，信道的传输速率与信道带宽成正比，无线传输的极限速率必然低于有线传输的极限速率（5G 与 6G 均使用厘米波段，带宽远低于光纤）。现在所使用的电磁波的传输频谱如图 6-12 所示。

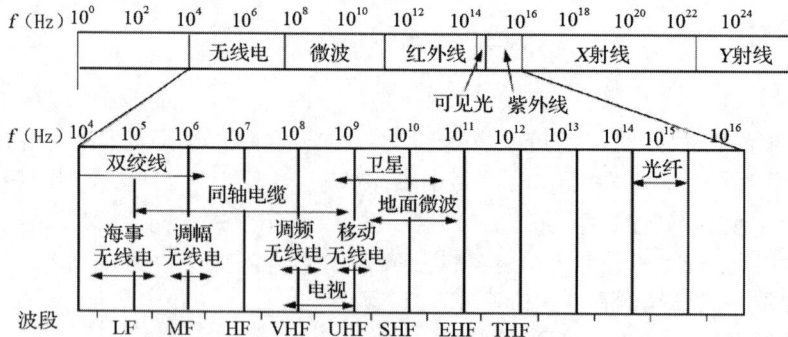

图 6-12　电磁波的传输频谱

3．延迟

端到端延迟（简称延迟）表示一个分组从网络中一个端点到达另一个端点所用的时间。端到端延迟是由多个不同的部分组成的，主要包括发送延迟（数据帧大小/发送速率）、传播延迟（传播距离/传播速度，传播速度接近 0.8 倍的光速）、处理延迟（网络中间设备转发信息所消耗的时间）和排队延迟（数据分组在经过网络中间设备时，排队等待转发所需要用的时间）。这些延迟中前三个延迟是不受人为控制的，电信运营商唯一能控制的是排队延迟。在万物互联的时代，使用近地轨道卫星（星链技术）传输数据时，其传播延迟接近 20ms。

4. 吞吐量

吞吐量表示在单位时间内通过某个网络（或信道、接口）的数据量。吞吐量经常用于对现实世界中的网络进行测量，以便知道实际上到底有多少数据能够通过网络。吞吐量受网络的带宽或网络的额定速率的限制。

5. 利用率

在计算机网络中，利用率是指网络资源使用的效率。其通常以比率的形式表示，即网络资源有多大比例被利用，例如，网络链路的利用率可以表示为发送字节的总量与链路容量之比。利用率是网络性能的重要指标之一，因为它反映了网络资源的有效利用程度。当利用率低于 50% 时，说明网络资源没有得到充分的利用；当利用率接近 100% 时，说明网络资源几乎被全部占用，网络性能很容易出问题。网络利用率越高，延迟就越大，计算机网络利用率与延迟之间的关系如图 6-13 所示。

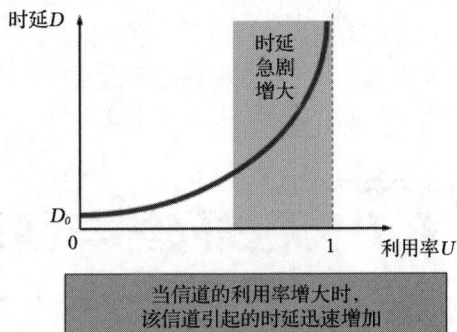

图 6-13　计算机网络利用率与延迟之间的关系

6.6　计算机网络的功能和应用

计算机网络自诞生之后就一直保持飞速的发展，深度地影响着社会生活的方方面面，改变着人们的工作、学习、生活方式，甚至思维方式。计算机网络的功能概括起来体现在以下几个方面。

* 实现数据通信。计算机网络最基本的功能就是提供数据通信服务，例如符号、文字、声音和图像等数据通过网络中间设备和传输链路在不同地理位置的用户计算机之间进行传输。计算机网络的其他功能都是建立在数据通信功能基础之上的。
* 提供资源共享。这里的资源包括计算机的硬件资源（如网络中的处理器、打印机和磁盘矩阵等）、软件资源（如操作系统、数据库管理系统等）和信息资源（如新闻、文档和电子图书等）。资源共享功能是指允许网络用户克服地理位置的差异性，共享网络中的计算机资源，以达到提高硬件和软件的利用率及充分利用信息的目的。
* 进行分布式处理。计算机网络可以将原本集中于一个大型计算机的许多处理功能分散到不同的计算机上进行分布式处理。这样，一方面可以减轻价格昂贵的主处理器的负担，使主机和链路的成本降低，另一方面可以提高网络的可靠性。
* 提高计算机系统的可靠性。在单机系统时代，如果某台计算机出现故障，其所承担的业务就会受到影响。计算机网络可以将多台计算机联系起来，实现计算机之间的互相备份。一旦某台计算机出现故障，网络中的其他计算机可以替代它来完成任务，从而提升计算机系统的可靠性。
* 提供集中控制与管理。在工业生产、电力调度等某些场合下，如为了提升效率，需要对地理位置上分散的计算机系统进行管理，这时就需要设置中心控制节点，并通过计算机网络与各分散的计算机系统互联，以实施统一的控制和调配。

围绕着计算机的基本功能，市面上逐渐产生和发展起来了众多的计算机网络应用，这些应用覆盖了政治、经济、军事、金融、科技、文化和教育等人类社会的各个领域。随着信息技术的发展，特别是互联网的普及，不断有新的计算机网络应用被开发出来。最初的计算机网络应用只有远程登录（Telnet）、文件传输服务（FTP）、电子邮件（E-mail）及工业控制等少数几种。1991 年，英国人伯纳斯·李发明了基于超文本传输协议（HTTP）的万维网（World Wide Web，WWW）应用，该应用支持将文字、图像、音频和视频等各种信息以网页的形式呈现在网络上，用户可以方便地在本地计算机上浏览全世界范围内的网页，获取各种海量的信息。万维网成为互联网发展的重要里程碑，大大加快了互联网推广和普及的速度。进入 21 世纪以来，互联网中的新技术和新应用层出不穷，搜索引擎、即时通信、电子商务、社交网络、P2P 应用和视频点播等迅速发展，并成为了互联网应用的主流。近十年来，伴随着高性能计算机、移动通信等技术的发展，计算机网络的应用又出现了进一步的变革，移动互联网、物联网、云计算和大数据等全新的网络形态和业务模式不断涌现。

6.7　无线网络与移动通信

近几十年来，无线蜂窝电话通信技术得到了飞速发展。现在移动电话数已经超过了发展历史达一百多年的固定电话数。据统计，在 2015 年，全世界移动电话的普及率已经达到 96.8%，大大超过了当时固定电话 14.5% 的普及率。对移动通信的这种需要也必然反映到计算机网络中，人们希望能够在移动中使用计算机网络。如果说互联网在过去指代的是 PC 互联网，那么如今就应当指代的是移动互联网。

在局域网刚刚问世后的一段时间里，无线局域网的发展比较缓慢，原因是其价格贵、数据传输速率低、安全性较差，以及使用登记手续复杂等。但自 20 世纪 80 年代末以来，由于人们工作和生活节奏的加快及移动通信技术的飞速发展，无线局域网也就逐步进入了市场。

1997 年，IEEE 制定出无线局域网协议 802.11 系列标准。无线局域网的中心叫作接入点 AP（Access Point），它是无线局域网的基础设施，也是一个链路层的设备。接入点也叫作无线接入点 WAP（Wireless Access point）。所有在无线局域网中的站点与网内或网外的通信都必须通过接入点来实现。

移动通信的种类很多，如蜂窝移动通信、卫星移动通信、集群移动通信、无绳电话通信等，但目前使用最多的是蜂窝移动通信，它又称为小区制移动通信。

最早的第一代（1G）蜂窝移动通信系统于 1978 年年底问世，它使用模拟技术和传统的电路交换及频分多址 FDMA 提供电话服务。这里的 G 表示 Generation（代）。

1990 年以后开始了基于数字技术的第二代（2G）蜂窝移动通信，其代表性系统就是欧洲提出的 GSM 系统。GSM 系统虽然使用了数字技术，但仍然使用传统的电路交换提供基本的语音通信服务。

1996 年，国际电联无线电通信部门 ITU-R 把第三代（3G）蜂窝移动通信的正式标准名称定为 IMT-2000，符合 3G 标准要求。下行和上行的数据传输速率都要超过 384kbit/s。

2008 年出现了 4G 移动通信标准，取消了电路交换，无论传送数据还是传送语音，全部使用分组交换技术。

第五代移动通信技术（5th Generation Mobile Communication Technology，5G）是一种具备高速率、低时延和大连接等特点的新一代宽带移动通信技术，5G 通信设施是实现人、机、物互联的网络基础设施。国际电信联盟（International Telecommunication Union，ITU）定义了 5G 的三大类应用场景，即增强移动带宽、超高可靠低时延通信和机器类通信。增强移动宽带主要面向移动互联网流量爆炸式增长，为移动互联网用户提供更加极致的应用体验；超高可靠低时延通信主要面向工业控制、远程医疗、自动驾驶等对时延和可靠性具有极高要求的垂直行业应用需求；机器类通信主要面向智慧城市、智能家居、环境监测等以传感和数据采集为目标的应用需求。为满足 5G 多样化的应用场景需求，5G 的关键性能指标呈现出更加多元化的特征。ITU定义了 5G 八大关键性能指标，其中高速率、低时延、大连接为 5G 最突出的特征，用户体验速率达 1Gbit/s，时延低至 1ms，用户连接能力达 100 万连接/km^2。

星链是由美国太空探索技术公司（SpaceX）于 2014 年提出的低轨互联网星座计划，其可以进一步提升美军导航定位系统的精度和抗干扰能力，还可以用于对洲际弹道导弹弹头的直接碰撞式拦截，也可以有效推动军事通信网络与商业通信网络之间的无缝切换。美国太空探索技术公司就该计划于 2019 年至 2024 年间在太空搭建了由约 1.2 万颗卫星组成的"星链"网络，用以提供互联网服务，其中 1584 颗将部署在地球上空 550km 处的近地轨道，并从 2020 年开始工作。该计划拟用这 1.2 万颗卫星来取代地面上的传统通信设施，从而在全球范围内提供价格低廉、高速且稳定的卫星宽带服务。其目标是建设一个全球覆盖、大容量、低时延的天基通信系统，在全球范围内提供高速互联网服务。据有关文件显示，该公司还准备再增加 3 万颗卫星，使卫星总量达到约 4.2 万颗。2022 年 5 月 22 日，该公司的 Starlink 卫星互联网服务又取得了阶段性的测速结果，结果显示该服务的下载速度达到了 301Mbit/s。 2023 年 12 月 22 日，星链的全球用户数量突破了 230 万人。

6.8 网络安全

计算机网络技术的发展使得计算机应用日益广泛与深入，同时也使得计算机系统的安全问题日益复杂和突出。近年来，计算机犯罪、黑客入侵、病毒的产生和传播、有害程序和后门问题等严重威胁着网络的安全，甚至由此造成了网络系统的瘫痪，给各个国家和众多公司造成巨大的经济损失，危害到国家和地区的安全。

6.8.1 计算机网络面临的安全性威胁

计算机网络主要面临两大类安全性威胁，即被动攻击和主动攻击，如图 6-14 所示。

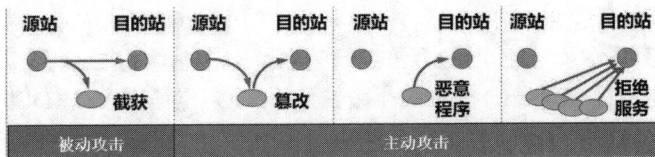

图 6-14 对网络的被动攻击和主动攻击

1. 被动攻击

被动攻击是指攻击者从网络上窃听他人的通信内容。通常，人们把这类攻击称为截获。在被动攻击中，攻击者只是观察和分析传输的数据，而不感染数据。

2. 主动攻击

主动攻击有以下几种最常见的方式。

（1）篡改：攻击者故意篡改网络上传送的报文，包括彻底中断传送的报文，甚至是把完全伪造的报文传送给接收方。因此，这种攻击方式也称为更改报文流。

（2）恶意程序：恶意程序（Rogue Program）种类繁多，对网络安全威胁较大的主要有蠕虫病毒、特洛伊木马病毒、逻辑炸弹等。

（3）拒绝服务（Denial of Service，DoS）：攻击者向互联网上的某个服务器不停地发送大量分组，使该服务器无法提供正常服务，甚至完全瘫痪。若从互联网上的成百上千个网站集中攻击一个网站，则称为分布式拒绝服务（Distributed Denial of Service，DDoS）。有时也把这种攻击称为网络带宽攻击或连通性攻击。

另外，还有其他类似的网络安全问题。例如，在使用交换机的网络中，攻击者向某个以太网交换机发送大量伪造源 MAC 地址的数据帧。以太网交换机收到这样的帧后，就把这个假的源 MAC 地址写入交换表。这种伪造的地址的数量太大，因此很快就把交换表填满了，从而导致以太网交换机无法正常工作（称为交换机中毒）。

对于主动攻击，我们可以采取适当的措施对其加以检测。但对于被动攻击，通常却是无法将其检测出来的。根据这些特点，我们可得出计算机网络通信安全的目标如下。

（1）防止析出报文内容和流量分析。

（2）防止恶意程序。

（3）检测更改报文流和拒绝服务。

对付被动攻击可采用各种数据加密技术，对付主动攻击则需将加密技术与适当的鉴别技术相结合。

▶▶▶ 6.8.2 数据加密

数据加密是一门历史悠久的技术，其是指通过加密算法和加密密钥将明文转换为密文；数据解密则是通过解密算法和解密密钥将密文恢复为明文。该技术对应的核心学科是密码学。如今，数据加密是计算机系统对信息进行保护的一种可靠方法。它利用密码技术对信息进行加密，从而起到保护信息安全的作用。

加密算法和解密算法的操作通常都是在一组密钥控制下进行的，它们的密钥分别称为加密密钥和解密密钥。根据加密密钥和解密密钥是否相同，我们可将现有的加密体制分为两种：一种是私钥或对称加密体制，其典型代表是美国的数据加密标准（Data Encryption Standard，DES）；另一种是公钥或非对称加密体制，其典型代表是 RSA 技术。目前国际上流行的加密技术有两种：一种是分组密码；另一种是公钥密码。

1. 分组密码技术

DES 是目前研究最深入、应用最广泛的一种分组密码。针对 DES，人们研制了各种各样的分析分组密码的方法，比如差分分析方法和线性分析方法，这些方法对 DES 的安全性有一定的威胁，但没有真正对 DES 的安全性构成威胁。

2. 公钥密码技术

私钥密码技术的缺陷之一是通信双方在进行通信之前需通过一个安全信道事先交换密钥，但这一点在实际应用中通常实现起来是非常困难的。公钥密码技术使通信双方无须事先交换密钥就可建立起保密通信。在实际通信中，一般利用公钥密码技术来保护和分配密钥，而利用私钥密码技术来加密消息。公钥密码技术主要用于认证和密钥管理等。下面是 A 使用一个公钥密码技术发送信息给 B 的过程。

（1）A 首先获得 B 的公钥。

（2）A 用 B 的公钥加密信息，再发送给 B。

（3）B 用自己的私钥解密 A 发送的信息。

▶▶▶ 6.8.3　鉴别

在网络的应用中，鉴别是网络安全中一个很重要的问题。鉴别和加密是不相同的概念。鉴别的内容包括两点：一是要鉴别发现者，即验证通信方的确是自己所要通信的对象，而不是其他的冒充者，这种鉴别就是实体鉴别（实体可以是发信的人，也可以是一个进程）也称为端点鉴别；二是要鉴别报文的完整性，即对方所发送的报文没有被他人篡改过。

1.　用数字签名进行鉴别

书信或文件可根据亲笔签名或印章来鉴别其真实性。在计算机网络中传送的报文则可使用数字签名进行鉴别。下面就介绍数字签名的原理。

为了进行数字签名，A 用其私钥 SK_A 对明文 X 进行 D 运算（见图 6-15）。D 运算本来叫作解密运算。可是，还没有加密怎么进行解密呢？其实 D 运算只是把明文变换为某种不可读的密文。在这里，我们使用"D 运算"而不是"解密运算"，就是为了避免读者产生这种误解。A 把经过 D 运算得到的密文传送给 B，B 为了核实签名，用 A 的公钥进行 E 运算，还原出明文 X。请注意，任何人用 A 的公钥 PK_A 进行 E 运算后都可以得出 A 发送的明文。可见，图 6-15 所示的通信方式并非为了保密，而是为了进行签名和核实签名，即确认此明文的确是 A 发送的。

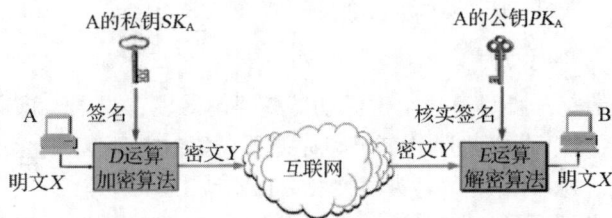

图 6-15　用数字签名进行鉴别

2.　密码散列函数

散列函数（又称为杂凑函数或哈希函数）在计算机领域中使用得很广泛。密码学对散列函数有非常高的要求，因此符合密码学要求的散列函数又常称为密码散列函数（Cryptographic Hash Function）。具体来说，密码散列函数应具有以下 4 个特点。

（1）虽然散列函数的输入报文 X 的长度不受限制，但计算出的结果 $H(X)$ 的长度则应是较短的和固定的。散列函数的输出 $H(X)$ 又称为散列值或散列。

（2）散列函数的输入与输出之间的关系是多对一的。若散列值 $H(X)$ 的长度为 128 位，那么输出散列值只有 2^{128} 个有限多的可能值。然而，我们输入报文 X 却有无限多的取值，可见必然会出现"不同输入却产生相同输出"的碰撞现象。精心挑选的密码散列函数应当极少发生碰撞，即具有很好的抗碰撞性。

（3）若给出散列值 $H(X)$，则无人能找出输入报文 X。也就是说，散列函数是一种单向函数（One-Way Function），即逆向变换是不可能的。

（4）好的散列函数还具有这样一些特性：散列函数输出的每一个比特都与输入的每一个比特有关；哪怕仅改动输入的一个比特，输出也会相差极大；散列函数的运算包括许多非线性运算。

通过许多学者的不断努力，已经设计出一些实用的密码散列函数，其中最出名的就是 MD5（Message Digest 5）和 SHA-1。

3.　防火墙

恶意用户或软件通过网络对计算机系统的入侵或攻击已经成为对当今计算机安全最严重

的威胁之一。用户入侵包括利用系统漏洞进行未授权登录，或者授权用户非法获取更高级别权限。软件入侵包括蠕虫病毒、特洛伊木马病毒、其他通过网络传播的病毒。此外，还包括阻止合法用户正常使用服务的拒绝服务攻击等。

防火墙（Firewall）作为一种访问控制技术，通过严格控制进出网络边界的分组，禁止任何不必要的通信，从而减少任何潜在入侵的行为，尽可能降低这类威胁所带来的安全风险。防火墙是一种特殊编程的路由器，安装在一个网点与网络的其余部分之间，目的是实施访问控制策略。这个访问控制策略是由使用防火墙的单位自行制定的，这种安全策略应当适合本单位的需要。图 6-16 指出防火墙位于互联网与内部网络之间。一般把内部网络称为"可信赖的网络"（Trusted Network），把互联网称为"不可信赖的网络"（Untrusted Network）。

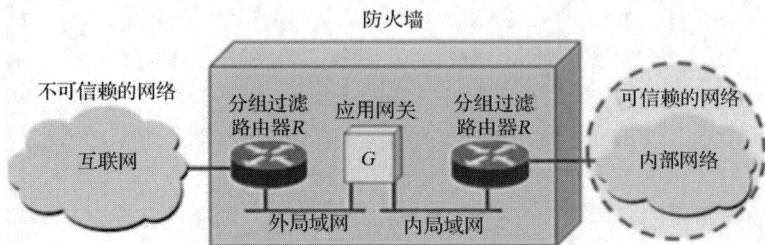

图 6-16　防火墙位于互联网与内部网络之间

防火墙技术一般分为以下两类。

* 分组过滤路由器是一种具有分组过滤功能的路由器，它根据过滤规则对进出内部网络的分组进行转发或者丢弃（即过滤）。过滤规则是基于分组的首部信息，类似于信封上的信息，例如，源/目的 IP 地址、源/目的端口、协议类型（TCP 或 UDP）等。

* 应用网关也称为代理服务器，它在应用层通信中扮演报文中继的角色。所有进出网络的应用程序报文都必须通过应用网关。当应用客户进程向服务器发送一份请求报文时，先发送给应用网关，应用网关在应用层打开报文，查看该请求是否合法。如果请求合法，应用网关以客户进程的身份将请求报文转发给原服务器。如果不合法，报文则被丢弃。

▶▶▶ 6.8.4　入侵检测系统

防火墙试图在入侵行为发生之前阻止所有可疑的通信，但事实上它是不可能阻止所有的入侵行为的。因此，我们有必要采取措施，在入侵已经开始，但还没有造成危害或在造成更大危害前，及时检测到入侵，以便尽快阻止入侵，把危害降低到最小。入侵检测系统 IDS 正是这样一种技术。IDS 对进入网络的分组进行深度分组检查，当观察到可疑分组时，向网络管理员发出告警或执行阻断操作。IDS 能用于检测多种网络攻击，包括网络映射、端口扫描、DOS 攻击、蠕虫病毒、系统漏洞攻击等。

入侵检测方法一般可以分为基于特征的入侵检测和基于异常的入侵检测两种。基于特征的 IDS 维护一个已知攻击标志性特征的数据库。每个特征是一个与某种入侵活动相关联的规则集，这些规则可能基于单个分组的首部字段值、数据中特定的比特串，又或者与一系列分组有关。当发现有与某种攻击特征匹配的分组或分组序列时，则认为可能检测到某种入侵行为。这些特征和规则通常由网络安全专家生成，机构的网络管理员定制并将其加入数据库中。

基于特征的 IDS 只能检测已知攻击，对于未知攻击则束手无策。基于异常的 IDS 通过观察正常运行的网络流量，学习正常流量的统计特性和规律；当检测到网络中流量的某种统计规律不符合正常情况时，则认为可能发生入侵行为。例如，攻击者在对内网主机进行 ping 搜索时导致 ICMP ping 报文突然大量增加，与正常的统计规律有明显的不同。但区分正常流和统计异常流是一件非常困难的事情。至今为止，大多数部署的 IDS 主要是基于特征的，尽管某些 IDS 包括了某些基于异常的特性。入侵检测系统示意图如图 6-17 所示。

不论采用什么检测技术都可能会存在"漏报"和"误报"的情况。如果"漏报"率比较高，则只能检测到少量的入侵，给人以安全的假象。对于基于特征的 IDS，我们可以通过调整某些阈值来降低"漏报"率，但同时会增大"误报"率。"误报"率太大会存在大量的虚假告警，网络管理员需要投入大量时间来分析告警信息，甚至会因为虚假告警太多而对告警"视而不见"，使 IDS 形同虚设。

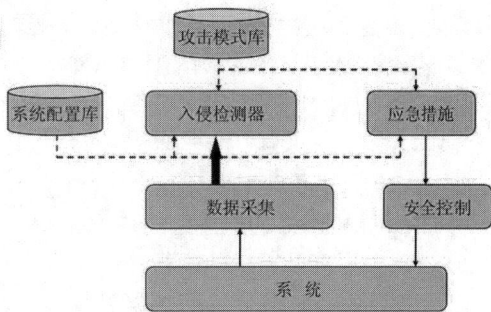

图 6-17　入侵检测系统示意图

本章小结

计算机网络是以能够相互共享资源的方式互联起来的自治的计算机系统的集合。计算机网络的出现是以 ARPANET 的建成为标志的。ARPANET 是由美国国防部于 20 世纪 60 年代末开始筹划而建成的。它是计算机网络技术发展的一块里程碑，对推动计算机网络理论和技术的发展起着重要的作用。它的贡献主要包括：完成了对计算机网络的定义和分类方法的研究、提出并实现了分组交换技术、采用层次结构的网络体系结构和研究方法、促进了 TCP/IP 模型的研究和应用、为 Internet 的形成和发展奠定了基础。

计算机网络的主要功能包括实现数据通信、提供资源共享、提高计算机系统的可靠性、进行分布式处理，以及对分散对象提供集中控制与管理等。围绕计算机的基本功能，逐渐产生和发展起来了众多的计算机网络应用，特别是互联网的兴起，覆盖了人类社会的各个领域。

网际协议是 TCP/IP 体系中最重要的协议之一，它将大量分布在世界各地的不同类型网络互联在一起形成 Internet。IP 的功能对应于 OSI 参考模型中的网络层，它采用路由器作为网络互联的中间设备，将不同的计算机网络连接在一起，在网络层实现路由和转发。

计算机网络在为人们提供便利、提高社会生产效率的同时，也带来了巨大的信息安全隐患。计算机网络安全所面临的威胁主要包括计算机网络实体面临的威胁、计算机网络系统面临的威胁和恶意程序的威胁。计算机网络安全是涉及计算机科学、通信技术、密码技术、应用数学和信息论等多学科的综合性学科。计算机网络安全的基本目标包括机密性、完整性、可用性、不可抵赖性和可控性。有关计算机网络安全的内容体现在不同层次，包括物理安全、逻辑安全、操作系统安全和联网安全等。

习题

一、选择题

1．在计算机与远程终端相连时必须有一个接口设备，其作用是进行串行和并行传输的转换，以及进行简单的传输差错控制。该设备是（　　　）。

　　A．调制解调器　　　B．线路控制器　　　C．多重线路控制器　　　D．通信控制器

2．一座大楼内的一个计算机网络系统属于（　　　）。

    A．PAN   B．LAN   C．MAN   D．WAN

3．下列对广域网的作用范围的叙述中，最准确的是（　　　）。

    A．几千米到几十千米   B．几十千米到几百千米

    C．几百千米到几千千米   D．几千千米以上

4．计算机网络的构建目的是（　　　）。

    A．提高计算机的运行速度   B．连接多台计算机

    C．共享软、硬件和数据资源   D．实现分布处理

5．在常用的传输介质中，带宽最大、信号传输衰减最小、抗干扰能力最强的一类传输介质是（　　　）。

    A．双绞线   B．光纤   C．同轴电缆   D．无线信道

6．波特率等于（　　　）。

    A．每秒传送的比特数   B．每秒传送的周期数

    C．每秒传送的脉冲数   D．每秒传送的字节数

7．下列哪个 IP 地址为合法的地址？（　　　）。

    A．224.255.300.200   B．192.168.3

    C．133.45.87.A0   D．177.168.122.233

8．下列哪个 IP 地址可以被分配给主机？（　　　）。

    A．IP 地址 192.168.3.192；   子网掩码 255.255.255.224

    B．IP 地址 192.168.3.247；   子网掩码 255.255.255.252

    C．IP 地址 192.168.3.0；   子网掩码 255.255.254.0

    D．IP 地址 192.168.3.128；   子网掩码 255.255.255.128

9．计算机网络端到端的延迟中可以控制的延迟为（　　　）。

    A．传播延迟   B．发送延迟   C．处理延迟   D．排队延迟

10．浏览器与 Web 服务器之间使用的协议是（　　　）。

    A．DNS   B．SNMP   C．HTTP   D．SMTP

11．下列选项中正确的 MAC 地址是（　　　）。

    A．00-01-AA-08   B．00-01-AA-08-0D-80

    C．1203   D．192.2.0.1

12．计算机网络面临的下列威胁中哪一种是被动攻击？（　　　）。

    A．截获   B．篡改   C．恶意程序   D．DoS 攻击

13．下列哪一种设备不是网络中间设备？（　　　）。

    A．交换机   B．路由器   C．集线器   D．打印机

14．局域网与广域网、广域网与广域网的互联是通过哪种网络设备实现的？（　　　）。

    A．服务器   B．网桥   C．路由器   D．交换机

15．下列哪种技术不是实现防火墙功能的主流技术？（　　　）。

    A．包过滤技术   B．应用级网关技术

    C．代理服务器技术   D．NAT 技术

16．网卡是完成（　　　）功能的。

    A．物理层   B．数据链路层

    C．物理和数据链路层   D．数据链路层和网络层

17．IP 协议提供的服务类型是（　　　）。

    A．面向连接的数据报服务　　　　　　　　B．无连接的数据报服务

    C．面向连接的虚电路服务　　　　　　　　D．无连接的虚电路服务

18．在 OSI 模型中，第 N 层和其上的 N＋1 层的关系是（　　　）。

    A．N 层为 N+1 层提供服务

    B．N+1 层将从 N 层接收的信息增加了一个头

    C．N 层利用 N+1 层提供的服务

    D．N 层对 N+1 层没有任何作用

19．TCP/IP 为实现高效率的数据传输，在传输层采用了 UDP 协议，其传输的可靠性则由（　　　）提供。

    A．应用进程　　　　　B．TCP　　　　　　C．DNS　　　　　　D．IP

20．与 10.110.12.29 mask 255.255.255.224 属于同一网段的主机 IP 地址是（　　　）。

    A．10.110.12.0　　　B．10.110.12.30　　　C．10.110.12.31　　　D．10.110.12.32

21．Internet 是由（　　　）发展而来的。

    A．局域网　　　　　　B．ARPANET　　　　C．标准网　　　　　D．WAN

二、判断题

1．网络域名地址一般都通俗易懂，大多采用英文名称的缩写来命名。（　　　）

2．ISO 划分网络层次的基本原则是：不同节点具有不同的层次，不同节点的相同层次有相同的功能。（　　　）

3．双绞线是目前带宽最宽、信号传输衰减最小、抗干扰能力最强的一类传输介质。（　　　）

4．在协议 TCP/IP 中，TCP 提供可靠的面向连接服务，UDP 提供简单的无连接服务，应用层服务建立在该服务之上。（　　　）

5．TCP 属于传输层协议，而 UDP 属于网络层协议。（　　　）

6．网络结构的基本概念是基于分层的思想提出的，其核心是实现对等实体间的通信。为了使任何对等实体之间都能进行通信，必须制定并共同遵循一定的通信规则，即协议标准。（　　　）

7．Windows 操作系统各种版本均适合用作网络服务器的基本平台。（　　　）

8．局域网的安全措施首选防火墙技术。（　　　）

9．LAN 和 WAN 的主要区别是通信距离和传输速率。（　　　）

10．差错控制是一种主动的防范措施。（　　　）

三、简答题

1．列举 Internet 提供的主要服务有哪些。

2．简述路由器的主要功能。

3．简述计算机网络的分类及其特点。

4．计算机网络中使用了哪些地址，它们的格式是什么样的？

5．计算机网络的延迟包含哪些？

6．计算机网络面临的威胁包含哪些？

7．简述计算机网络五层体系结构的特点。

第7章
计算机的新技术和新发展

7.1 移动互联网

7.1.1 移动互联网的概念

移动互联网是将移动通信与互联网二者结合起来的，是 PC 互联网发展的必然产物。它以宽带 IP 为技术核心，用户使用手机、笔记本电脑、平板电脑等移动终端设备通过协议接入互联网，获取移动通信网络服务和互联网服务，是集语音、数据、图像和多媒体等服务形式于一体的开放式网络。根据《中国互联网核心趋势年度报告（2023）》给出的数据显示，2023 年，中国移动互联网活跃用户数达 12.24 亿人，全网月人均使用时长接近 160 小时。人们越来越习惯通过手机来进行购物、订餐、交通导航、叫车等服务。移动互联网的核心是互联网，它是桌面互联网的补充与延伸，其实际内容和具体应用更为丰富，具有移动性、实时性、隐私性、便携性、准确性和可定位等特点，日益丰富的智能移动终端和 App 是移动互联网的重要特征之一。

7.1.2 移动互联网的基本结构

移动互联网包括 3 个层次：终端层、网络层和应用层。终端层包括手机、平板电脑等硬件设备；网络层包括操作系统、（移动）中间件、数据库和网络安全软件等；应用层包括娱乐类、工具类、财经类等不同的应用与服务。

世界无线研究论坛（WWRF）认为，移动互联网是自适应的、个性化的、能够感知周围环境的服务，它给出的移动互联网参考模型如图 7-1 所示。各种应用通过开放的应用程序接口（API）获得用户交互支持或移动中间件支持，移动中间件由多个通用服务元素构成，包括建模服务、存在服务、移动数据管理、配置管理、服务发现、事件通知和环境监测等。互联网协议族主要有 IP 服务协议、传输协议、机制协议、联网协议、控制与管理协议等，同时还拥有网络层到链路层的适配功能。操作系统完成上层协议与下层硬件资源之间的交互。硬件/固件是组成终端和设备的器件单元。

移动互联网支持多种无线接入方式，根据覆盖范围的不同，可分为无线个域网（WPAN）接入、无线局域网（WLAN）接入、无线城域网（WMAN）接入和无线广域网（WWAN）接入，如图 7-2 所示。各种技术客观上存在部分功能重叠的现象，是相互补充、相互促进的关系，具有不同的市场定位。

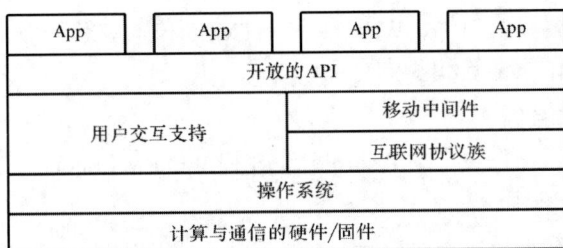

图 7-1 移动互联网参考模型

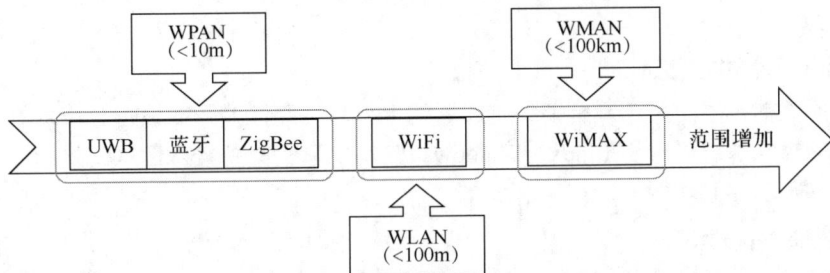

图 7-2 移动互联网的接入方式

WPAN 主要用于家庭网络，以 IEEE 802.15 协议为基本标准。蓝牙（Bluetooth）是一种流行的 WPAN 技术，其通信距离为 10m，带宽为 3Mbit/s。其他技术如超宽带（UWB）技术则侧重于近距离高速传输，而 ZigBee 主要用于短距离的低速传输。

WLAN 主要用于家庭、办公室、学校、其他公共场合等网络环境，以 IEEE 802.11 协议为基本标准。WLAN 俗称 Wi-Fi，支持静止和低速移动，通信距离小于 100m，带宽可达 54Mbit/s。Wi-Fi 技术已经很成熟，且处于快速发展阶段，并已得到广泛应用。

WMAN 是一种新兴的适合于城域网接入的方式，以 IEEE 802.16 协议为基本标准。基于 IEEE 802.16 协议的 WIMAX 是一种无线宽带接入城域网的技术，通信距离可达 50km，最大数据传输速率可达 70Mbit/s。WMAN 可以为高速数据应用提供更好的服务，实现语音、图像、多媒体等多业务数据的传输。

WWAN 进一步扩展了传统的无线网络范围，覆盖范围更广，提供更方便和灵活的无线接入方式。目前典型的 WWAN 有卫星通信网络、蜂窝移动通信（2G/3G/4G/5G）等系统。它以 IEEE 802.20 协议为基本标准，除了具有网络覆盖范围广的优点，还具有支持高速移动性、用户接入方便等优点。

▶▶▶ 7.1.3　移动互联网的关键技术

移动互联网的关键技术涵盖了多个方面，其主要包括以下几类技术。

1. 架构技术

随着互联网的发展，企业之间的合作、交流、信息共享等需求日益增强。在此背景下，面向服务的体系结构应运而生。SOA（Service-Oriented Architecture）是一种面向服务的架构，它将软件设计和开发的重点从应用程序本身转移到了服务，使企业可以更加灵活、快速地进行业务流程整合，实现跨部门、跨企业的信息共享和集成，以及业务流程的规范化、标准化，同时缩短了开发周期。

2. 页面展示技术

传统的数据交互主要通过文字、表格数据等形式进行呈现。为提高数据的可视化，使得页面展示具有更好的互动性与实时性，Web 2.0 和 HTML5 技术应运而生。Web 2.0 和 HTML5 技术为用户提供了丰富的网页体验和多样的互动方式。

3. 主流移动操作系统

市场上主流的移动操作系统包括 Android、iOS 和 Windows Phone，支持开发各类移动 App。

4. 移动网络接入技术

移动网络接入技术包括移动通信网络、无线局域网、无线 Mesh 网络和其他接入网络技术，以及移动 IP、IPv4 和 IPv6 等相关网络协议。这些技术确保了移动设备能够接入互联网并进行有效的通信。

5. 移动智能终端技术

移动智能终端技术是指车载智能终端、智能电视、可穿戴的智能设备等技术。这些移动智能终端搭载的操作系统可以是 Linux、Windows RT 等。它们具备接入互联网的能力，并允许用户根据自己的需求定制功能。

6. 网络基站技术

网络基站技术包括基站的建设和维护。随着移动通信网络的演进，基站需要具备宽带化和大覆盖面的特征，并向 IP 化转变。

7. 终端先进制造技术

终端先进制造技术是指涉及机械设备、电子技术、自动化技术与信息技术相结合而形成的制造技术、设备和系统的总称。该技术包括设备成组、敏捷制造、并行工程、快速成型、虚拟制造和智能制造等关键技术。

8. 终端硬件平台技术

终端硬件平台技术涉及多种功能模块化的部件，并且能够在软件配合下完成输入、处理、存储和输出等操作。该技术包括处理器芯片技术和人机交互技术等。

综上所述，移动互联网的关键技术包括硬件、软件、操作系统、网络协议等多方面的内容，并涉及多个领域和相关技术。

7.2 大数据

▶▶▶ 7.2.1 大数据的概念

当今社会，数据无处不在，且对人们的工作、学习和生活产生了深远的影响。随着互联网的兴起，越来越多的人加入移动互联网的行列，手机、平板电脑、智能终端等的广泛普及，更使得数据量爆炸式增长；物联网设备的普及，各种智能终端通过传感器、控制器与互联网相连，这些设备也在不断产生着各种数据，例如温度、湿度、压力等数据；社交媒体的兴起，微信、QQ、抖音已成为人们生活不可或缺的一部分，聊天记录、图像、音频、视频的不断积累也产生了大量的数据；企业的信息化建设，企业信息化系统在运行过程中产生了大量的数据。这些因素的综合作用为大数据的产生提供了土壤和动力。

大数据是一个体量特别大，数据类别特别多的数据集。根据麦肯锡全球研究所（Mckinsey Global Institute）给出的定义：大数据是一种规模大到在获取、存储、管理、分析方面远远超出了传统数据库软件工具能力范围的数据集合。维克托·迈尔-舍恩伯格（Viktou Mayer-Schönberger）

和肯尼思·库克耶（Kenneth Cukier）在《大数据时代》中提出大数据具有海量的数据规模、快速的数据流转、多样的数据类型和价值密度低的特征。

▶▶▶ 7.2.2　大数据的特点

IBM 公司提出的大数据 5V 特点包括 Volume（数据量大）、Velocity（高速）、Variety（数据多样性）、Veracity（数据真实性）和 Value（数据低价值密度）。

Volume：指的是大数据的规模。随着科技的发展，数据的产生呈指数级增长。大数据的特点之一就是数据量非常庞大，且远远超过了传统数据处理方法的处理能力。大数据的处理需要借助分布式计算和存储技术，如 Hadoop 和云计算等。

Velocity：指的是数据的产生和传输速率。现代社会中，数据的产生速度非常快，如社交媒体、物联网设备所产生的数据等。大数据需要实时或近实时地处理和分析这些高速产生的数据，以便及时做出决策和应对变化。

Variety：指的是数据的种类和格式的多样性。大数据不仅包括结构化数据（如数据库中的表格数据），还包括非结构化数据（如文本、图像、音频、视频等）。在处理大数据时，需要系统能够处理和分析各种类型和格式的数据，以获取更全面的信息。

Veracity：指的是数据的准确性和可信度。大数据中可能存在着大量的噪声、错误和不准确的数据。在处理大数据时，需要对数据进行清洗、验证和校正，以确保数据的真实性和可靠性。

Value：指的是从大数据中提取出有用信息和洞察力的能力。大数据的价值在于能够通过分析和挖掘数据，发现隐藏在数据中的模式、趋势和关联性，从而为决策提供支持。

▶▶▶ 7.2.3　大数据技术

大数据技术是指从纷繁复杂的大量数据中提取出有价值信息的技术。它包括大数据采集技术、大数据预处理技术、大数据存储与管理技术、大数据分析及挖掘技术、大数据展现与应用技术，如图 7-3 所示。

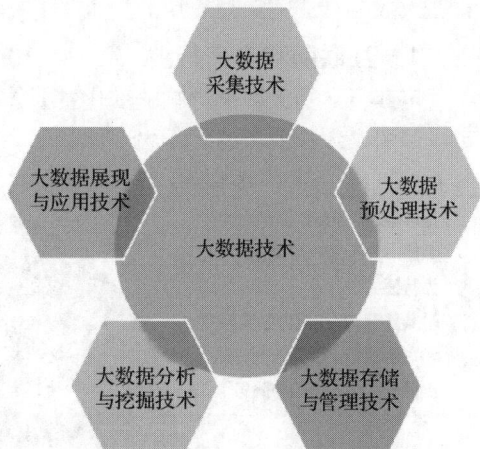

图 7-3　大数据技术涉及的关键技术

1. 大数据采集技术

大数据采集分为两个重要的方面：一是大数据智能感知层面，针对大数据源的智能识别、感知、适配传输、接入等技术；二是基础支撑层面，主要包括分布式虚拟存储技术，大数据获取、存储、组织、分析和决策操作的可视化接口技术，大数据的网络传输与压缩技术，大数据隐私保护技术等。

2. 大数据预处理技术

大数据预处理技术主要是对已接收数据的辨析、抽取、清洗等操作。数据抽取是指将复杂的数据转换为单一的或者便于处理的模型，以达到快速分析和处理的目标。清洗是指对数据通过筛选去除无效数据和不精准数据，从而提取出有效数据。

3. 大数据存储与管理技术

大数据存储与管理技术是指将采集到的数据存储起来，建立相应的数据库，再进行管理和调用的技术。其主要解决大数据的可存储、可表示、可处理、可靠性及有效传输等几个关键问题。

4. 大数据分析与挖掘技术

大数据分析技术是指在原有的数据挖掘和机器学习技术上进行改进而形成的技术。该技术涉及进行网络数据挖掘、特异群组挖掘、图挖掘等新型数据挖掘技术，进行基于对象的数据连接、相似性连接等大数据融合技术，进行用户兴趣分析、网络行为分析、情感语义分析等面向领域的大数据挖掘技术。

大数据挖掘技术是指从大量的、不完全的、有噪声的、模糊的、随机的实际应用数据中，提取隐含在其中的、事先不知道的，但又包含潜在有用信息和知识的技术。

5. 大数据展现与应用技术

大数据展现与应用技术是大数据技术被引入的最终目标。大数据技术能够将隐藏于海量数据中的信息和知识挖掘出来，为人类的社会经济活动提供依据，从而提高各个领域的运行效率，大大提高整个社会经济的集约化程度。

目前大数据行业所涉及的核心技术主要包括采集、处理、存储、分析和应用这 5 个方面的技术。虽然它们与数据处理、分析相对应，但在实际应用中，由于数据量较大、数据种类较多，因此我们只能通过大数据技术来实现最终的数据分析及应用。

⯈⯈⯈ 7.2.4 大数据行业应用

数字化时代，大数据无处不在，大数据和大数据技术也广泛应用于各行各业。下面列举了一些大数据行业的典型应用。

1. 互联网和电商行业

电商行业受大数据影响的变化主要体现在形成了以"精准分析用户、精细管理商品、挖掘市场趋势、便捷业务追踪"为一体的闭环管理体系，如图 7-4 所示。

用户画像：深度挖掘用户购买数据，分析用户购买能力和行为特征
精准营销：基于用户购习惯和兴趣爱好，智能推荐商品，提供更优质的体验与服务

商品画像：对品类价格进行深度分析，进行覆盖商品生命周期的价格诊断，提供动态价格解决方案
精准选品：提供基于社交舆情、友商对标、渠道、滞销等多维度的选品视角，满足用户一站式的购物需求

精准 分析用户
精细 管理商品
挖掘 市场趋势
便捷 业务追踪

友商监控：监测营销活动并检测各类目下相同价格层的友商商品覆盖和销售情况
舆情抓取：探寻行业市场发展趋势，丰富站内商品以保证持续优质的购物体验

数据管家：为管理人员提供汇总、细分、对比、趋势、溯源等支持
数据罗盘：对其交易、商品、渠道、促销等相关业务指标进行分析，与商家和供应商协同提供优质服务

图 7-4 大数据在电商行业中的应用

2. 金融、电信行业

大数据技术在金融行业的应用非常广泛，涵盖了风险管理、营销和客户服务、监管合规、欺诈检测、贷款评估、高频交易和量化投资等多个领域。通过利用大数据技术，金融机构可以

更好地理解和应对市场变化，提高效率和决策的准确性，为客户和投资者提供更好的服务与保障，同时也需要关注数据隐私和安全等问题，确保大数据技术的应用符合相关法规和道德准则，保护用户的权益和数据安全。

大数据时代的到来，数据分析显得尤为重要，尤其是在电信行业，已经成为电信运营商的战略优势之一。对大数据进行数据分析具体体现在网络管理和优化、市场与精准营销、客户关系管理、企业运营管理和数据商业化 5 个方面。

3. 政府及公共事业行业

大数据可以帮助政府、公共事业部门，建立更完善的社会治理大数据平台，通过对数据的实时分析和处理，在社会治理、决策支持、公共服务、经济分析、安全保障等方面起到重大的支撑作用，提高政府的工作效率和质量，从而更好地为社会和公众服务。

4. 制造业、物流、医疗、农业行业

大数据在制造业中的应用主要体现在研发、生产、供应链管理、产品销售和市场分析等方面，通过对大数据进行数据处理，有助于企业实现更高效的决策制定、产品创新和优化、生产流程的改进以及供应链的优化，从而提升企业的竞争力和市场响应速度。

基于物流行业的特性，大数据在物流行业的应用主要体现在车货匹配、运输路线优化、库存预测、设备修理预测、供应链协同管理等方面。将采集的海量物流数据，通过大数据分析，挖掘出有价值的信息，提高运输与配送效率，减少物流成本，更有效地满足客户服务要求，提高物流的智能化水平。

在医疗方面，通过对大数据的分析，不但能够预测流行疾病的暴发趋势以避免感染和降低医疗成本，还能够为患者提供更加便利的服务。具体来看，大数据在医疗行业的应用助力药品研发、助力公共卫生监测、助力健康管理和助力医学影像诊断等方面。随着高速网络、云计算中心等基础设施的日趋完善和大数据技术的不断发展，医疗领域发展的趋势必将是走向以大数据技术驱动的个性化、创新化、便利化之路。

大数据在农业生产中的应用包括农业气象预测、农产品市场预测、农业机械智能化、病虫害预防等方面。通过大数据处理，最终可以提高农业生产效率、提升农产品的质量和安全性、优化产品供应链、提高农产品的市场竞争力。与此同时，在大数据赋能农业的过程中也面临着数据安全和隐私保护、数据质量和可靠性、技术和人才需求等挑战。只有解决了这些问题，才能确保大数据的应用效果和安全性。

7.3 云计算

▶▶▶ 7.3.1 云计算的概念

云计算是一种基于互联网的计算方式，它允许用户通过网络进行数据访问、数据存储，以及使用计算资源和服务。它是一种动态的、可扩展的、虚拟化的计算资源，计算资源包括硬件资源（如服务器、存储设备和网络设备等）和软件资源（如操作系统、数据库和应用程序等）。云计算的核心在于分布式计算，以"双十一"购物节为例，"双十一"期间大量的用户集中进行平台访问和购物，交易量激增，并产生了大量的订单、物流、支付等服务，导致服务器不堪重负，因此将大规模的计算任务分解成多个小程序，并通过许多服务器组成的集群进行处理和分析，从而能够在短时间内完成对大量数据的处理，最后将结果返回给用户。

▶▶▶ 7.3.2　云计算的服务模式

云计算按服务模式分类可分为 IaaS（基础设施即服务）、PaaS（平台即服务）及 SaaS（软件即服务）。其中的基础设施即服务处在底层，平台即服务处在中间层，软件及服务则处在顶层。云计算的服务模式之间的层次关系如图 7-5 所示。

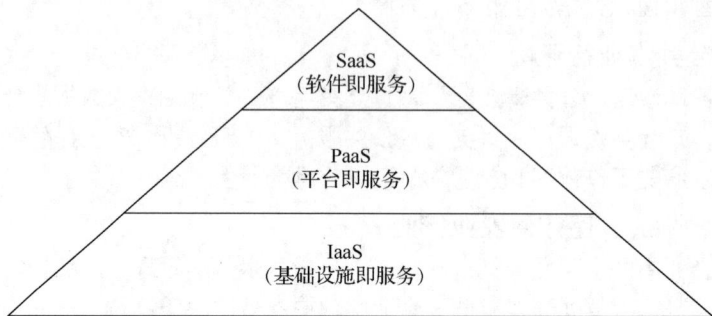

图 7-5　云计算的服务模式之间的层次关系

1.　IaaS

以前，用户如果想在办公室或公司的网站上运行一些企业应用，首先需要购买服务器。但有了 IaaS 后，用户可以将硬件外包，通过 IaaS 提供的场外服务器来随时随地、全天候地运行应用，以节省场地和维护费用。

一些大型的 IaaS 公司包括 Amazon、Microsoft、VMWare、Rackspace 和 Red Hat。

2.　PaaS

PaaS 也称为中间件，软件公司所有的开发都可以在这一层进行，以节省时间和资源。PaaS提供各种开发和分发应用的解决方案，比如虚拟服务器和操作系统；除此之外，PaaS 还提供了网页应用管理、应用设计、应用虚拟主机、存储安全以及应用开发协作工具等，这样不仅节省了硬件方面的费用，也让线上协同工作变得容易。

一些大型的 PaaS 提供者有 Google App Engine、Microsoft Azure、Force.com、Heroku、Engine Yard 等。

3.　SaaS

SaaS 是与用户联系最紧密的一层，它通过浏览器或 App 来呈现服务，任何一个远程服务器上的应用都可以通过网络来运行。厂商将应用软件统一部署在自己的服务器上，用户可以根据自己的实际需求，通过互联网向厂商订购应用软件服务。例如，用户可以通过计算机和手机享受视频网站所提供的在线服务。

云基础设施是内部系统与公共云之间的软件和硬件层，其融合了许多工具和解决方案，是成功实现云计算部署的重要系统。具体来说，云计算的服务模式在云基础设施中扮演着以下角色：①IaaS 构建云基础设施的骨骼，使得从公共云提供商那里租用云计算基础设施组件（计算、存储和网络）成为可能；②PaaS 是云基础设施的灵魂，提供运算平台和解决方案服务，向下兼容基础硬件，向上支撑软件和行业应用；③SaaS 则是云基础设施的血肉，进一步突出信息化软件的服务属性，满足各行业应用的需求。

▶▶▶ 7.3.3　云计算的关键技术

云计算的关键技术包括虚拟化技术、分布式存储、分布式计算等。本小节将简要介绍这些关键技术。

1. 虚拟化技术

虚拟化技术是指在单台物理机上运行多台虚拟机，让每台虚拟机独立运行操作系统和应用程序，以实现资源共享和隔离。虚拟化技术包括硬件、操作系统和应用程序。虚拟化技术的主要优势包括以下几点。

● 资源利用率提高：虚拟化技术可以让多台虚拟机共享同一台物理机上的资源，降低硬件成本，提高资源利用率。

● 易于管理：虚拟化技术允许管理员通过一个中央控制台来管理多台虚拟机，简化管理工作流程。

● 安全性高：通过虚拟化技术可以实现资源隔离，防止虚拟机之间的资源泄露和攻击。

之前介绍的大数据处理目的是在应对大量、高速、不断增长的数据挑战时，需要开发出高性能、高可扩展性、高可靠性的分布式计算系统。那么虚拟化技术与大数据处理存在什么样的关系呢？两者之间的联系主要包括以下几点内容。

● 资源共享和隔离：虚拟化技术可以让多个大数据处理任务共享同一台物理机的资源，同时保证每个任务的资源隔离和安全性。

● 易于扩展：虚拟化技术可以让用户以更简单的操作来添加更多的物理机，以扩展大数据处理系统的计算能力和存储能力。

● 高性能：虚拟化技术可以通过对虚拟机的调度和优化，提高大数据处理系统的计算性能和网络性能。

所以虚拟化技术与大数据处理之间存在着密切的联系。虚拟化技术可以辅助构建高性能的分布式计算系统，以应对大数据处理的挑战。同时，虚拟化技术也可以更好地管理和优化大数据处理系统，提高系统的性能和可靠性。目前，市场上主流的虚拟化技术包括 KVM、Hyper-V、Xen、VMWare 和 OpenVZ。

2. 分布式存储

在实现云计算的过程中，分布式存储无疑是其中的关键技术之一。在传统计算机中，数据的存储通常是集中在单一的存储设备上，而分布式存储则将数据分散地存储在多个节点上，如图 7-6 所示。这些节点可以是物理服务器、虚拟机，甚至是云平台中的对象存储服务。分布式存储通过将数据划分为多个块并存储在不同的节点上，从而实现数据的复制、备份和容错处理。

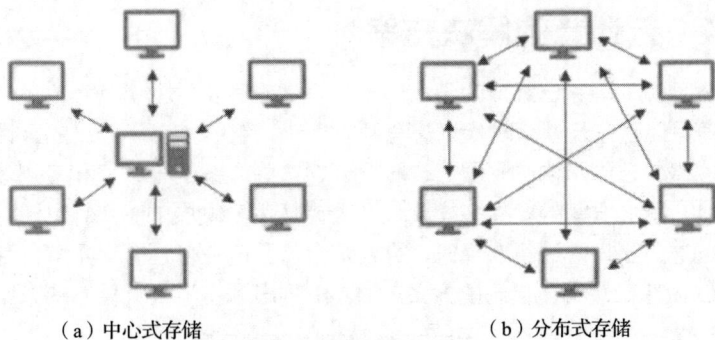

（a）中心式存储　　　　　　　　（b）分布式存储

图 7-6　两种数据存储的架构

在实现分布式存储时，根据一定的策略，数据会被划分成多个块，并通过复制机制存储在不同的节点上。这样可以提高数据的可用性和可靠性，确保部分节点在出现故障时仍能获取到正确的数据；分布式存储也需要保证数据的一致性，即在不同节点之间的数据副本应该同步；在进行数据访问时，用户可以通过请求到达任一节点来实现对数据的访问；同时分布式存储系统还需要具备容错处理的能力，即在某个节点或多个节点发生故障时，其他正常的节点能够接管工作并保证系统的正常运行。

分布式存储作为云计算的关键技术之一，为数据的高可用性、可靠性和可扩展性提供了有效的解决方案。随着云计算不断发展壮大，分布式存储技术也将进一步完善和创新，为用户提供更好的服务和体验。

3. 分布式计算

分布式计算的核心思想是"分而治之"。"分而治之"是指把一个大的、复杂的问题，按照一定的"分解"方法分为等价的、规模较小的若干任务，然后逐个解决，将各个任务的结果进行合并就完成了整个问题的求解。

目前比较流行的大数据处理和存储平台 Hadoop 的核心组件 MapReduce 就采用了这种思想，主要用于解决海量数据的计算。使用 MapReduce 操作海量数据时，每个 MapReduce 程序被初始化为一个工作任务，每个工作任务可以分为 Map 和 Reduce 两个阶段。Map 阶段负责将任务分解，即把复杂的任务分解成若干个"简单的任务"来并行处理。Reduce 阶段负责将任务合并，即把 Map 阶段的结果进行全局汇总，如图 7-7 所示。对用户而言，可以不用考虑分布式计算框架的内部运行机制，只需要用 Map 和 Reduce 思想描述清楚要处理的问题，就能轻松地在 Hadoop 集群上实现分布式计算功能。

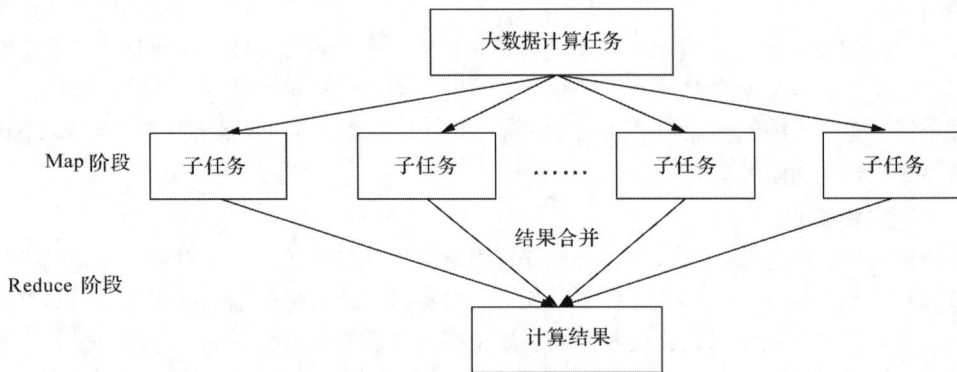

图 7-7　MapReduce 工作流程

▶▶▶ 7.3.4　云计算的解决方案

云计算时代已经到来，它已经成为现代企业处理数据和实现业务伸缩性的首选解决方案。各大 IT 公司为了确保自己在云计算时代仍占有领先优势，纷纷推出了自己的云计算解决方案，从国外的亚马逊云、微软云到国内的阿里云、腾讯云，这些方案的着眼点和应用场景不尽相同，技术实现上各有千秋。解决方案的多种多样反映了云计算蓬勃发展的势头，也使得用户面临对解决方案进行选择的问题。当用户进行选择时，需要结合自己的业务逻辑，了解各种云计算解决方案的优势、弊端，以便选择最合适自己的方案。表 7-1 列出了主流云计算解决方案的异同点。

表 7-1　主流云计算解决方案的异同点

对比内容	亚马逊云	微软云	阿里云	腾讯云
服务类型	PaaS、SaaS	IaaS、PaaS、SaaS	IaaS、PaaS、SaaS	IaaS、PaaS、SaaS
服务关联度	低	低	低	低

对比内容	亚马逊云	微软云	阿里云	腾讯云
虚拟化技术	Xen	Hyper-V	Xen	KVM
运行环境	云端亚马逊平台	云端或本地	云端或本地	云端或本地
编程语言	多种	多种	多种	多种
使用限制	最少	较少	较多	较多
功能大小	最多	较多	较多	较多
收费模式	按使用量收费	按使用量收费	按使用量收费	按使用量收费
可扩展性	强	一般	较强	较强

下面将简要介绍亚马逊云、微软云、阿里云和腾讯云。

1. 亚马逊云

作为全球领先的云计算服务提供商之一，亚马逊云科技（Amazon Web Services，AWS）为企业提供了灵活、可靠、安全的云计算解决方案。构建一个可靠的云计算架构，该架构包括网络、存储、计算、数据库等组件，以支持企业的应用程序运行和扩展。许多知名企业已经成功地使用 AWS 云计算服务来构建高可用性的应用程序，例如，Netflix 使用 AWS 的负载均衡器、自动伸缩组和云数据库等服务，为全球用户提供流媒体服务。通过合理配置和使用 VPC、EC2、自动伸缩组、负载均衡器、云数据库等组件，企业可以实现应用程序的高可用性和弹性扩展，并获得成本和管理方面的优势。

2. 微软云

微软云计算借助互联网，为用户创造跨越不同设备的无缝体验。未来的互联网是"云+端"的世界。在以"云"为中心的世界里，用户可以便捷地使用各种终端设备访问云中的数据和应用，同时用户在使用各种设备访问云中的服务时，得到一致的用户体验。微软云计算有两大体系：云服务体系和云计算的解决方案体系。微软公司向消费者提供基于云计算的 Hotmail、Bing 等产品，还有 Exchange Online、Windows Azure 和 Office 系列产品。

3. 阿里云

阿里云计算解决方案是一种灵活、易于使用且可扩展的云计算服务。用户可以在线选择和购买云服务器，然后使用云服务器来运行应用程序和存储数据。阿里云计算解决方案支持自定义配置、快速部署和弹性伸缩，可为用户提供高效、稳定及安全的云计算能力。此外，阿里云计算解决方案还支持多种应用场景，如企业 IT、网站应用、大数据处理、游戏服务器、移动 App 等。

综上所述，阿里云计算解决方案具有灵活、易用、可扩展、稳定等优点，但也需要注意安全隐患等缺点。在选择方案时，要从实际需求和成本方面进行考虑。

4. 腾讯云

腾讯云是腾讯公司旗下的产品，为开发者及企业提供云服务、云数据、云运营等一站式服务方案。腾讯云具体包括云服务器、云存储、云数据库和弹性 Web 引擎等基础云服务，腾讯云分析、腾讯云推送等腾讯整体大数据能力，以及 QQ 互联、QQ 空间、微云、微社区等云端链接社交体系。腾讯云走差异化发展的道路，造就了可支持各种互联网使用场景的高品质腾讯云技术平台。

总的来说，各个云计算方案的特点有所不同，用户可以根据自己的需求选择适合自己的云计算方案。

7.4 物联网

7.4.1 物联网的概念

物联网是信息科技产业第三次革命的标志，它在各行各业得到了广泛应用。比如在公共交通领域，智能电子站牌能够准确告诉乘客，公交车距离到站还有几站，调度室能够清楚地看到各条公交线路的基本情况及实时位置，乘客也能够通过手机方便地获取公交车的实时信息。这些生活中的改变，都得益于物联网技术的发展，如图 7-8 所示。

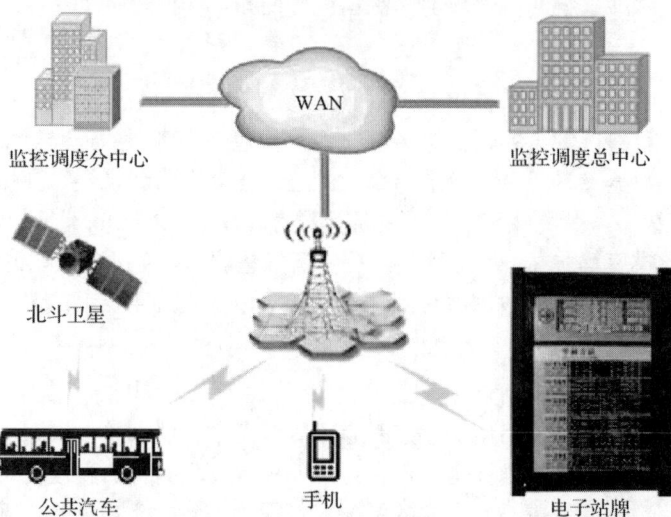

图 7-8　物联网技术在公共交通领域的应用

顾名思义，物联网就是"万物相连的互联网"。它包括两层含义：第一，其核心和基础仍然是互联网，它是在互联网基础上的延伸和扩展；第二，其用户端延伸和扩展到物品与物品之间以进行信息交换和通信，也就是万物相连。

7.4.2 物联网的关键技术

物联网可细分为标识、感知、信息传送和数据处理这 4 个环节，其中的核心技术主要包括射频识别（Radio Frequency Identification，RFID）技术、传感器技术、网络与通信技术和数据的挖掘与融合技术等。

1. 射频识别技术

RFID 又称为无线射频识别，它是一种无接触的自动识别技术，表现形式为感应式电子晶片、感应卡、非接触卡、电子标签、电子条码等。它利用射频信号及其空间耦合传输特性，实现对静止或移动待识别物体的自动识别，用以对采集点的信息进行标识。RFID 技术可实现无接触的自动识别、全天候识别。RFID 技术有识别穿透能力强、无接触磨损、可同时实现对多个物品的自动识别等诸多特点，人们将 RFID 技术应用到物联网领域，使其与互联网、通信技术相结合，从而实现全球范围内物品的跟踪与信息的共享。RFID 技术在物联网识别信息和近程通信的层面上，起着至关重要的作用。另外，产品电子代码（Electronic Product Code）采用

RFID 电子标签技术作为载体，也大大推动了物联网发展和应用。

2. 传感器技术

信息采集是实现物联网的基础环节，目前主要是通过传感器、传感节点和电子标签等方式完成的。传感器作为一种检测装置，主要用来感知、测量和收集环境中的各种参数。由于传感器所在的环境通常比较恶劣，因此物联网对传感器技术提出了较高的要求：一是其感受信息的能力；二是传感器自身的智能化和网络化能力。物联网中常见的传感器包括温度传感器、湿度传感器、光线传感器、GPS 定位传感器、烟雾传感器、压力传感器等。随着物联网技术的不断发展，传感器也将更先进、更智能、更实用。

3. 网络与通信技术

物联网的实现涉及近程通信技术和远程通信技术。近程通信技术包括 RFID、蓝牙、Wi-Fi、ZigBee、UWB 等；远程通信技术包括 IP 互联网、移动通信、卫星通信等技术。

4. 数据的挖掘与融合技术

从物联网的感知层到应用层，各种信息的种类和数量都成倍增加，需要分析的数据量也几何级增加，同时还涉及各种异构网络或多个系统之间数据的融合问题，如何从海量的数据中及时挖掘出隐藏信息和有效数据，给数据处理带来了巨大的挑战，因此怎样合理、有效地整合、挖掘和智能处理海量数据是物联网面对的难题。结合 P2P、云计算等分布式计算技术则成为了解决以上难题的一个途径。云计算为物联网提供了一种新的高效率计算模式，可通过网络按需提供动态伸缩的廉价计算服务，其具有相对可靠且安全的数据中心，同时兼有互联网服务的便利、廉价的特点，并可以轻松实现不同设备间的数据与应用共享；用户无须担心信息泄露，黑客入侵等棘手问题。云计算是信息化发展进程中的一块里程碑，它强调信息资源的聚集、优化和动态分配，节约信息化成本并大大提高数据中心的效率。

▶▶▶ 7.4.3 物联网的应用

物联网是互联网的应用拓展。通过智能感知、智能识别与信息通信等手段，物联网被广泛应用于生活、工作、娱乐等各个方面。下面列举一些物联网的典型应用。

1. 智能家居

智能家居是指利用物联网技术，将家中的各种设备、传感器、控制器等连接起来，实现远程控制、智能管理、个性化服务等功能。智能家居可以提高居住的舒适度和安全性，节约能源和资源，增加娱乐性和便利性。例如，通过智能音箱，用户可以语音控制家中的灯光、空调、电视等设备；通过智能门锁，用户可以远程开锁、查看访客、设置密码等；通过智能摄像头，用户可以随时监控家中的情况，防止盗窃或火灾等。

2. 智能交通

智能交通是指利用物联网技术，将交通工具、道路设施、交通管理中心等连接起来，实现交通信息的实时采集、分析和传输，提高交通效率和安全性。智能交通可以减少拥堵和事故，节省时间和油耗，降低污染和碳排放。例如，通过车载传感器和导航系统，车辆可以获取路况信息，并根据这些信息进行路线规划和优化；通过车联网技术，车辆可以与其他车辆或道路基础设施进行通信和协作；通过无人驾驶技术，车辆可以自动驾驶，减少人为错误和疲劳。

3. 智能医疗

智能医疗是指利用物联网技术，将医疗设备、医疗数据、医疗机构等连接起来，实现医疗信息的共享和交流，提高医疗质量和效率。智能医疗可以改善医患关系，提升诊断和治疗水平，降低医疗成本和风险。例如，通过可穿戴式设备，用户可以监测自己的健康状况，并将数据上传到云端平台；通过远程诊断系统，医生可以借助视频或图像与患者进行沟通并进行诊断；通过智能药箱，用户可以按时服药，并接收用药提醒和建议。

4. 智能工业

智能工业是指利用物联网技术，将工厂内的各种设备、传感器、控制器等连接起来，实现工厂的数字化和智能化管理。智能工业可以提高生产效率和质量，节约成本和资源，增强竞争力和创新力。例如，通过物联网平台，工厂可以实时监测设备的运行状态，并进行远程控制和维护；通过大数据分析，工厂可以优化生产流程和参数，并预测需求和故障。

7.5 人工智能

7.5.1 人工智能的概念

人工智能是研究、开发用于模拟和扩展人的智能的理论、方法、技术及应用系统的一门新的技术科学。它是计算机科学与技术、控制论、信息论、神经生理学、心理学、数学、哲学、语言学等多种学科相互渗透而发展起来的综合性的新学科。简单来说，人工智能就是让计算机能够模拟人类的思维能力，让机器能够像人一样去感知、思考并做出决策。

7.5.2 人工智能的发展历程

1950 年，计算机科学之父图灵就预言了创造出智能机器的可能性，并提出了著名的图灵测试（见图 7-9）：一个测试者与真人或机器通过文本交流的方式进行对话，如果测试者无法区分得到的是真人还是机器的回答，那么就说明该机器具有智能。

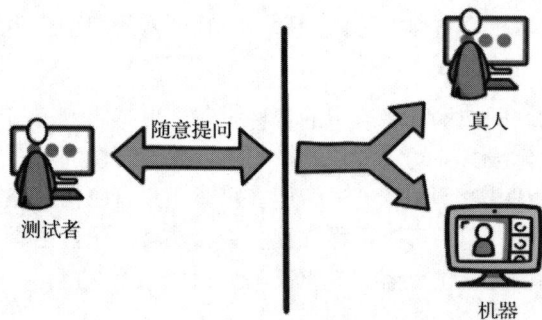

图 7-9　图灵测试

从 1956 年正式提出"人工智能"至今，60 多年来人工智能学科取得了长足的发展，其探索之路也曲折起伏。人工智能在 60 余年的发展历程中大致可以被划分为 6 个阶段。

- 第一个阶段是起步发展阶段：1956 年—20 世纪 60 年代初。人工智能概念被提出后，相继取得了一批令人瞩目的研究成果，如定理机器证明、跳棋程序等，并掀起人工智能发展的第一个高潮。
- 第二个阶段是反思发展阶段：20 世纪 60 年代—20 世纪 70 年代初。人工智能发展初期的突破性进展大大提升了人们对人工智能的期望，人们开始尝试更具挑战性的任务，并提出一些不切实际的研发目标。然而，接二连三的失败和预期目标的落空（例如，无法用机器证明两个连续函数之和还是连续函数、机器翻译无法达到预设目标等），使人工智能的发展步入低谷。

- 第三个阶段是应用发展阶段：20 世纪 70 年代初—20 世纪 80 年代中。20 世纪 70 年代出现的专家系统模拟人类专家的知识和经验解决特定领域的问题，实现了人工智能从理论研究走向实际应用、从一般推理策略探讨转向运用专门知识的重大突破。专家系统在医疗、化学、地质等领域取得了成功，并推动人工智能向应用发展的新高潮。

- 第四个阶段是低迷发展阶段：20 世纪 80 年代中—20 世纪 90 年代中。随着人工智能的应用规模不断扩大，专家系统存在的应用领域狭窄、缺乏常识性知识、知识获取困难、推理方法单一、缺乏分布式功能、难以与现有数据库兼容等问题逐渐暴露出来。

- 第五个阶段是稳步发展阶段：20 世纪 90 年代中—2011 年。网络技术（特别是互联网技术）的发展加速了人工智能的创新研究，促使人工智能技术进一步走向实用化。例如，1997 年 IBM 公司研制的超级计算机"深蓝"战胜了国际象棋世界冠军卡斯帕罗夫，2011 年人工智能程序"沃森"参加智力问答节目等，都是这一时期的标志性事件。

- 第六个阶段是蓬勃发展阶段：2012 年至今。随着大数据、云计算、互联网、物联网等信息技术的发展，泛在感知数据和图形处理器等计算平台推动以深度神经网络为代表的人工智能技术飞速发展，大幅跨越了科学与应用之间的"技术鸿沟"，诸如图像分类、语音识别、知识问答、人机对弈、无人驾驶等人工智能技术实现了从"不能用、不好用"到"可以用"的技术突破，迎来爆发式增长的新高潮。

人工智能的发展简史如图 7-10 所示。

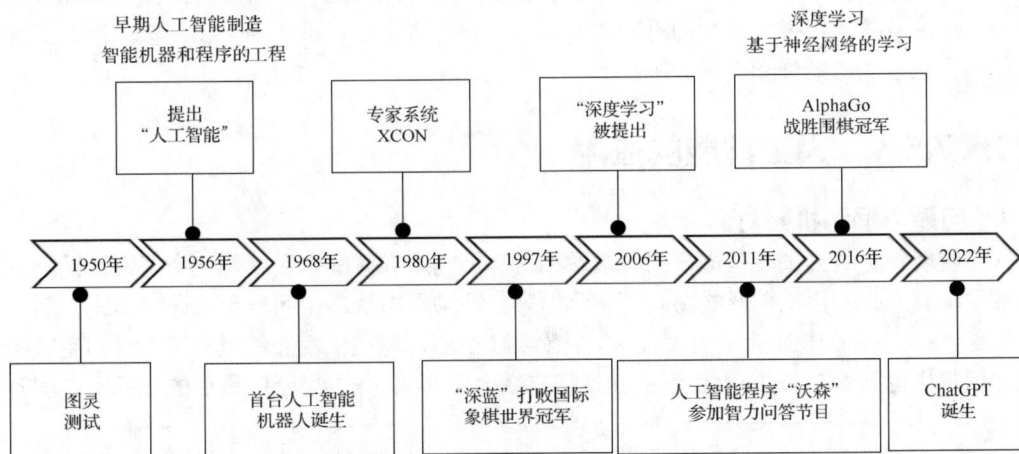

图 7-10　人工智能的发展简史

▶▶▶ 7.5.3　人工智能的研究方法

人工智能是一门研究如何使计算机能够像人一样思考和行动的科学。在人工智能研究中，常常采用不同的方法和技术来解决各种问题，其中常见的研究方法有符号主义（Symbolism）、连接主义（Connectionism）和行为主义（Behaviorism）。

1. 符号主义方法

符号主义方法是人工智能研究中所引用的最早、最经典的方法之一。它基于一种基本假设，即人类智能可以通过符号的处理来实现。符号主义方法将问题的求解分解为一系列的符号操作，通过对符号的操作和推理来实现问题的解决。其中最著名的代表是专家系统。专家系统是一种基于规则的人工智能系统，它通过建立知识库和推理引擎来模拟人类专家的决策过程。专家系统通过将专家的知识表示为一系列的规则，然后根据规则进行推理和决策。这种方法在一些特定领域的问题求解中非常有效，例如医学诊断、工程设计等。

2. 连接主义方法

连接主义方法是另一种常见的人工智能研究方法，它模拟了大脑中神经元之间的连接和信息传递过程。连接主义方法通过构建神经网络模型来实现问题求解。神经网络由大量的神经元节点和它们之间的连接组成，每个神经元节点接收来自其他节点的输入，并经过激活函数处理后再输出。

连接主义方法的优势在于能够通过学习和训练来提高系统性能。神经网络可以通过大量的样本数据进行训练，不断调整节点之间的连接权重，从而实现对问题的学习和理解。这种方法在图像识别、语音识别等领域的应用取得了很大的成功。

3. 行为主义方法

行为主义方法又称为进化主义方法，它是一种模拟进化过程的人工智能研究方法，通过借鉴生物进化的原理来解决问题。行为主义方法通过建立一组候选解，并通过选择、交叉和变异等操作，不断改进和优化这组候选解，最终找到问题的最优解。行为主义方法的代表是遗传算法。遗传算法通过模拟生物的遗传和进化过程，将问题的解表示为染色体的形式，通过选择、交叉和变异等操作来不断改进染色体，并通过适应度评估来选择下一代的解。这种方法在优化问题和搜索问题中得到了广泛应用。

可见，人工智能的不同研究方法适用于解决不同类型的问题，各自都有其独特的优势和应用领域。未来随着人工智能技术的不断发展，这些研究方法也将不断演化和完善，为人工智能的发展提供更多的可能性和机遇。

》》》7.5.4 人工智能的应用

1. 问题求解和机器对弈

人工智能最早的尝试就是进行问题求解和对弈。问题求解的本质就是一个搜索过程。为了实现搜索，首先必须用某种形式将问题表示出来，通常采用状态空间表示法进行描述，例如八数码难题：在 3×3 的棋盘上，标有 1～8 个数字和空格，与空格相邻的棋子可以移到空格中，那么如何将棋盘从图 7-11（a）所示的初始状态变为图 7-11（b）所示的最后的目标状态呢？

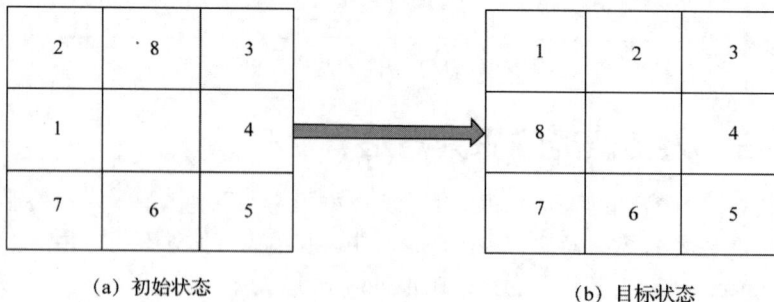

（a）初始状态　　　　　　　　　（b）目标状态

图 7-11　八数码难题示例

为解决此问题，我们可以使用穷举和回溯方法，将下一步可能出现的状态进行记录，减少重复的可能，直到达到目标状态。其求解过程如图 7-12 所示。

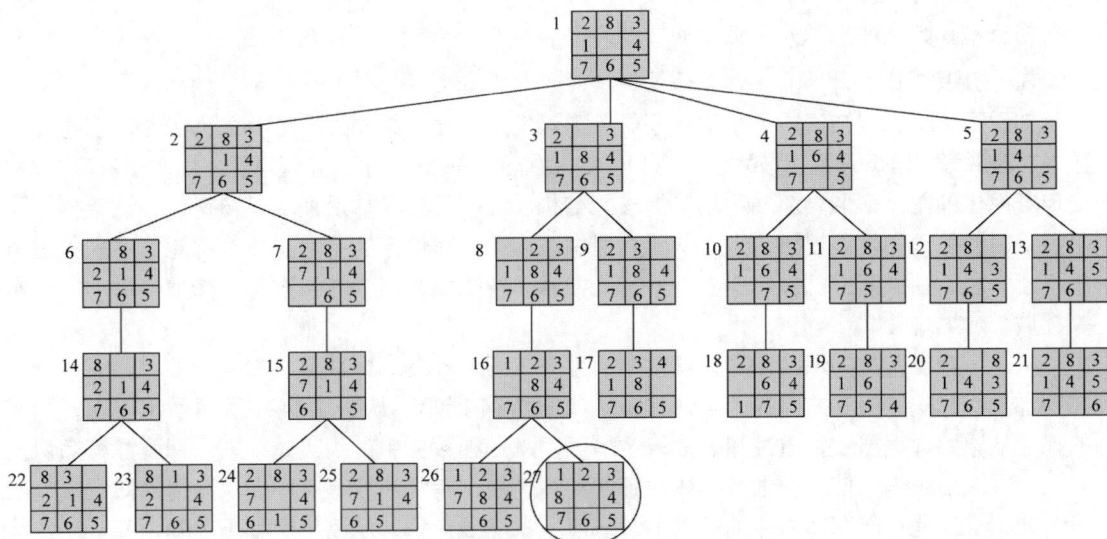

图 7-12　八数码难题求解过程

机器对弈就是指机器下棋，这方式也是最早能够体现机器智能的方式之一。人工智能要做的就是在所有可能性中挑选最好的。随着机器学习、深度学习的广泛使用，机器对弈已经达到很高的水平。2016 年，AlphaGo 先后战胜世界围棋冠军李世石和柯洁，以至于当时棋坛上出现一片绝望之声。那么 AlphaGo 是如何做到的呢？如果采取暴力求解，列举所有可能性，其复杂度达到了 3^{361} 次方，显然这种方法是不可取的。因此 AlphaGo 的策略是缩小检索范围、选择最好的走法、学习人类棋谱积累经验；其核心就是深度神经网络算法。

2. 专家系统

专家系统是一种模拟专家解决专业领域问题的计算机程序系统，是人工智能应用较广、成效较多的领域。1968 年，世界上第一个专家系统 DENDRAL 诞生，它是一种帮助判断某特定物质的分子结构的专家系统，从此各种专家系统相继成立。

专家系统一般包含 6 个部分：知识库、数据库、推理机、用户交互层、解释器和知识获取模块，其因需求的不同而具有不同的结构，如图 7-13 所示。其中，知识库和推理机是系统结构的核心部分。

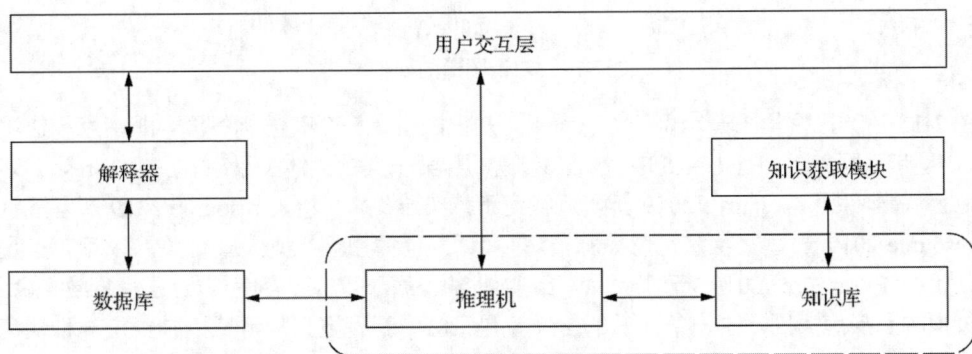

图 7-13　专家系统的结构

由于专家系统应用领域过于狭窄、知识获取"瓶颈"和不确定性常识推理等，20 世纪 80 年代后期需求锐减，以专家系统所代表的人工智能迎来历史最寒冷的"冬天"。20 世纪 90 年代，专家系统开始进入缓慢发展时期，于是研究转向了与知识工程、模糊技术、实时操作技术、神经网络技术和数据库技术等相结合的发展方向。

3. 知识图谱

知识图谱（也叫知识域可视化）是显示知识发展进程与结构关系的一系列图形，它将应用数学、图形学、信息可视化技术、信息科学等相结合，采用计量学引文分析、共现分析等方法，使用可视化的图谱来形象地展示学科的核心结构、发展历史、前沿领域以及整体知识架构，揭示知识领域的动态发展规律，为学科研究提供切实的、有价值的参考。随着智能信息服务应用的不断发展，知识图谱已被广泛应用于智能搜索、智能问答、个性化推荐、情报分析、反欺诈等领域。

构建一个完整的知识图谱是一项复杂的系统工程，涉及本体抽取、知识抽取、知识融合、知识加工、知识存储等方面的内容，其架构如图 7-14 所示。从图 7-14 中可以看出，知识图谱的构建从原始数据出发，通过知识抽取技术可以从各种数据中得到实体、关系和属性等知识要素；为提取出正确的信息，进行实体对齐如实体消歧、指代消歧等操作，从而提高知识库的质量。知识推理是在已有知识库的基础上进一步挖掘隐藏知识，从而丰富和拓展知识库。

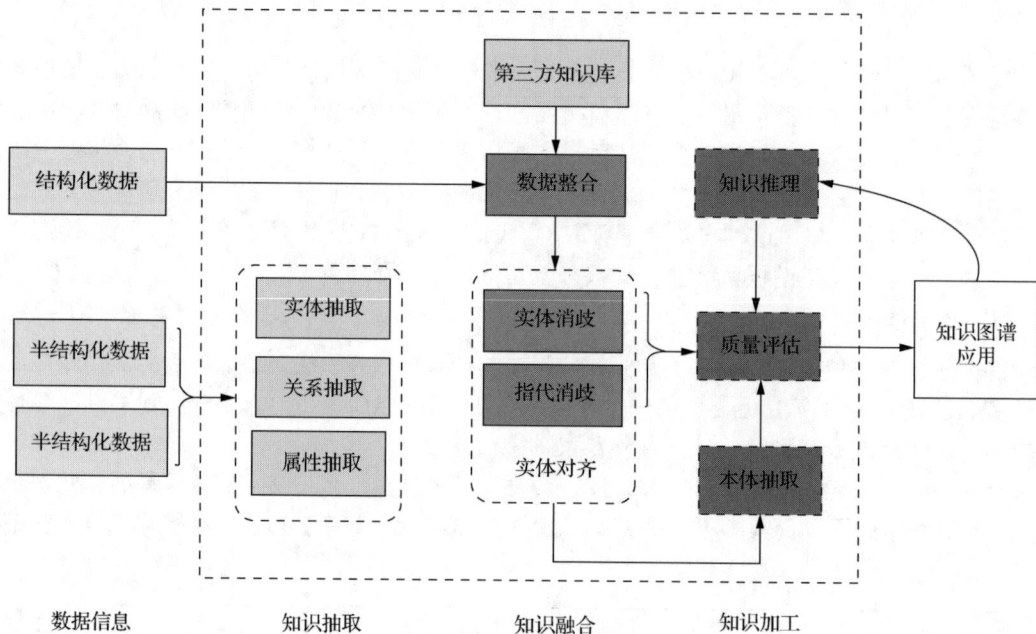

图 7-14　知识图谱的架构

图 7-15 是新冠百科图谱示例。可以看出，知识图谱是一个有向标签图，即由点和边组成的图形，边是带有标签的。在图 7-15 中，包含 3 类知识：第一类是实体关系对，比如说<resource/2019 新型冠状病毒>引起<resource/2019 新型冠状病毒感染肺炎>，这里<resource/2019 新型冠状病毒>和<resource/2019 新型冠状病毒感染肺炎>是实体，而"引起"则是一个关系；第二类是实体类别，比如说<resource/2019 新型冠状病毒感染肺炎>属于<class/疾病>，这里<class/疾病>是一个类，指的是疾病类别，这一条知识的含义就是 2019 新型冠状病毒感染肺炎是一种疾病；第三类是概念上下位，比如说<class/冠状病毒>子类<class/RNA 病毒>，指的是冠状病毒是一种 RNA 病毒。

总之，知识图谱为海量的数据提供了一种更为有效的表达方式，使得网络智能化水平更高，知识图谱、大数据和深度学习已经成为推动互联网和人工智能发展的核心驱动力。

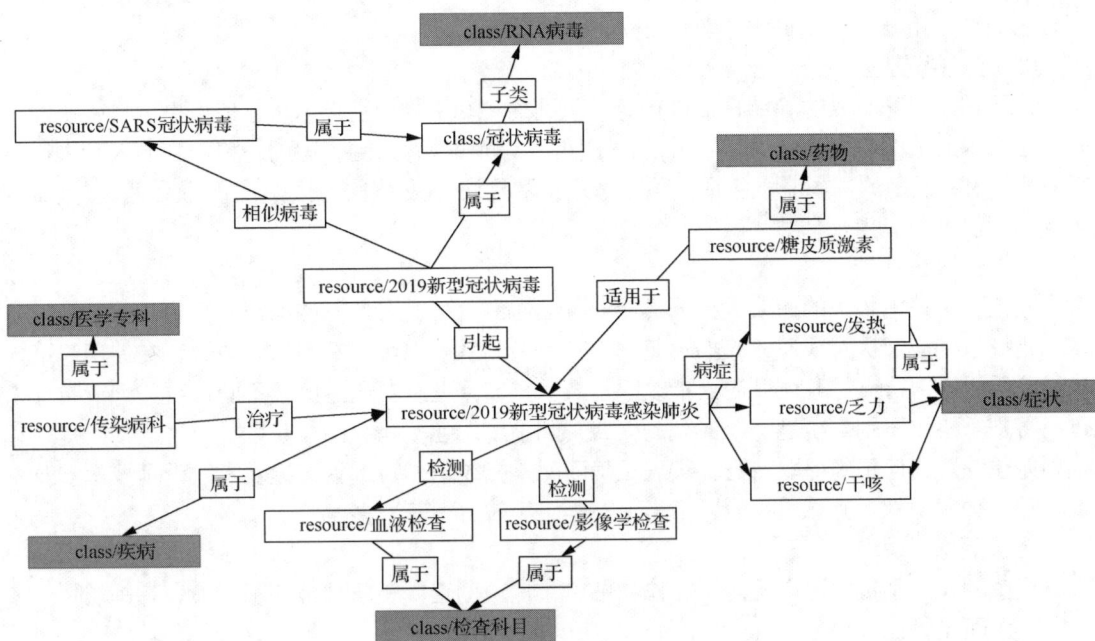

图 7-15　新冠百科图谱示例

4. 模式识别

模式识别是指对表征物体或现象的各种形式数据（主要是感知数据，如图像、视频、语音等）进行处理和分析，进而对物体或现象进行描述、分类和解释的过程。它是信息科学和人工智能的重要组成部分。通俗点说，就是让计算机模拟人类去听、去说、去看、去读、去思考、去决策，让计算机像人类那样分析和识别文字、图像、视频、音频等。模式识别在生活中的应用场景很多，常见的有文字识别、语音识别、人脸识别、指纹识别、遥感图像识别和医学诊断等。

（1）文字识别

文字识别俗称光学字符识别（Optical Character Recognition，OCR），它是利用光学技术和计算机技术把图形、图像中的文字读取出来，例如经常使用的 QQ 就包含屏幕识图功能，用户使用组合键 Ctrl+Alt+A。选择需要识别的文字，然后选择"屏幕识图"命令，就可以将文字识别出来，如图 7-16 所示。从识别难度上说，手写体识别的难度要高于印刷体的难度，而脱机手写体识别的难度又远远超过了联机手写体识别的难度。到目前为止，除脱机手写体数字的识别已有实际应用外，汉字的脱机手写体识别还在研究阶段。

图 7-16　QQ 的屏幕识图

（2）语音识别

语音识别也称为自动语音识别（Automatic Speech Recognition，ASR)，其目标是将人类的语音转换为文字，所涉及的领域包括信号处理、模式识别、概率论和信息论、发声机理和听觉机理等。语音识别的基本流程包括信号采样、特征提取、声学建模、语言模型和解码器等步骤。如今，语音识别技术已经非常普及和实用化，例如通过语音来控制家庭的智能设备、智能客服等，已经广泛用于工业、农业、教育、金融、游戏等领域。

（3）人脸识别

人脸识别是基于人的脸部特征进行身份识别的一种生物识别技术，它使用摄像机或摄像头采集含有人脸的图像或视频流，并自动在图像中检测和跟踪人脸，进而对检测到的人脸进行脸部识别。人脸识别的基本流程包括人脸图像采集及检测、预处理、图像特征提取和匹配与识别。人脸识别已广泛应用于金融、政府、安全、教育、医疗等领域。

（4）指纹识别

指纹识别是指将人的指纹进行分类比对、判断的过程，它是一种常用的生物体特征识别技术。指纹识别应用极为广泛，人们不仅在门禁、考勤系统中可以看到它的身影，在使用笔记本电脑、手机、银行支付时也可应用指纹识别技术，其原理主要通过比较不同指纹的细节特征来进行鉴别。指纹识别系统是一个典型的模式识别系统，包括指纹图像获取、处理、特征提取和比对等模块。如何正确提取特征和实现正确匹配是指纹识别技术的关键。指纹识别技术涉及图像处理、模式识别、计算机视觉、数学形态学、小波分析等众多学科。

（5）遥感图像识别

遥感图像识别技术已广泛用于农作物估产、资源勘查、气象预报和军事侦察等领域。

（6）医学诊断

在癌细胞检测时，模式识别在 X 射线照片分析、血液化验、染色体分析、心电图诊断和脑电图诊断等方面，已取得很大的成效。

5. 智能决策支持系统

智能决策支持系统（Intelligence Decision Supporting System，IDSS）是指将人工智能与决策支持系统相结合，应用专家系统技术，使 DSS 能够更充分地应用人类的知识，如关于决策问题的描述性知识、决策过程中的过程性知识、求解问题的推理性知识，通过逻辑推理来帮助解决复杂决策问题的辅助决策系统。

早期的 IDSS 主要由 DSS 和知识库构成。为了增强知识的处理能力，后来又发展成为由问题处理与人机交互系统、模型库系统、数据库系统以及知识库系统组成的 IDSS，其中知识库系统部分由知识库、知识库管理系统、推理机 3 个部分组成。智能决策支持系统的基本结构如图 7-17 所示。

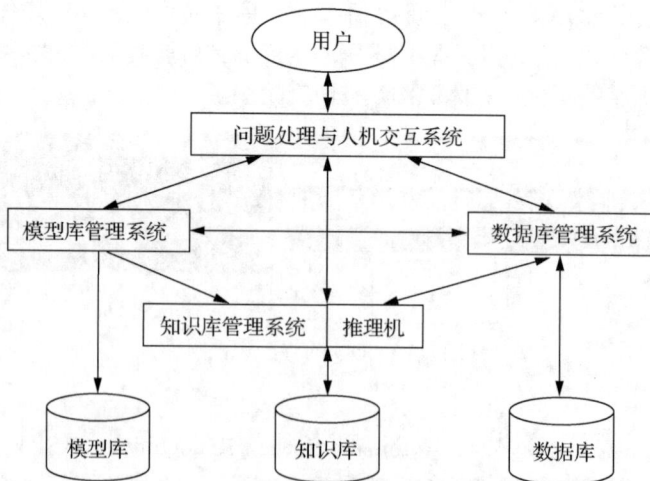

图 7-17　智能决策支持系统的基本结构

6. 自然语言处理

人工智能在自然语言处理领域的应用包括机器翻译、语音识别、情感分析、智能客服等，使计算机能够理解和处理人类自然语言。与语音识别不同，自然语言处理是一个很"庞杂"的领域，语音识别的目标是把声音变成文字、语音合成、说话人识别等，但这些远远无法与自然语言处理相比拟。自然语言处理的目标是让机器能够理解人类的语言，例如机器对"相对论"每个字的含义都了解，但是并不代表理解了相对论。

7. 智能检索

智能检索是指计算机根据用户的检索词和检索要求，运用人工智能技术自动扩展检索词和构造检索式，以满足用户检索要求的过程。智能检索是一种运用自然语言处理、语义分析等方式，在一定程度上从语言学角度理解系统文档与检索需求，以实现文档与需求的语义层面匹配的技术。相较于一般的检索系统，智能检索系统通过检索词进行语义扩展、文档语义标注与匹配等操作，能够得到更高的查全率与查准率。智能检索不仅可以帮助用户更快、更准确地获取所需信息，还可以在企业、科研、医疗、法律等领域发挥重要作用。

8. 自动驾驶

自动驾驶是依靠人工智能、视觉计算、激光雷达、监控装置和全球定位系统协同合作，让计算机在没有人控制的情况下自动驾驶汽车、无人机和船舶等交通工具，用于实现智能导航、环境感知、决策和控制等功能。

2010 年谷歌公司官宣开发自动驾驶汽车，其目标是通过改变汽车的基本使用方式，协助预防交通事故，将人从大量的驾车时间中解放出来，并减少碳排放。近年来，我国在无人驾驶方面也取得了长足的进步。2014 年 4 月，百度公司与宝马公司宣布开始研究自动驾驶项目，并在北京和上海路况复杂的高速公路上进行测试。2017 年 12 月，由海梁科技携手深圳巴士集团、深圳福田区政府、安凯客车、东风襄旅、速腾聚创、中兴通讯、南方科技大学、北京理工大学、北京联合大学联合打造的自动驾驶客运巴士——阿尔法巴（Alphabus）正式在深圳福田保税区的开放道路进行线路的信息采集和试运行。

自动驾驶汽车是物联网技术的典型应用。其原理是首先通过专门的人员驾驶汽车采集地图，然后自动驾驶汽车使用视频摄像头、雷达传感器、激光测距器以及全球定位系统来了解周围的交通状况，通过大数据中心收集的有关周围地形的大量信息，来实现对前方的道路进行导航的目的。

9. 机器人学

人工智能中的一个重要分支是机器人学，涉及机器人的设计、制造和应用。如今，工业机器人已经进入实际应用阶段。除机械手和步行机构外，与人工智能联系紧密的（如机器视觉、触觉、听觉等）技术、机器人语言以及智能控制等也是重点研究的课题，它们推动了人工智能的发展，对国民经济和人民生活的方方面面也产生了重要影响。

10. 人工智能+

"人工智能+"将"人工智能"作为当前行业科技化发展的核心特征并提取出来，与工业、商业、金融业等行业全面融合，推动经济形态不断发生演变，从而激发社会经济实体的生命力。通俗来说，"AI+"就是"AI+各个行业"，但这并不是简单的两者相加，而是利用人工智能技术以及互联网平台，让人工智能与传统行业、新型行业进行深度融合，加快发展新质生产力。它代表一种新的社会形态，即充分发挥"人工智能"在社会中的作用，将"人工智能"的创新成果深度融合于经济、社会各领域之中，提升全社会的创新力和生产力，形成更广泛的以互联网为基础设施和实现工具的经济发展新形态。

本章小结

本章主要介绍了计算机的新技术和新发展。首先，本章介绍了移动互联网的概念、基本结构和关键技术。移动互联网是互联网的补充与延伸，正逐渐渗透到人们生活、工作的各个领域。微信、支付宝、位置服务软件等丰富多彩的移动互联网应用迅猛发展，正在深刻改变信息时代的社会生活。

大数据部分介绍了大数据的概念、特点、大数据技术及行业应用。大数据中的分布式技术，体现了通过抽象和分解来控制庞杂的任务或进行复杂系统设计的思想。

云计算部分介绍了云计算的概念，3 种服务模式 IaaS、PaaS 和 SaaS，云计算的主要关键技术，如射频识别技术、传感器技术、网络与通信技术和数据的挖掘与融合技术等，针对国内外的产品介绍了主流云计算的解决方案，各大 IT 公司也推出了不同的云服务。相信未来云计算及其服务也会更加普及，成为每个人生活中的"必需品"。

物联网部分介绍了物联网的概念、关键技术及行业应用。通过物联网，将各种设备互相连接起来（这些设备能够感知物理世界、互相交流和沟通），提供不同的服务，广泛应用在生产和生活的各个方面，产生了如智慧家庭、智慧城市、智慧农业、智慧医疗等一系列相关的应用场景。

最后介绍了人工智能的概念。人工智能是能够在计算机上模拟人的思维、可进行"思考"和执行动作的计算模型。人工智能作为一门学科，经历了孕育、形成和发展几个阶段，并且还在不断发展中。尽管人工智能的应用已经十分广泛，但人们对它的期望越来越高，因此人工智能也面临着诸多挑战。目前人工智能的主要研究方法有符号主义方法、连接主义方法和行为主义方法。人工智能的研究与具体领域相结合，人工智能的应用主要包括问题求解和机器对弈、专家系统、知识图谱、模式识别、智能决策支持系统、自然语言处理、智能检索、自动驾驶、机器人学、人工智能+等。人工智能的大量应用体现了计算思维的价值。

习题

一、选择题

1．WiMax 是一种可用于（　　　）的宽带无线接入技术。

    A．广域网　　　　　　B．局域网　　　　　　C．城域网　　　　　　D．个域网

2．（　　　）是移动互联网的关键技术。

    A．面向服务的架构（SOA）　　　　　　B．分布式文件系统（HDFS）

    C．射频识别技术（RFID）　　　　　　D．边缘计算（EC）

3．在移动互联网的关键技术中，（　　　）是页面展示技术。

    A．SOA　　　　　　B．Web Service　　　　　　C．HTML5　　　　　　D．Android

4．IBM 公司提出的大数据 5V 特点包括（　　　）、Velocity、Variety、Value 和 Veracity。

    A．Valid　　　　　　B．Volume　　　　　　C．Various　　　　　　D．Visual

5．云计算的典型服务模式是（　　　）。

    A．基础设施即服务　　　　　　B．计算即服务

C．平台即服务　　　D．软件即服务

6．云计算的关键技术包括（　　）等。

A．虚拟化技术　　　B．分布式存储　　　C．分布式计算　　　D．少租户

7．腾讯云使用的计算虚拟技术是（　　）。

A．Citrix　　　B．VMWare　　　C．Xen　　　D．KVM

8．物联网的英文名称就是（　　）。

A．Internet of Matters　　　　　B．Internet of Things

C．Internet of Theorys　　　　　D．Internet of Clouds

9．下列不属于人工智能研究方法的是（　　）。

A．符号主义方法　　　　　B．机会主义方法

C．行为主义方法　　　　　D．连接主义方法

10．要想让机器具有智能，必须让机器具有知识。因此，人工智能有一个研究领域主要研究计算机如何自动获取知识与技能，实现自我完善，这门研究分支学科叫（　　）。

A．专家系统　　　B．机器学习　　　C．神经网络　　　D．模式识别

二、简答题

1．什么是移动互联网？移动互联网有什么特征？

2．简述大数据技术的各个层面及其功能。

3．举例说明你在生活中感受到的大数据的具体应用。

4．简述云计算的概念及服务模式。

5．云计算关键技术有哪些？请列举出云计算的应用场景。

6．什么是人工智能？它的研究目标是什么？

7．简述物联网的概念及关键技术。

8．简述人工智能研究的各个发展阶段及其特点。

9．简述人工智能的主要应用领域。

10．你认为人工智能作为一门学科，今后的发展方向是什么？

附录
ASCII 对照表

ASCII 对照表如附表 1-1 所示。

附表 1-1　ASCII 对照表

ASCII 值	字符	ASCII 值	字符	ASCII 值	字符	ASCII 值	字符
0	NUL	32	（space）	64	@	96	`
1	SOH	33	!	65	A	97	a
2	STX	34	"	66	B	98	b
3	ETX	35	#	67	C	99	c
4	EOT	36	$	68	D	100	d
5	ENQ	37	%	69	E	101	e
6	ACK	38	&	70	F	102	f
7	BEL	39	'	71	G	103	g
8	BS	40	(	72	H	104	h
9	HT	41	)	73	I	105	i
10	LF	42	*	74	J	106	j
11	VT	43	+	75	K	107	k
12	FF	44	,	76	L	108	l
13	CR	45	-	77	M	109	m
14	SO	46	.	78	N	110	n
15	SI	47	/	79	O	111	o
16	DLE	48	0	80	P	112	p
17	DCI	49	1	81	Q	113	q
18	DC2	50	2	82	R	114	r
19	DC3	51	3	83	S	115	s
20	DC4	52	4	84	T	116	t
21	NAK	53	5	85	U	117	u
22	SYN	54	6	86	V	118	v
23	TB	55	7	87	W	119	w
24	CAN	56	8	88	X	120	x
25	EM	57	9	89	Y	121	y
26	SUB	58	:	90	Z	122	z
27	ESC	59	;	91	[	123	{
28	FS	60	<	92	\	124		
29	GS	61	=	93	]	125	}
30	RS	62	>	94	^	126	~
31	US	63	?	95	_	127	DEL